河套灌区盐碱地改良特色产业研究

肖国举 王 静 张峰举 等 编著

科学出版社

北 京

内 容 简 介

本书对引黄灌区盐碱地改良利用特色产业进行了系统而深入的探讨，提出盐碱地改良特色产业产品研发基本理论，盐碱地微生物治理与特色植物种植技术，盐碱地微生物治理技术体系，盐碱地特色植物枸杞、葡萄、水稻产业产品研发，以及盐碱地改良特色产业示范案例与评价。全书围绕河套灌区盐碱地特色植物产业化开发，重点研究盐碱地特色植物产品、种植技术及产品加工技术，尽可能注重产业形成各要素之间整体和局部的关联认识，以期为扩大盐碱区耕地面积、降低盐害、保护农业生态系统、发展盐碱地产业提供借鉴。

本书可供生态学、地理学、作物学、土壤学、环境学、资源学等学科的科技工作者及研究生参考。

图书在版编目(CIP)数据

河套灌区盐碱地改良特色产业研究 / 肖国举等编著. —北京：科学出版社，2022.10

ISBN 978-7-03-073443-3

Ⅰ.①河… Ⅱ.①肖… Ⅲ.①河套–灌区–盐碱土改良–研究②河套–灌区–特色产业–产业发展–研究 Ⅳ.①S156.4②F127.26

中国版本图书馆 CIP 数据核字（2022）第 191318 号

责任编辑：张 菊 / 责任校对：樊雅琼
责任印制：赵 博 / 封面设计：无极书装

科 学 出 版 社 出版
北京东黄城根北街 16 号
邮政编码：100717
http://www.sciencep.com

涿州市般润文化传播有限公司印刷
科学出版社发行 各地新华书店经销

*

2022 年 10 月第 一 版 开本：720×1000 1/16
2025 年 1 月第二次印刷 印张：16 3/4
字数：340 000
定价：198.00 元
（如有印装质量问题，我社负责调换）

许兴（1959—），男，汉族，宁夏银川人，博士，教授。宁夏回族自治区政协农业和农村委员会副主任。国家"百千万人才工程"人选，享受国务院特殊津贴。中国植物生理与植物分子生物学学会理事，中国农业生物技术学会理事，宁夏生物学会名誉理事长，宁夏生态学会副理事长。主持国际合作项目4项，国家重点基础研究发展计划（973计划）、国家高技术研究发展计划（863计划）、国家重点研发计划、国家科技支撑计划等项目5项；宁夏回族自治区重点研发计划等省部级项目10余项。在作物抗旱抗盐的生理学机制及其资源鉴定方面做出了富有创造性的工作。获国家科学技术进步奖二等奖1项，宁夏回族自治区科学技术进步奖一等奖2项、二等奖3项。先后在国内外学术刊物公开发表论文60余篇，其中SCI收录10余篇，出版学术专著1部。主要从事作物抗旱抗盐及盐碱地改良等方面的科研工作。

肖国举（1972—），男，汉族，甘肃通渭人，博士，研究员。教育部新世纪优秀人才，宁夏青年拔尖人才，宁夏科技创新领军人才。Air, Soil & Water Research、Universal Journal of Environmental Research and Technology、《低碳经济》等期刊编委。承担国家重点研发计划、国家科技支撑计划、国家自然科学基金等项目20余项。获国家科学技术进步奖二等奖，宁夏回族自治区科学技术进步奖一等奖，甘肃省科学技术进步奖二等奖等。在Agriculture, Ecosystems & Environment、Agricultural Water Management、《农业工程学报》等国内外学术期刊发表论文80余篇，其中SCI/EI收录期刊30余篇。编著《中国西北地区粮食与食品安全对气候变化的响应研究》等专著10余部。主要从事农业生态学、环境生态学、全球生态学等方面的教学与科研工作。

编　委　会

主　审　许　兴
主　编　肖国举　王　静　张峰举
副主编　毕江涛　郑国琦　李　明　罗成科
　　　　　王　彬　杨　涓
编写成员　（以姓名拼音为序）：
　　　　　毕江涛　宁夏大学生态环境学院
　　　　　曹　瑾　宁夏回族自治区农业机械化技术推广站
　　　　　曹力毅　宁夏大学农学院
　　　　　程昱润　宁夏大学农学院
　　　　　惠冶兵　宁夏大学农学院
　　　　　贾渊超　宁夏大学农学院
　　　　　李凤霞　宁夏农林科学院
　　　　　李　菡　宁夏大学农学院
　　　　　李　明　宁夏大学食品与葡萄酒学院
　　　　　李文兵　宁夏大学农学院
　　　　　李秀静　宁夏大学地理科学与规划学院
　　　　　刘根红　宁夏大学农学院
　　　　　刘建文　宁夏大学生命科学学院
　　　　　刘　鹏　宁夏大学农学院
　　　　　罗成科　宁夏大学农学院
　　　　　毛瑞璠　宁夏大学农学院
　　　　　王　彬　宁夏大学农学院

王长军	宁夏农林科学院
王　静	宁夏大学生态环境学院
王　军	宁夏农垦前进农场有限公司
肖国举	宁夏大学生态环境学院
许　兴	宁夏回族自治区政协农业和农村委员会
杨　涓	宁夏大学生命科学学院
杨琴珠	宁夏农林科学院枸杞科学研究所
杨维东	宁夏农林科学院枸杞科学研究所
张峰举	宁夏大学生态环境学院
张　萌	宁夏大学农学院
张占权	宁夏农林科学院枸杞科学研究所
郑国琦	宁夏大学生命科学学院

前言

全球超过3%的土地受到土壤盐渍化的影响，中国盐渍化土地面积大且分布广，约有1.0亿 hm^2。长期以来，土壤盐渍化成为农业生产面临的主要环境威胁，严重制约生态系统稳定和农业可持续发展。黄河上游河套平原是我国西部发展的重点区域，是我国规划中最大的后备耕地储备区。改良利用盐碱地，对增加耕地面积、提升耕地质量、提高农业综合生产能力和保障粮食安全具有重要战略意义。

发展盐碱地特色产业是改善和保护生态环境的需要，也是推进乡村振兴战略的需要。宁夏河套灌区枸杞、水稻、油葵等特色耐盐碱植物，目前生态产业开发程度低，需要重点提升高产优质规模化种植技术水平，研发盐碱地特色产品分级、储藏、保鲜技术及加工技术体系，建立盐碱地特色产业产品生产基地，形成枸杞、水稻、油葵等特色产业工农复合产业带。

《河套灌区盐碱地改良特色产业研究》主要内容包括盐碱地改良特色产业产品研发基本理论，盐碱地微生物治理与特色植物种植技术研究，盐碱地微生物治理技术体系，盐碱地特色植物枸杞、葡萄、水稻产业产品研发，以及盐碱地改良特色产业示范案例与评价。全书围绕河套灌区盐碱地特色植物产业化开发，重点研究盐碱地特色植物产品、种植技术及产品加工技术，尽可能注重产业形成各要素之间整体和局部的关联。全书由肖国举研究员提出整体撰写思路，由王静博士执笔整理材料，张峰举博士、李明博士补充修改材料，其他编写人员参与提纲讨论与材料补充，最后由许兴教授审阅并定稿。

国家科技支撑计划项目"典型盐碱地改良技术与工程示范"与"黄河河套地区盐碱地改良剂及脱硫废弃物资源化利用关键技术研究与示范"资助了河套灌区盐碱地特色产业研究的主要研究内容。宁夏回族自治区西部一流大学与生态学学科建设项目（030900002234），国家重点研发计划课题"黄河上游河套平原作物根区水盐响应机理及品种筛选与节水抑盐调控技术（2021YFD1900603）"，资助出版费用。感谢清华大学、中国农业科学院农业资源与农业区划研究所、中国科学院南京土壤研究所、中国科学院地理科学与资源研究所、中国农业大学、内蒙古农业大学、宁夏回族自治区科学技术厅、宁夏农林科学院、宁夏大学、宁夏农垦集团有限公司、华清农业开发有限公司等项目主管单位与合作单位的领导和研究人员给予的大力支持。特此致谢项目执行跟踪专家戈敢、罗代雄、徐兆桢给予的亲临指导。

由于作者的时间和水平有限，书中不足之处在所难免，希望读者批评指正。

作　者
2022 年 5 月于宁夏大学科技楼

目 录

前言
第1章 盐碱地改良特色产业产品研发基本原理 ········· 1
  1.1 脱硫石膏改良盐碱地提升产品品质基本原理 ········· 2
  1.2 弱碱性土壤种植作物提升产品品质基本原理 ········· 12
  1.3 盐碱化土壤种植特色植物提高多糖基本原理 ········· 16
  1.4 盐碱地微生物治理改善土壤环境质量基本原理 ········· 21
  参考文献 ········· 27

第2章 盐碱地微生物治理与特色植物种植技术研究 ········· 29
  2.1 盐碱地微生物菌株筛选与治理技术 ········· 30
  2.2 盐碱地治理微生物菌剂研发关键技术 ········· 33
  2.3 盐碱地微生物治理特色植物种植技术 ········· 36
  2.4 脱硫石膏改良盐碱地特色植物种植技术 ········· 60
  参考文献 ········· 114

第3章 盐碱地改良特色产业产品研发及加工研究 ········· 117
  3.1 盐碱地微生物治理特色产品研发 ········· 118
  3.2 盐碱地优质枸杞分级利用研究 ········· 143
  3.3 盐碱地优质水稻产品及加工研究 ········· 163
  参考文献 ········· 176

第4章 盐碱地改良特色产业示范 ········· 179
  4.1 碱化土壤改良技术集成示范 ········· 180
  4.2 盐化土壤改良技术集成示范 ········· 194
  4.3 次生盐渍化土壤改良技术集成示范 ········· 204
  4.4 盐碱地微生物治理与修复技术示范 ········· 210
  4.5 盐碱地种养结合技术集成示范 ········· 213
  4.6 盐碱地"适水产业"技术集成示范 ········· 216

参考文献 ………………………………………………………………… 221

第 5 章　盐碱地改良特色产业效益评价 ………………………………… 222
5.1　脱硫石膏改良盐碱地枸杞特色产业效益评价 ……………………… 224
5.2　脱硫石膏改良盐碱地水稻特色产业效益评价 ……………………… 229
5.3　脱硫石膏改良盐碱地油葵特色产业效益评价 ……………………… 242
5.4　盐碱地微生物治理特色植物产业效益评价 ………………………… 257
参考文献 ………………………………………………………………… 258

第1章 盐碱地改良特色产业产品研发基本原理

土壤盐碱化是世界性难题,盐碱危害造成大量土壤资源难以被利用,农业综合生产能力下降,在很多地方严重影响农业生产。随着人口、粮食、资源、环境等压力不断增大,寻找有效的耕地后备资源并加以整治、利用,是保持耕地动态平衡的主要途径。盐碱地是没有被化肥、农药污染过的土壤,且重金属含量较低。只要采取适合的措施进行改良,盐碱地可以作为我国耕地的后备资源,是发展农业产业的新突破口。开发利用盐碱地、发展盐碱地改良特色产业及产品是解决当下问题的重要途径。应打造以盐碱地为特色的全国农业创新高地,积极探索以盐适种、生态优先、用养结合、提质增效的盐碱地综合利用特色道路;立足盐碱地特色优质资源,聚焦耐盐碱特色物种,构建盐碱地特色产业体系;研究盐碱地耐盐植物高效利用与生态修复模式,采取脱硫石膏施用与微生物综合改良技术对盐碱地进行生态修复;发展水稻、枸杞等盐碱地特色农业产业,开发多糖枸杞、弱碱性生态大米等盐碱地特色农产品(图1-1)。

图1-1 盐碱地稻鱼生态产业示范

石膏改良盐碱地的研究与实践由来已久，适量施用脱硫石膏可以显著降低土壤含盐量，但过量脱硫石膏带入土壤的盐分不能及时被淋洗，反而会导致土壤含盐量增加。因此，科学制定脱硫石膏的用量与施用频率对于减少脱硫石膏改良的二次污染风险至关重要。脱硫石膏中含有大量的微量和常量营养元素，可以改善土壤的肥力状况，同时可以有效降低土壤碱化度、pH，改善土壤状况。微生物肥料能提高、活化土壤养分供给，产生促进植物生长的活性物质，增强植物抗逆性功能；可以增加盐碱土壤速效养分和有机质等含量，提高土壤脲酶、过氧化氢酶、蔗糖酶等活性，使土壤总盐含量降低。但是我国微生物改良盐碱地起步较晚，目前仅处于初始阶段。在盐渍化地块种植耐盐、泌盐作物，可加大蒸腾作用，降低地下水位，防止土壤返盐减缓地下水位抬升引起的土地次生盐渍化现象。植物修复是利用植物物种提取、稳定或分解土壤中的有害化合物，这是一种经济有效的技术。盐生植物的修复可以减少土地治理的成本，同时减少对土壤和相关生态系统的干扰。澳大利亚和美国的一些研究者，极力主张采取植物修复措施治理盐碱地，即通过筛选耐盐作物品种、提高作物耐盐能力来修复盐渍化土地。盐碱地还可以通过种植一些耐盐碱的经济植物，如油菜、枸杞、芦苇等来提高农民的收入，降低土地盐渍化带来的损失。植物修复具有经济效益和生态效益高、节能节水、长期改良、应用面积大等优点。弱碱大米是由弱碱土地里种植、生长、收获的弱碱水稻加工而来的，而只有在适宜的弱碱土地，才能种植弱碱水稻，生产弱碱大米。研究发现，枸杞多糖参与调节神经内分泌-免疫系统和应激反应。枸杞根系发达，抗寒、抗旱、耐盐碱能力强，是西北地区防风固沙、盐碱地改良开发的先锋品种。综前所述，明确脱硫石膏改良盐碱地提升产品品质基本原理、弱碱性土壤种植作物提升产品品质基本原理、盐碱化土壤种植特色植物提高多糖基本原理、盐碱地微生物治理改善土壤环境质量基本原理，可为大力发展盐碱地产业提供理论支持。

1.1 脱硫石膏改良盐碱地提升产品品质基本原理

全球盐碱土壤面积约为 9.6 亿 hm^2，我国约有 1.0 亿 hm^2，占耕地面积的 6.62%，主要分布于西北、东北、华北及沿海地区，且盐碱化土壤面积每年仍在呈不断增加之势。社会发展土地资源稀缺、填海工程数量增加，盐碱地改良成为全球性难题。盐碱土包括盐土和碱土两大类型。盐土以 NaCl 为主，其可溶性盐类物质含量超过 2g/kg，对植物生长发育产生严重影响；碱土以 Na_2CO_3 为主，其阳离子代换量通常大于20%，土壤pH大于8，一般用碱化度来划分（Kang，2001）。土壤盐碱化为易溶性盐分积累于土壤表层的过程或现象，也称为盐渍化。土壤盐碱化是多种因素共同作用的结果，包括成土母质、气候、地形地貌、人文活动、水文等多种因素。黄河河套地区有灌溉农田100万hm^2，但1/3以上存在不同程度的土壤盐渍化问题（图1-2）。根据2006年调查显示，宁夏引黄灌区有耕地42.21万hm^2，其中盐化土壤面积20.96万hm^2，占耕地总面积的49.7%。土壤盐渍化已经严重影响和制约该地区的生态环境与农业的可持续发展。盐碱化土壤给社会的经济发展带来很大的阻力，改良和高效利用盐碱化土壤成为广大科技工作者长期研究的课题。

图1-2　黄河河套平原

1.1.1　脱硫石膏来源及成分

燃煤火力发电产生的烟气中含有大量的二氧化硫，故不能直接排放到空气中，因此烟气排放前首先要进行脱硫。其在烟气吸收塔内与氧气和石灰石吸收剂发生反应，以石膏产物的形式沉淀析出，成为工业固体废弃物。燃煤电厂脱硫石膏控制装置见图1-3。脱硫石膏价格低廉，化学成分与普通石膏相似，由于杂质成分上的差异，两者在脱水特性、易磨性，以及煅烧后的熟石膏粉在力学性能、流变性能等特征上有所不同。脱硫石膏为浅灰色，性质稳定，主要成分为二水硫酸钙（$CaSO_4 \cdot 2H_2O$），含量在90%以上，含水量在10%左右，富含S、Ca、Si等元素，还包括碳酸钙、亚硫酸钙、氯离子、酸不溶物、氧化镁等杂质。脱硫石膏作为一种工业副产品，几乎全部应用于工业生产，尤其是作为建材行业中的水泥缓凝剂，用来制作各种石膏板，作为原材料生产碳酸钙晶体。除此之外，还能作为筑路路基及现浇墙体材料等。因为脱硫石膏特殊的物理和化学性质，经大量研究证明还可应用于农业生产及土壤改良。有关石膏改良碱土的研究在19世纪后期就已经出现，并取得显著成果，但受限于成本高、投资大，没有得到广泛施用。利用脱硫石膏改良碱土是在20世纪90年代后期才开始的。随着现代化进程的加快，人们也越来越注意到人与自然的和谐问题，对环境保护的认识也有了显著的提高。电气化进入发展新阶段，一些主流煤电产业考虑到成本问题使用不脱硫燃煤发电，严重污染了环境。燃煤脱硫所产生的二水硫酸钙（$CaSO_4 \cdot 2H_2O$），具有产量大、利用率低等特点，因此对其再利用成为研究的热点。近年来，燃煤电厂引入烟气脱硫技术以减少SO_2排放。现行的脱硫技术绝大多数以钙基物质作为吸收剂，最终生成一种脱硫副产物（脱硫石膏），见图1-4。

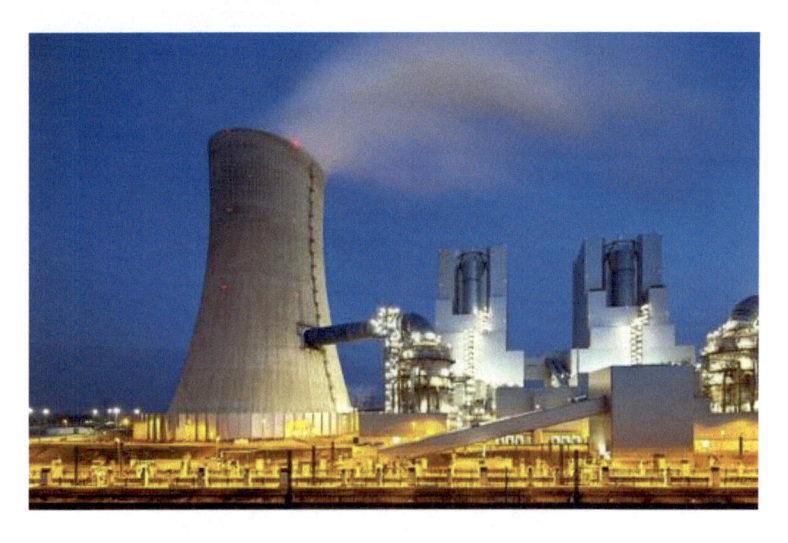

图1-3 燃煤电厂脱硫石膏控制装备

利用脱硫石膏改良盐碱地已经引起国内外的广泛关注。目前，脱硫石膏在工业及农业领域都实现了资源化。脱硫石膏在工业上的应用主要是作为建筑原材料，在农业上的应用则是作为化学改良剂，对酸性土壤和碱性土壤都能进行改良。利用脱硫石膏改良酸性土壤已取得显著效果，脱硫石膏改良碱土的效果也十分明显。利用脱硫石膏改良碱土是我国改良碱土的重要措施之一。脱硫石膏作为一种化学改良剂，能够有效改良碱土，并且不影响土壤中重金属的含量（王遵

图1-4 燃煤电厂脱硫石膏产品

亲，1993）。另外，脱硫石膏中还含有大量的微量和常量营养元素，可以改善土壤的肥力状况（张国荣和王海岩，1985；张兆琴等，2012）。2000年以来，我国在黄河河套地区的内蒙古土默川平原、宁夏西大滩等地开展了利用脱硫石膏改良盐碱地施用技术的田间试验研究。研究发现脱硫石膏可以有效降低土壤碱化度、pH和可溶性Na^+含量，提高作物的产量。

1.1.2 脱硫石膏改良盐碱土基本原理

脱硫石膏改良盐碱土的原理是基于酸碱中和的基本理论，通过向土壤中施加化学改良物质，以此来降低土壤碱性和可溶性盐的含量。其基本原理是利用脱硫石膏中含有的Ca^{2+}置换土壤胶体中吸附的Na^+（来自土壤中的Na_2CO_3、$NaHCO_3$），并通过淋洗将其排出土体，以达到改土治碱的目的。土壤胶体粒子长期与盐碱土中的Na_2CO_3、$NaHCO_3$、$NaCl$等接触，成为含Na^+胶体粒子，而含Na^+胶体粒子在土壤中有较好的分散性，能散布在土壤颗粒之间的细缝中，形成致密、不透水的板结土层。不易透水的含Na^+板结层掺石膏后，因Ca^{2+}比Na^+对土壤中胶体粒子的吸附能力强，原已吸附的Na^+会与土壤溶液中的Ca^{2+}发生离子交换，而含Ca^{2+}胶体微粒的外层不吸附水分子，胶体微粒自己能互相靠近而聚团，土壤就不会板结，这些过程反复进行后，土壤就形成了稳定的团粒结构，从而有利于农作物根系生长、对土壤水分和养分的吸收。土壤中主要的碱性物质有交换性钠、碳酸钠和碳酸氢钠。石膏与其反应的化学方程式为

$$CaSO_4 + 2Na^+ \longrightarrow Ca^{2+} + Na_2SO_4$$

$$CaSO_4 + Na_2CO_3 \longrightarrow Na_2SO_4 + CaCO_3$$

$$CaSO_4 + 2NaHCO_3 \longrightarrow Na_2SO_4 + Ca(HCO_3)_2$$

这3个方程式也为石膏改良碱化土壤中的石膏用量问题提供了理论依据。改良碱土的碱性物质转换为无害盐类后,根据"盐随水走"的水盐运行规律,灌水使得土壤的无害盐类排出,碱土改良取得显著效果。盐碱土壤通透性差,在失水过程中易形成土层龟裂,不利于植物生长。传统的灌水很难去掉土壤中的Na^+。盐碱地施用脱硫石膏,经土壤中水溶解后可形成Ca^{2+},而Ca^{2+}能够替换土壤胶体上的Na^+,不易吸附水分子,可使胶体微粒间形成微粒团。当水分子渗入微粒之间时微粒团膨胀,当失水时微粒团则龟裂。这一过程的反复则使土壤疏松,透水性增强,利于植物根系扩展,吸水吸肥能力增强,从而达到盐碱土改良的目的。

国内外学者广泛聚焦于脱硫石膏对土壤的影响,研究表明脱硫石膏可以用来改善土壤质量(Kim et al.,2017)。硫石膏施用于碱性土壤中,硫酸钙微溶于水中,溶解在土壤中的Ca^{2+}会置换土壤中的Na^+,从而降低土壤的pH,同时提高土壤的吸附能力,使土壤的保水性大大提高。脱硫石膏施用在酸性土壤中,由于脱硫石膏中还混有少量的$CaCO_3$,会与土壤中的H^+反应,从而提高土壤的pH,会对酸化土壤起到一定的改良作用。同时,脱硫石膏在生产过程中会与含有某些微量元素(Fe、Zn、Mn)的飞灰相结合,从而对缺少这些元素的土壤起到一定的改良作用。重金属在土壤中移动性很小,不易随水淋滤,也不能被微生物降解,会大量累积在土壤中,也会随食物链进入生物体中,对生物体造成危害。脱硫石膏施用于重金属污染的土壤中,会吸附土壤中的重金属离子,减少植物所吸收的重金属。所以,可以在重金属污染的土壤中加入脱硫石膏,通过脱硫石膏对重金属离子的吸附或(共)沉淀作用,改变重金属离子的存在状态,降低其危害性。

由于脱硫石膏的主要成分是二水硫酸钙($CaSO_4 \cdot 2H_2O$),所以含有丰富的钙、硫元素。对于植物来说,钙可以稳定细胞壁,果胶酸钙组成细胞壁的胞间层;钙可以稳定细胞膜结构,保持细胞的稳定性;钙可以促进细胞伸长和细胞分裂;钙可以参与第二信使传递,能结合在钙调蛋白上,对植物体内许多种关键酶

起活化作用,并对细胞代谢有调节作用;钙具有调节渗透作用和酶促作用。硫元素参与植物光合作用,形成铁氧还蛋白的铁硫中心,参与暗反应;硫元素参与抗逆过程和蛋白质的合成;硫元素还可以提高油料作物的产油量等。由此可见,这两种元素对植物的生命过程起很大作用,是植物发育生长不可或缺的两种元素。脱硫石膏施用于土壤中,会提高土壤中这两种离子的含量,对农业生产具有促进作用。国内外研究结果证明,施用石膏可以直接或间接提高某些作物的产量。在稻田中施用脱硫石膏,土壤中的细菌丰富度和多样性在一定程度上会增加,细菌参与有机物的分解及各种矿质元素的合成,有利于植物的生长。施用石膏可以提高氮肥的利用率,由此可提高玉米籽粒的产量。将可以促进植物生长的真菌和石膏一起施用在苏打土壤上,可以提高南非醉茄的互交乙醇酯含量。将脱硫石膏施用于盐碱土壤上,向日葵的出苗率在一定程度上会随着石膏施用量的增加而提高。在 Cd 污染的土壤上施用石膏,可提高在此地种植的小麦的产量并且能降低小麦对 Cd 的吸收量。施用一定剂量的脱硫石膏可以提高大豆的产量。在不同盐碱化程度的土壤上施用不同量的脱硫石膏,可以显著提高燕麦的株高等各项生长指标。在重度苏打盐碱地上施用脱硫石膏与对照相比,土壤的 pH 会降低,紫花苜蓿的出苗率、干生物量、含水量会增加。在碱化的土壤中施用脱硫石膏,紫花苜蓿会减少对 Na^+ 的吸收,同时会增加对 Ca^{2+} 和 K^+ 等营养离子的吸收,这样就减少了离子毒害作用,同时也改善了植物体内营养亏缺的状况,增加了植物的抗逆性,提高了出苗率和产量,促进了植物的生长(许兴等,2002)。目前,很多研究证明脱硫石膏在改良盐碱地时发挥了很大的作用,脱硫石膏施用在盐碱土壤中,会提高土壤中有机质含量,降低土壤的总 pH,而 Ca^{2+} 置换土壤中的 Na^+,降低了土壤中的总碱度,有利于植物体的生长。

1.1.3 脱硫石膏施用方法

对于脱硫石膏的施用方法,前人已经开展了大量的研究。脱硫石膏改良碱土的施用方法一般采用定量表施,即在确定脱硫石膏需求量的条件下,将部分定量脱硫石膏与土壤混合,其余部分表施。在大田条件中,将脱硫石膏与土壤全部混匀难度较大,故一般不采用。但在室内土柱模拟试验中,可以采用这种方法研究脱硫石膏对碱土理化性质的影响。表施即为将脱硫石膏全部施用于碱土表层。上部混匀方法是将脱硫石膏与地表一定厚度范围内的碱土混匀;全部混匀的方法就是将脱硫石膏与全部深度的碱土混匀。无论采取何种施用方法,都需要大量的水进行浇灌，才能取得效果。

　　石膏改良碱土的效果与灌水量有很大关系。如果只施用石膏不灌水或灌少量的水，那么都不能有效改良碱土。大量灌水虽然能够取得显著的效果，但是水资源浪费严重。为了有效改良碱土，前人进行了配施石膏灌水量的研究。定额水量分次淋洗碱土，第一次淋洗即可取得明显的效果。改良碱土需要的水量与石膏的施用方式有很大关系。全部混匀处理需水最少，石膏表施处理用水淋洗需水最多。石膏与土混匀的处理最佳灌水量为 $134.47m^3/hm^2$，而定量石膏中部分石膏与表层土壤混匀，剩余部分石膏表施再灌水的方式比较经济。脱硫石膏改良盐碱土壤重金属及农产品质量安全是公众关注的焦点。李彦等（2010）选取我国北方距离碱化土壤较近的 10 个燃煤火力发电厂的脱硫石膏进行测定，结果表明不同电厂脱硫石膏的 As、Hg、Pb、Cr、Cd 等重金属含量低于适用于耕地的国家土壤环境质量二级标准（GB15618—1995）。在宁夏回族自治区具有典型代表性的西大滩，利用这些脱硫石膏改良碱化土壤种植油葵，经连续 5 年监测发现，土壤中 As、Hg、Pb、Cr、Cd 等重金属含量无明显变化。在广东酸性土壤上通过盆栽试验，用 8~10g/kg 的脱硫石膏处理种植花生、萝卜、甘蔗和水稻的土壤，结果表明植物可食部分重金属均无超常累积，即使使用脱硫石膏未导致农产品重金属含量富集超标；在表土层施脱硫石膏至 40g/kg，重金属也不会通过降水淋溶渗透过 1m 左右的土层而污染地下水源（徐胜光等，2005）。以滩涂围垦农田土壤为研究对象，研究脱硫石膏对土壤重金属的解吸效果，结果表明脱硫石膏能有效降低土壤对重金属的吸附量，其解吸效果由大到小依次为 Cd、Cu、Ni、Zn、Pb、Cr（童泽军等，2009）。

1.1.4　脱硫石膏施用量

　　确定石膏施用量是石膏改良碱土的重要步骤。石膏施用量不足，难以彻底改良碱土，作物产量难以得到大幅度的提高，因此确定合理的石膏用量显得尤为重要。在调研西大滩碱化土壤碱化度、总碱度、全盐含量和 pH 等指标的基础上，借鉴苏联学者安琪波夫·拉塔耶夫和我国学者李述刚对碱化土壤的分级标准，将宁夏西大滩碱化土壤分为轻、中、重 3 个级别（表1-1）。

表1-1　宁夏西大滩碱化土壤分级

碱化土壤分级	碱化度/%	总碱度/(cmol/kg)	pH	全盐/(g/kg)
轻度	<20	0.2~0.6	≥8.0~<8.5	≥1.0~<2.0
中度	20~30	0.5~0.9	≥8.5~<9.0	≥2.0~<4.0
重度	>30	0.8~1.2	≥9.0	≥4.0

1. 碱化度和总碱度临界值指标的确定

施用脱硫石膏改良碱化土壤，首先要确定土壤碱化度和总碱度的临界值，即对作物的生长发育不会造成影响的最低值。土壤碱化度临界值一般采用5%、10%和15%，总碱度临界值一般为0.2cmol/kg和0.3cmol/kg。

2. 降低碱化度的石膏施用量计算

利用美国学者赫尔加德提出的石膏改良碱化土壤的化学方程式，而脱硫石膏改良碱化土壤的理论预期相同。石膏改良碱化土壤的化学方程式：

$$2Na^+ + CaSO_4 \longrightarrow Ca^{2+} + Na_2SO_4$$

根据土壤碱化度、阳离子交换量、土壤碱化层深度和土壤容重计算石膏施用量：

$$W_1 = 86.07 \times CEC(ESP-5\%) \times H \times D$$

式中，W_1为降低碱化度石膏的施用量（kg/hm²）；CEC为阳离子交换量（cmol/kg）；ESP为碱化度（%）；H为土壤碱化层深度（cm）；D为土壤容重；86.07为改良土壤面积、土壤容重的综合换算系数。

3. 降低总碱度石膏施用量的计算

石膏改良碱化土壤的化学方程式：

$$Na_2CO_3 + CaSO_4 \cdot 2H_2O \longrightarrow CaCO_3 + Na_2SO_4 + 2H_2O$$

$$2NaHCO_3 + CaSO_4 \cdot H_2O \longrightarrow Ca(HCO_3)_2 + Na_2SO_4 + H_2O$$

总碱度是碳酸根和重碳酸根含量之和。其计算公式如下：

$$W_2 = \& (0.061\% \ ZEP - 0.02\%) \times H \times D$$

式中，W_2为降低总碱度石膏的施用量（kg/hm²）；ZEP为总碱度（cmol/kg）；&为改良土壤面积和土壤容重的综合换算系数，取141 052.05。

4. 脱硫石膏的残留量与渗漏量

脱硫石膏施入土壤后一部分不能参与反应，以渗漏方式流失；而另外一部分残留在土壤中，达不到改良盐碱土壤的效果，计算改良碱化土壤的脱硫石膏施用量，必须考虑脱硫石膏的残留量与渗漏量，通过土柱模拟试验分别得出轻、中、重度碱化土壤脱硫石膏的有效利用率分别是77.3%、77.4%和77.1%（表1-2）。

表1-2 脱硫石膏的残留量、渗漏量及有效利用率

测定项目	轻度碱化土壤	中度碱化土壤	重度碱化土壤
脱硫石膏施用量/g	2.420	2.420	2.420
石膏施用量/g	1.937	1.937	1.937
石膏溶解量/g	1.824	1.822	1.818
石膏残留量/g	0.113	0.115	0.119
石膏渗漏量/g	0.327	0.322	0.324
损失率/%	22.7	22.6	22.9
有效利用率/%	77.3	77.4	77.1

5. 脱硫石膏施用量的计算

脱硫石膏改良碱化土壤总的施用量为降低碱化度和总碱度的施用量的总和：

$$W = [86.07 \times CEC(ESP-5\%) + 86.04 \times ZEP - 28.22] \times H \times D / R \times \eta$$

式中，W 为脱硫石膏施用量（kg/hm²）；R 为石膏的有效利用率（%）；η 为脱硫石膏中石膏含量（%）。在轻、中、重度碱化土壤的试验田中，按对角线取土壤样品，分别测定土壤碱化度、总碱度和容重。

宁夏西大滩具有河套地区有代表性的碱化土壤，其碱化土壤分为轻、中、重度3级，以降低土壤碱化度和总碱度为目的，土柱模拟试验得到在轻、中、重度3级碱化土壤上的脱硫石膏理论施用量分别为12 529.5kg/hm²、17 256.0kg/hm²和23 563.5kg/hm²。脱硫石膏改良碱化土壤种植油葵的田间试验得出，在轻、中、重度3级碱化土壤上脱硫石膏施用量分别为11 250～22 500kg/hm²、11 250～22 500kg/hm²和22 500～33 750kg/hm²。该试验得出的脱硫石膏施用量可作为大田示范推广的应用参考值（表1-3）。

表 1-3 脱硫石膏改良宁夏西大滩碱化土壤的理论施用量

测定项目	轻度碱化土壤	中度碱化土壤	重度碱化土壤
阳离子交换量/(cmol/kg)	8.53	8.27	7.28
碱化度/%	18.4	24.3	33.8
总碱度/(cmol/kg)	0.52	0.52	0.51
碱化层深度/cm	49.6	48.6	48.8
土壤容重/(g/cm^3)	1.36	1.43	1.52
脱硫石膏的有效利用率/%	77.3	77.4	77.1
脱硫石膏中石膏含量/%	80.05	80.05	80.05
理论施用量/(kg/hm^2)	12 529.5	17 256.0	23 563.5

注：阳离子交换量、碱化度、总碱度和土壤容重为 15 个土壤样品的平均值

1.1.5 脱硫石膏改良盐碱地应用前景

2014 年，中国电力脱硫石膏产量为 7400 万 t，但综合利用率只有 72%。利用这些脱硫石膏改善农业生产及改良土壤，对废弃物的循环利用及经济的循环发展具有重大意义。利用脱硫石膏改良盐碱地是实现资源循环利用、变废为宝的有效途径之一。前期诸多研究表明，在不同土壤类型、生态区域利用脱硫石膏改良不同程度的盐碱化土壤均效果明显。脱硫石膏在用于改善土壤质量时，施用于重金属污染的土壤，能吸附土壤中的重金属离子以此来减少土壤中重金属离子的含量；施用于酸性土壤，会提高土壤的 pH，对酸性土壤有一定的改善作用。脱硫石膏施用在盐碱土壤中，能降低土壤的 pH，并且增加土壤的有机质含量。但是，在研究中应注意以下问题：①加强脱硫石膏改良盐碱地的技术模式研究，如脱硫石膏+改良剂+灌水方式模式。脱硫石膏改良盐碱地是通过先交换后淋洗的原理进行改良，灌水可使土壤盐分离子离开土体，而过量使用脱硫石膏和改良剂，会使土壤中可溶性盐分含量增加，影响植物生长，因此灌水成为盐碱土改良的关键因子。研究脱硫石膏施用量与灌溉的互作效应对提升改良效果、降低改良成本有重要意义。②加强脱硫石膏中有益矿质元素利用研究。不同的矿质成分和烟气脱硫技术，生产出的脱硫石膏成分可能各有不同。脱硫石膏中含有的金属元素成分丰富，不仅需对有益矿质元素利用进行研究，还需对有害元素进行监测。目前关于脱硫废弃物中重金属（铁、镍、铜、锌、铅和镉）的研究还很少，也没有详

细研究其对土壤和植物造成的破坏。盐碱地生态环境十分脆弱,恢复过程很漫长,应该加强脱硫废弃物的长效监测或定位监测。随着对石膏改良碱土研究的深入,需综合石膏施用方式、石膏施用量及灌水量和灌水次数寻求最优组合,取得更有效的改良效果。

1.2 弱碱性土壤种植作物提升产品品质基本原理

科学实验证明,将人体活细胞放在弱碱性培养液的器皿中,细胞会依附在玻璃壁上舒展开来进行自我复制,随着细胞新陈代谢的进行,其代谢后的废物会令培养液越来越显酸性,一旦达到一定浓度,细胞会自动脱离玻璃壁浮上液面,而且会缩成球状而停止自我复制,如再不加上缓冲液或换上新鲜培养液、恢复弱碱环境,十多天后细胞就会衰退死亡,而一旦加入缓冲液或换上新鲜培养液后,细胞又会重新依附在玻璃壁上舒展开来自我复制。可见,人体体液的酸碱性对生命健康意义重大。培养液不断变酸最主要的一个原因就是细胞代谢产物没有得到很好的排泄,而细胞代谢产物本身显酸性,同样,弱碱性的人体细胞更新速度快、代谢产物增加,如果能及时排泄出体外则人体维持弱碱性,一旦出现排泄不畅则人体体液向偏酸性发展,细胞更新速度慢,形成恶性循环人体就容易生病。科学家们在探索地球生命奥秘时都不约而同发现:人类最重要的两个单细胞,也是人类得以繁衍生生不息最重要的单细胞——父亲的精子与母亲的卵子都是生存在碱性体液环境中;孕育我们人类胚胎的环境——羊水也是碱性的;孕育地球生命的摇篮——海洋海水同样是碱性的。生物学家通过反复的实验观察发现,生物生存依赖于高效的酶催化生物化学反应,有酶最适 pH,具体地讲动物酶最适 pH 峰值在 7.25,而微生物酶最适 pH 在 5.5,可见弱碱性体液环境对我们人类的生存健康非常重要。

1.2.1 弱碱性土壤

世界的自然环境有酸性与碱性环境,弱碱性土壤为我国北方广泛分布的符合碱性环境的轻、中度碱化土壤,宁夏河套地区分布有大面积典型碱化土壤。碱化过程往往与脱盐过程相伴发生,但脱盐并不一定引起碱化。碱化过程是指土壤脱盐时,土壤溶液中的钠离子与土壤胶体中的钙、镁离子相交换,使土壤胶体吸附较多的交换性钠,土壤呈强碱性反应,pH 在 8.5 以上,土壤物理性质恶化,土壤高度离散，湿时膨胀，干时板结，通透性很差，严重妨碍作物的生长发育。一般以交换性钠占交换性阳离子总量的20%以上为碱土指标（碱化度）。碱土表层含盐量一般不超过0.5%，但土壤溶液中苏打（碳酸钠和碳酸氢钠）含量较高。苏打的来源主要是成土母质（母盐）中富含硅酸钠，硅酸钠与碳酸相作用而形成。苏打盐土是碱化土壤中的一个主要类型，其特点是含有较多的易溶性盐，可达0.6%～0.7%，且以苏打为主，有明显酚酞反应；又有较多的交换性钠，碱化度可达30%～50%，甚至高达70%～80%。采用合理灌溉，多施有机肥，并结合施用改良剂等方式科学改良后形成的碱化土壤，土壤pH为7.5～9.0，控制灌溉用水的pH为7.2～8.5，进一步优化为7.2～7.5。

1.2.2 弱碱性食物

弱碱性食物是当今潮流，通常能形成碱性反应的食物就被称为碱性食物。世界上水稻主要分布在酸性环境，故稻米以酸性为主。与酸性环境的大米不同，弱碱大米是地球上碱性环境的产物，它是含有天然微量碱的大米。要知道弱碱大米首先要了解"弱碱水稻"；只有弱碱水稻，才能加工出弱碱大米。弱碱水稻只能在弱碱土地里种植、生长、收获；弱碱土地是由盐碱地改良过来的。盐碱地经过多年换水、洗盐、加大定额灌溉或其他改良方式，变成弱碱性良田，去种植弱碱水稻。以白城地区为例，该地区属于典型的苏打碱化盐渍土区，其所有的十类土壤类型pH均在7.7～10.9区间。多年来，白城市高度重视盐碱地治理工作，通过实施引嫩入白、大安灌区、龙海灌片及吉林西部土地整理等项目，对已经开发整理的盐碱地采取脱硫石膏治碱、有机肥调碱、以水冲碱等技术手段进行改造，让农田土壤从pH 9.5降到适宜水稻种植的7.5左右，使昔日的贫瘠地变成了现在的"米粮川"。2014年，经吉林省粮油卫生检验监测站、中国科学院东北地理与农业生态研究所检验测定，吉林省质量技术监督局发布了《弱碱性粳米》的地方标准（DB22/T2216—2014），提出以白城市为主体的吉林中西部大米为弱碱性粳米，pH在7.0～7.5，为白城弱碱地种植大米提供了依据。

随着生活水平的不断提高，人们对健康的重视程度越来越高，弱碱食品能增加胃肠弱碱性的矿物质和微量元素，逐渐受到消费者的青睐。对有着悠久水稻种植历史的中国来说，稻谷一直是我国三大粮食作物之一，产量和种植面积更是三大粮食作物之首。国内外没有关于弱碱大米的权威定义和概念，更没有明确的指标和标准。中国科学院东北地理与农业生态研究所孙广友及其团队成员通过多年试验研究，于2014年发表了《弱碱大米定义与认定标准的探讨——以大安古河道试验区"古河妈妈"粳米为例》，文中对弱碱大米初步定义、酸碱度指标及生产弱碱大米应具备的条件进行了阐述，期望对弱碱大米标准的制定提供参考依据。孙广友及其团队对弱碱大米给出了初步定义：弱碱大米是含有微量原生碱的大米。所谓原生碱是指水稻在生育过程中，从土壤和水中吸收并储存于稻谷及其他器官中的碱性物质，而非人工制成。但该碱性物质又不能在稻谷中储存过少或过多，过少达不到弱碱，过多就属于强碱，会因减少稻米支链淀粉含量而降低米质，亦对人体无益。弱碱大米的pH应在什么范围，不应该简单地认为pH>7就可以，这要从大米的特性和人体营养需求入手。世界大米平均pH为5.7，我国大米平均pH为6.5，人体健康状态pH维持在7.0~7.4，酸碱度太高对人体健康不利。因此孙广友等将中国弱碱大米pH阈值定义为6.5~8.0。从大米特性考虑，pH超过7（特殊地理环境除外）已经很困难，不能超过pH 8，加上从人体健康角度考虑，这个定义比较合理。天然弱碱大米只能产自弱碱性环境，故弱碱性环境是其判定的首要指标，但弱碱性环境并非就一定能够产出弱碱大米。为此，除具备弱碱性环境指标外，还需大米自身具有弱碱性特征。前者为必要指标，后者为充分指标，共同构成指标体系。只有两者同时具备，才能确定为弱碱大米。不少地方目标为弱碱大米，但无环境指标依据，更无大米的指标数据，显然是不够严谨的。水稻的环境是一个包括地质、地貌、水文、气候、土壤等多要素的复杂体系，以物质流、能量流和信息流形态与水稻相互作用。而对于稻米中碱性物质的积累，则主要是生物化学过程的物质流作用。因此，在环境诸要素中，作为稻米碱性物质源的供给者，土壤和水分是两类关键因素。

1.2.3 弱碱大米

弱碱大米具有碱性。①土壤酸碱度指标。盐渍土有多种分类，王遵亲（1993）、杨国荣和王海岩（1985）的数值化分类得到广泛认同，其弱、中、重度和碱土的含盐碱量分别为0.1%~0.3%、0.3%~0.5%、0.5%~0.7%和>0.7%。水稻苗期的盐碱忍耐值为0.2%~0.3%，这恰与弱盐渍土的指标上限相吻合。应指出，0.3%是指土壤种稻前的本底状态。据大量试验，泡田后可形成含盐量<0.2%的田面淡化层。可见，将弱碱大米的土壤含盐量选在0.1%~0.3%也是合理的。即使含盐量0.5%的中度苏打盐渍土，经过2次泡田洗碱，其含盐量也可降低到0.2%，苗期是安全的。但对于0.5%~0.7%的重度苏打盐碱

地，需要 3 次泡田排盐才能降到 0.2% 左右，而且生育期间往往返碱强烈，难有效益。最好是前 1~2 年只泡田排盐而不插秧，可避免损失。为便于弱碱环境识别，应将土壤含盐量与其 pH 建立相关关系。土壤分类规定，pH 7.0 为中性，<7.0 为酸性，>7.0 为碱性。综上，我们可以给出狭义与广义两种弱碱土壤概念，狭义系指弱及中度苏打盐渍土，含盐量 0.1%~0.5%，pH 7.5~9.5，1~2 次泡田洗碱，即可当年生产弱碱大米；广义则是指重度苏打盐渍土和碱土，需经 2~3 年改良，变成弱或中度苏打盐渍土后，才可生产弱碱大米。②水的酸碱度指标。在国际 14 级酸碱度划分中，天然饮用水的酸碱度以 7 为中性，<7 为酸性，>7 为碱性。国际《生活饮用水卫生标准》规定，健康饮用水 pH 为 6.5~8.5。因此碱性水的 pH 上限应为 8.5，即属于弱碱性。据此，将 7.0~8.5 作为弱碱大米的灌溉水指标。③大米的酸碱度指标。考虑到大米盐碱性来源于水、土环境，应采取与水、土相一致的酸碱度标准来划分大米的酸碱度，即 pH 7 为中性，<7 为酸性，>7 为碱性。世界大米一般为酸性（pH 为 5.7），我国大米主要属于酸-弱酸性（pH<6.5）。对世界大米而言，pH>5.7 具有相对弱碱性，对我国来说，pH>6.5 才具有相对弱碱性。人体健康状态的 pH 是 7.0~7.4，部分器官 pH 最高为 8.52。若 pH 达到 8~10，大米的糊黏度急剧减小，质量变劣（张兆琴等，2012）。弱碱大米的 pH 不应高于 8.0，考虑到大米的碱性物质易于挥发而使 pH 降低。经测试表明，陈弱碱米 pH 多为 6.5~7.0。pH 过低会失去弱碱价值，故建议将弱碱大（粳）米的 pH 定为 7.0~8.0。如将相对弱碱性因素考虑进去，弱碱大米的 pH 阈值可定为 6.5~8.0。弱碱大米阈值的界定符合大米特性，对生产弱碱大米产地环境的分析也比较合理。弱碱性生态大米的种植方法，其特征在于，选择特定酸碱度的土壤和灌溉用水，在土壤中施加营养性土壤改良剂、生物有机肥、秸秆中的一种或多种。所述营养性土壤改良剂包括盐碱地专用营养性土壤改良剂，用量为 15.0~24.0t/hm²；生物有机肥包括腐熟动物排泄物，用量为 15~45t/hm²；秸秆包括腐熟秸秆，用量为 60~70t/hm²。弱碱大米是含有原生微量碱的大米，弱碱粳米则是含有原生微量碱的粳稻大米。弱碱大（粳）米产于盐碱地环境，碱性水、土要素和大（粳）米本身的酸碱度（pH），是构成弱碱大米的三个基本要素，其指标体系为土壤的 pH 为 7.5~9.5，水 pH 为 7.5~8.5，大（粳）米 pH 为 6.5~8.0，水土条件中，或两者同时具备，或只有一者具备上述指标，都可满足弱碱大（粳）米的种植。

1.3　盐碱化土壤种植特色植物提高多糖基本原理

多糖是自然界中含量丰富的物质类群之一，不仅来源广泛、毒性低，而且具有抑菌、抗氧化和促进生物体生长等多种良好的生物活性，作为植物诱抗剂、生长调节剂等被广泛用于防治多种植物病害和调控作物生长。1943年，多糖首先作为药物展开研究，到了20世纪50年代，随着化学、生物研究技术的提高，多糖的复杂结构与功能逐渐得到人们的认可和研究。到目前为止，已有300多种多糖物质从自然界中被分离和提纯出来。随后，人们对多糖的认识，不仅局限于其是细胞结构的支撑者、储能物质，还认识到其与生物体代谢、细胞间的识别和调节、细胞生物学信息的携带和传递、免疫反应和蛋白质转移等过程密切关联。研究发现，多糖具有抗氧化、抗炎、抗菌、抗紫外线等重要生物活性，这些活性逐渐地被研究、开发，并应用于生物医学、食品、护肤和农业等领域。多糖，即多聚糖，是由超过10个单糖分子经脱水缩合以糖苷键而结合的高分子聚合化合物。从广义来说，凡符合高分子化合物概念的碳水化合物及其衍生物均可称为多糖，其结构通式可用$(C_6H_{12}O_5)_n$表示，相对分子质量在数万到数十万不等。单糖是糖类的基本组成单元，单糖之间经脱水缩合、以糖苷键线性或分支连接构成多糖。根据构成多糖的单元种类可将多糖分为两类，一类是由一种单糖缩合而成的同多糖，如淀粉、纤维素和糖原等；另一类是由两种及以上的单糖构成的杂多糖，如透明质酸是D-葡萄糖醛酸和N-乙酰葡糖胺组成的双糖单位构成的糖胺聚糖，阿拉伯胶是由戊糖和半乳糖等组成的杂多糖。

1.3.1　多糖的来源种类

根据多糖的来源种类，可将其分为动物多糖、植物多糖和微生物多糖。①动物多糖。动物多糖主要来源于海洋动物和昆虫，如虾蟹、昆虫等的外壳，动物的肝脏、肾脏和软骨组织等，主要包括糖原、甲壳素、肝素、硫酸软骨素、透明质酸、硫酸角质素，其中肝素、硫酸软骨素、透明质酸、硫酸角质素都属于糖胺聚糖，在体内常以共价键与蛋白质结合的状态存在，所以又被称为蛋白质聚糖。因动物多糖中有糖胺聚糖和壳聚糖，具有抗氧化、抗炎、抗菌和抗紫外线等活性，多用于药物开发和生物医学领域。②植物多糖。植物中的多糖通常占其干质量的80%~90%，是机体重要的储能物质，同时具有一定的生物学功能：能有效调节机体的免疫系统、降低血糖和血脂、抗氧化和抗肿瘤等。常见的植物多糖主要有马铃薯和豆类的淀粉，棉花中的纤维素，甜菜渣、苹果渣和橘类果皮中的果胶质及很多植物根、茎和种子中的果聚糖等，因其葡萄糖残基组成方式和构成形式不同，所以性质有明显的差异。植物多糖来源广、提取成本低，具有可降解性、可持续性和对机体低毒性等特点，对人、动物、植物能产生积极的生理影响而逐渐被重视和研究。③微生物多糖。与动物多糖、植物多糖相比，微生物多糖可通过发酵获得，生长周期短，生产成本低，安全无毒，理化性质优越，季节和地域条件不会限制微生物的生长等，这是微生物多糖具有较强市场竞争力和广阔应用前景的重要原因。微生物多糖根据分布情况可分为 3 种类型：胞壁、胞内和胞外多糖。其中，胞壁多糖是位于细胞壁层的多糖，即依附于荚膜的多糖，亦可称为荚膜多糖；胞内多糖是位于原生质层或组成原生质膜的组分；而胞外多糖是指微生物利用营养物质合成并分泌于介质中的活性多糖物质。在微生物的实际培养过程中，很难区分粘连在一起的胞壁多糖和胞外多糖，因此有人将二者统称为胞外多糖。

1.3.2 药用植物多糖

近年来我国对具有中国特色的中药中的植物多糖进行了广泛研究，已从枸杞、茶叶、当归、黄芪、人参、党参、甘草、芦荟、牛膝、海藻、灵芝、茯苓等植物中提取出多种具有药物活性的植物多糖，且其药物活性与多糖的立体结构和生物活性有极大的相关性。药用植物多糖作为一种高活性的免疫调节剂和肿瘤抑制剂，是中药近期的研究热点之一。枸杞（*Lycium barbarum* L.）为茄科枸杞属落叶灌木植物，主要分布在我国西北地区，是传统名贵中药材。《本草纲目》中记载："枸杞，补肾生精，养肝，明目，坚精髓，去疲劳，易颜色，变白，明目安神，令人长寿。"其叶、根、皮均有广泛的药用价值，尤其是果实含有多种有机物和营养成分，具有补肾、养肝、明目、活血、抗病等作用。枸杞的适应性较强，对温度、光照、土壤要求不甚严格，特别适合在干旱、沙地、盐碱地上种植，对于荒滩、盐碱地较多的地区，枸杞可作为弃荒地利用的先锋植物。枸杞主产于宁夏、甘肃一带，但枸杞适应性很强，全国各地均有人工栽培，河套灌区盐碱地枸杞产品见图 1-5。随着退化次生盐渍化土地恢复技术的深入研究，抗盐碱经济树种枸杞在盐渍化土地引进栽培越来越引起人们的重视，通过加强管理，改进栽培技术，枸杞在盐渍化土地上栽培，获得了生态效益和经济效益的双赢。枸杞中具有多种活性成分，如枸杞多糖（*Lycium barbarum* polysaccharides，LBP）、黄酮类化合物、生物碱、枸杞色素、氨基酸类等。大量研究表明，枸杞中最具有提取利用价值的是枸杞多糖（吴香云等，2020）。枸杞多糖是由半乳糖、葡萄糖、鼠李糖、阿拉伯糖、甘露糖及木糖组成的杂聚糖，是含糖链和蛋白质链的糖蛋白，具有多种生物活性，如提高免疫力、保护视网膜神经、降血糖、抗氧化、保护骨骼等。枸杞多糖是宁夏枸杞道地性的主要特点之一，已有的研究表明适宜的盐分有助于枸杞果实多糖含量的积累，从鲜果多糖含量分析结果看，多糖含量与土壤盐分呈正相关，但不显著。枸杞多糖含量积累与土壤含盐量有明显的相关性，在土壤含盐量为 9.6～11.7g/kg 时枸杞多糖含量在不同生长时期变化较大（朱彩平，2006）。

图 1-5　河套灌区盐碱地枸杞产品

1.3.3　药用枸杞生物活性

枸杞的生物活性表现在以下几个方面：①抗肿瘤活性。大量的研究表明，枸杞多糖在抗肝癌、婴儿血管瘤、卵巢癌、宫颈癌、结肠癌、胃癌、肺腺癌、白血病、脑胶质瘤、膀胱癌、人舌鳞状癌等方面有较好的生物活性，枸杞多糖可能成为辅助治疗这些肿瘤的良好天然化合物。②抗氧化、抗衰老活性。研究表明枸杞多糖具有抗氧化、抗衰老作用。通过枸杞多糖的抗氧化作用，可降低老年小鼠年龄增长引起的自由基加速脂质过氧化的风险；预防由于激活氧化反应导致的急性肾损伤、缺血再灌注诱导的大鼠视网膜损伤、高氧诱导的急性肺损伤等。枸杞多糖抗氧化作用可能会成功应用于低温保存濒危物种胚胎和辅助生殖医学技术。而通过分析不同浓度下枸杞多糖对线虫寿命的影响，发现枸杞多糖能够显著延长线虫的寿命。③降血糖、降血脂活性。研究表明，枸杞多糖在药理实验、临床试验中对于降血糖、治疗糖尿病均具有较好的生物活性。其调节血糖作用在临床应用中较为广泛，如介入 2 型糖尿病的治疗等，其作用机制主要包括改善胰岛素抵抗、增加胰岛素敏感性及提高胰岛细胞存活率等。④神经保护活性。枸杞多糖具有保护神经作用。研究表明，枸杞多糖可预防东莨菪碱（scopolamine，SCO）诱导的大鼠学习记忆障碍；保护谷氨酸诱导的 PC12 细胞凋亡、预防同型半胱氨酸（homocysteine，Hcy）诱导的神经元损伤等。枸杞多糖极有可能用于开发阿尔茨海默病（Alzheimer's disease，AD）、脑缺血、癫痫等神经系统疾病治疗或干预方面的天然药物制剂。⑤抗炎活性。枸杞多糖具有良好的抗炎活性，其能减轻高氧诱导的急性肺损伤、乙醇诱导的肝细胞损伤、软骨损伤、小鼠急性胰腺炎等。⑥生殖保护活性。枸杞多糖对生殖功能的保护作用机制可能与增强抗氧化酶活性、抑制细胞死亡、抑制 PI3K/Akt 信号通路、调节下丘脑-垂体-性腺轴内分泌活性、上调 Bcl-2 表达、下调 Bax 表达等途径有关。⑦保肝活性。枸杞多糖是具有保肝特性的天然化合物，可充分利用其特性开发具有保肝特性的功能保健食品、临床中用于肝损伤的治疗剂等。⑧护眼活性。研究表明，枸杞多糖可用于治疗糖尿病视网膜病变，其机制可能是：一是通过调节糖尿病大鼠阻断 Ras 同源基因 Rock 相关卷曲螺旋蛋白激酶（Rho/Rho associated coiled-coil forming protein kinase，Rho/ROCK）信号通路；二是改善糖尿病大鼠视网膜氧化应激，发挥有益的神经保护作用，激活 Nrf2/HO-1 抗氧化通路；三是上调视网膜 Bcl-2 mRNA 和蛋白质表达水平，下调视网膜 Caspase-3、Bax mRNA 和蛋白质表达水平，减少视网膜神经节细胞凋亡，从而保护视网膜。有研究发现，枸杞多糖是良好的益生元来源，可以增加肠道菌群丰度、提高有益细菌水平、调节先天免疫应答，且有研究人员将枸杞多糖加入小猪的饲料中，发现饲料中补充枸杞多糖可以提高断奶仔猪的生长性能、免疫状态和抗氧化能力，改善其肠道微生物种群（许兴等，2002）。

试验研究表明，枸杞叶片多糖含量随着 NaCl 浓度的升高而增加，随胁迫时间延长，这种趋势表现得越明显。当盐胁迫 4 天时，0.9% NaCl 胁迫组叶片多糖含量显著高于其他处理，对照组与 0.3%、0.6% NaCl 胁迫组叶片多糖含量无显著差异。随着盐胁迫时间的延长，多糖含量逐渐增加，0.9% NaCl 胁迫组叶片多糖含量增加显著。8 天、12 天时 0.3%、0.6% NaCl 胁迫组叶片多糖含量无显著差异，而对照组枸杞叶片多糖含量显著低于盐胁迫处理组的枸杞多糖含量。16 天、20 天时，叶片枸杞多糖含量在各处理之间差异显著，依次为 0.9% NaCl>0.6% NaCl>0.3% NaCl>CK。对 NaCl 浓度和多糖含量进行相关性分析表明，多糖含量与 NaCl 浓度呈现极显著的正相关（$R=0.9519$），处理 12 天时多糖含量继续升高，其回归方程是 $y=0.0153x+0.0526$（$R^2=0.9043$）；16 天时，其回归方程是 $y=0.019x+0.0577$（$R^2=0.8889$），说明一定浓度范围的盐胁迫可以促进枸杞叶片多糖的积累。枸杞多糖在细胞内作为溶质或以高度水合状态而存在，具有良好的亲水特性，这可能利于细胞质维持膨压，保持其渗透势的平衡。动物试验表明：枸杞多糖具有优良的抗氧化和清除活性氧的作用。在干旱、盐渍、热害、寒害等逆境下植物体内都会有大量的活性氧产生和积累，导致植物本身遭受伤害（杨淑华等，2019）。

对于盐生植物枸杞而言，枸杞多糖存在的意义在于逆境条件下抑制活性氧的积累，而使植物本身免受伤害。随着 NaCl 浓度的增加，枸杞叶片细胞膜透性增大、放氧速率和 H_2O_2 浓度增加，而且低于 0.6% NaCl 浓度时枸杞叶片活性氧积累较缓慢，脂膜受伤害程度较轻；而 0.9% NaCl 浓度下，脂膜受破坏程度严重。对叶片枸杞多糖与质膜透性、放氧速率（O_2^-）和 H_2O_2 进行相关分析表明：枸杞多糖与叶片细胞膜透性呈现显著正相关（$R=0.9767$），与放氧速率呈显著正相关（$R=0.9438$），与 H_2O_2 呈显著正相关（$R=0.9267$）。说明细胞膜透性增加、活性氧增加的同时，枸杞多糖也在增加，这一相关性表明枸杞多糖可能对活性氧有拮抗作用。通过对不同土壤类型宁夏枸杞多糖与主要盐分组成离子进行相关性分析，结果表明：宁夏枸杞果实内的多糖含量与土壤盐分总量呈显著相关（$R=0.566$，$R_{0.05}=0.482$），说明宁夏枸杞果实内多糖含量与土壤盐分有一定的相关性。通过对宁夏惠农、同心、中宁、银川四地区土壤盐分分析发现，4 个地区土壤盐分类型均为氯化物硫酸盐土，但其硫酸根离子总量与氯离子总量比值有一定的差别，表现为惠农>同心>中宁>银川，而且从土壤 Ca^{2+} 含量看，其在 4 个地区土壤中差异也较大，即惠农>同心>中宁>银川，从各地土壤类型总体离子构成考虑，尽管惠农、同心两地土壤盐分较高，但其果实内的多糖含量也较高，表明与其土壤盐离子组成中 Ca^{2+} 含量较高有关。另外，对枸杞多糖与土壤盐分主要构成离子 Na^+、Ca^{2+}、Cl^-、SO_4^{2-} 分别做相关性统计，其中 Na^+ 和 Cl^- 与多糖含量显著相关，相关系数分别为 0.504 和 0.540，而 Ca^{2+} 和 SO_4^{2-} 虽有一定相关性但不显著，分别为 0.391 和 0.427，说明一定浓度的 NaCl 对多糖的累积有一定的促进作用。植物在盐胁迫下的耐盐性有多种表现，植物糖代谢与抗盐性的研究是植物抗盐调控机制研究的主要方面之一。盐胁迫下，枸杞叶片和果实中多糖含量呈现增加趋势。随着 NaCl 浓度的升高和处理时间的延长，枸杞叶片多糖含量显著增加（$P<0.05$）。可以看出，在盐胁迫下，多糖在枸杞抗盐性中具有重要作用（杨淑华等，2019）。

1.4 盐碱地微生物治理改善土壤环境质量基本原理

我国土地盐渍化防治工作基本可以分为以下几个阶段。第一阶段，在公元前 11 世纪的周朝，当时的人们已经开始采用引淡水灌溉农田洗盐的方式治理盐碱地，到秦、汉时期种稻洗盐已经很普遍，并采取放淤压盐的改良办法。在 17 世纪的清代，现江苏省的滨海地区创办垦牧部门，兴修水渠进行盐碱地的改良和治理。在中华人民共和国成立前，主要以兴建水利设施，通过灌溉来冲洗改良盐碱地。但是由于此类方法均为民间传下来的土方法，往往没有统一的施用标准，未能因地制宜，同时缺乏系统性，存在有灌无排等现象，从而限制了盐碱地开垦改良的进一步进行。第二阶段，在 20 世纪 80 年代，我国盐碱地改良的重点放在农田灌排设施的修建，在采取淡水洗盐法进行盐碱地治理的同时，继续加强农田水利建设，灌排设施趋于完善，灌溉管理、深耕平整、客土改良、测土施肥、广种绿肥、改土护土等农水技术也得到普遍的运用和提高。80 年代末期，根据山东省禹城市北丘洼的具体条件，采用了"强排强灌"的方法改良重度盐碱地。这一阶段我国盐渍化防治工作取得了长足的发展。第三阶段，20 世纪 90 年代以来，我国在世界银行和国际农业发展基金会的贷款支持下，开展了黄淮平原盐碱化土地的综合治理专项行动。在此阶段，通过实践研究，研究人员总结出盐碱地的治理应纳入该区域流域治理总体规划中，实施合理利用地表和地下水资源、控制地下水位、井渠灌溉和排水相结合、工程措施与生物措施相结合、水利措施与农业土壤改良相结合、改造与适应相结合等综合治理措施。目前，国内外都在研发盐渍化土壤的改良和修复技术，主要有水利措施、农业措施、物理化学措施及生物措施等。水利措施治标不治本，浪费水资源而且可能对地下水体产生污染；农业措施见效缓慢；物理措施成本较高；化学措施会产生二次污染。目前许多学者广泛接受的是生物改良的方法，该方法主要是通过种植耐盐作物和施用微生物肥料等改良利用盐碱地。

1.4.1 微生物肥料的发展历程

微生物肥料又称为生物肥料、菌肥或接种剂，是一类以微生物生命活动及其产物引起农作物得到特定肥料效应的微生物活体制品。微生物肥料通过其中所含微生物的生命活动，增加植物养分的供应量或促进植物生长，提高产量，改善农产品品质及农业生态环境。目前微生物肥料包括微生物菌剂、生物有机肥和复合微生物肥料。早在 19 世纪 90 年代中期，德国就研制了名为"Nitragin"的根瘤菌接种剂，是世界上最早的微生物菌剂。20 世纪 30~40 年代，美国、澳大利亚等先后发展了根瘤菌接种剂产业。据不完全统计，目前微生物菌剂已在 20 多个国家和地区得到了开发与应用，特别是在发达国家，微生物肥料的使用量占肥料投入总量的 20% 以上。在我国，20 世纪 30 年代土壤微生物学专家张宪武教授对大豆根瘤菌的相关研究打开了微生物菌剂研究的"大门"。50 年代微生物菌剂的生产和应用初具规模，大豆根瘤菌剂接种技术在东北地区大面积推广应用，平均增产 10% 以上。1958 年，我国农业发展纲要把细菌肥料列为一项重要的农业技术措施，极大地促进了微生物肥料的研究与应用。60 年代后期至 70 年代，我国掀起了微生物肥料研究、生产和应用的热潮。固氮蓝绿藻肥、"5406"抗生菌肥、VA 菌根肥、生物钾肥等微生物肥料得到大面积推广应用。80 年代后期，为了适应农业发展需求，微生物肥料的研究从单一的固氮菌剂逐步向复合多功能菌剂、菌肥发展，衍生出生物有机肥、复合微生物肥料等。生物有机肥兼具微生物菌剂和传统有机肥的双重优势，除含有较高含量的有机质外还含有具有特定功能的微生物。20 世纪 80 年代中期以来，美国、日本等发达国家就开始注重生物有机肥的研究与应用，其原料主要为畜禽粪便、城市生活垃圾，同时添加如秸秆、甘蔗渣等农副产品。随着日本卧式转筒式和立式多层式畜禽粪便堆肥装置的研制，美国由大型旋转生物反应器组成的高温堆肥系统和由密闭大型发酵罐组成的动态高温堆肥系统的开发，以及微生物除臭技术的进步，生物有机肥的研究与应用逐步朝着系统化、标准化、无害化方向发展。

复合微生物肥料集微生物、有机养分和无机养分于一体，不仅克服了传统微生物肥料养分低、见效慢等问题，而且符合农业绿色发展的需求，能达到减少化肥用量、增产提质等目的。如何将无机养分与特定的活的微生物组配在一起，是复合微生物肥料生产的关键。无机养分是多种盐类，浓度过高会抑制微生物生长。通过选育抗逆性强的芽孢杆菌，配合适当的生产工艺，使微生物在复配前保持休眠状态，或将有机物料与微生物一起造粒，无机养分单独造粒，造粒同时均覆膜，最大限度减少不良条件对微生物的影响。微生物肥料中的微生物是土壤有机质形成与分解的主要推动力量。微生物肥料的根际促生菌可提高植物根际养分的可利用性（如固氮、溶磷、解钾），从而提高肥料的使用率。生产实践表明，微生物肥料能提高、活化土壤养分供给，产生促进植物生长的活性物质，增强植物抗逆性功能，促进有机物的腐熟过程，提升耕地土壤肥力，维持耕地土壤健康，降低土壤环境污染，提高农产品品质。微生物肥料的使用替代了部分化肥，提高了肥料的利用率，减轻了因化肥过量使用带来的土壤酸化、板结、盐渍化等一系列土壤问题；另外，抗病功能微生物肥料的使用减少了化学农药的使用及其在农产品和土壤中的残留。微生物肥料的使用与推广在现代农业生产中具有广阔的应用前景。为提高耕地质量，我国自2006年开始实施"土壤有机质提升工程"，就是通过秸秆腐熟菌剂这一微生物肥料的应用，实现作物秸秆快速腐熟以提高土壤有机质含量。

1.4.2 微生物肥料功能

应用微生物肥料改良盐碱地可以降低化学改良剂的经济和环境成本。微生物制剂改良盐碱地研究表明微生物制剂对盐渍化土壤改良效果明显，表现为土壤pH、电导率EC值显著降低，土壤肥力等养分指标逐年提升，微生物数量也呈指数增加。而应用微生物悬浮液改良盐碱地可以使土壤饱和导水率显著增加，改善水在盐渍化土壤中的流动（康贻军等，2007）。施用微生物肥料可以明显降低盐碱土的含盐量，增加有机质含量及土壤中微生物类群的数量，对于改良土壤物理、化学和生物性质都起到良好作用。同时，在使用微生物肥料后，植物的生长状况也得到了改善。微生物肥料中有机碳源含量丰富，增加有机碳源可以促进土壤生物多样性的恢复，有助于抑制病原菌种群数量的增长。因此，国内外对施用有机肥来克服或缓解土壤次生盐渍化的潜力十分重视。大量研究人员在通过添加有机物料改良土壤、优化土壤微生物区系来克服次生盐渍化方面做了大量有益的尝试，但效果不尽一致，表明不同类型外源有机物对土壤微生物群落结构和种群数量调控的机制存在差异。

土壤微生物作为土壤肥力的重要指标，数量巨大，种类繁多，它们与植物根系相互作用、相互促进，与植物的生长、繁殖和代谢活动都密切相关，是土壤中最活跃的组成成分，在土壤功能方面发挥重要作用。微生物具有促进碳、氮、磷、硫等养分循环、修复环境污染、维持陆地生态系统稳定等作用。同时，微生物对土壤物质组分、理化性质和微环境表现出高度的响应特性，对土壤微生物进行系统、深入的研究有助于揭示盐碱土的生物过程机制。近年来，随着微生物研究法的不断突破和改进，盐碱土微生物生态特征领域的研究取得了长足的发展。由于盐碱土可溶性盐离子浓度高、水热条件差、可供微生物利用的C、N含量低等因素，土壤微生物总量低于同生态区域土壤，并且单一盐土中的微生物数量低于复合型盐碱土中的微生物数量。利用磷脂脂肪酸谱图技术分析土壤中的微生物总量发现，微生物总量与盐碱地土壤含盐量和碱化度呈显著的负相关，且盐碱程度越强，标记物多样性越单一。从盐碱土中微生物结构组成来看，滩涂盐碱土壤中细菌占绝对优势，丰度显著高于真菌和放线菌，细菌总量与农田土壤无差异外，真菌、放线菌、解磷菌均降低（康贻军等，2007）。土壤微生物分布同时存在时空差异，一般认为随着盐碱土层深度增加，加之植被根系垂直分布减少和土壤结构性变差等因素，微生物活动受限，进而总量呈降低趋势。杨秀娟等（2013）研究不同类型盐碱土有机碳及微生物垂直分布特性发现，在垂直剖面尺度下，各盐碱土土壤有机碳和微生物量碳都随着土层深度的增加而表现出显著的分层性降低趋势。不同类型盐碱土的微生物量碳差异性较强，并且与土壤有机碳含量大小并没有出现高度的一致性，可能是微生物需要的生境和食性特征不一样决定的。

土壤酶是土壤微生物进行各项生化过程的产物，可以间接地反映土壤中的生物活性。在养分本底值较低的盐碱土壤中，掌握与养分循环密切相关的土壤酶的生态特征尤为重要。大量研究均表明，盐碱土中脲酶、蛋白酶、磷酸酶、脱氢酶和β-葡萄糖苷酶等酶活性均显著地低于正常土壤。盐碱土中酶活性受限的原因可总结为以下几点：首先，大部分的土壤酶是微生物在代谢过程中所产生的胞外酶，在盐碱土中微生物总量的减少势必会降低土壤酶的释放量；其次，释放出的土壤酶需要与土壤有机胶体结合，但由于地表植被稀少、土壤有机碳匮乏等原因，限制了胞外酶活性物质的有效吸附；另外，胞外酶行使生态功能需要在稳定的土壤团聚体内进行，盐碱土壤胶粒上过量的Na^+离子使土壤颗粒高度分散，失去保护的土壤酶易变性失活；再者，还存在土壤溶液中较高的盐离子浓度导致土壤酶活性在盐析作用下脱水失活等原因。

1.4.3 微生物肥料的作用机理

微生物肥料的作用机理可以概括为以下几点：一是含有根瘤菌等固氮菌的肥

料，可以固定大气中的氮素，增加植物对氮素营养的吸收，提高产量；二是具有分解有机磷化合物和无机磷化合物的微生物，分解产生有机酸和无机酸，改良土壤；三是硅酸盐细菌将难溶性钾分解转化成有效性钾，满足植物生长需要；四是微生物肥料中的有效氮增加植物在养分中的接触面，促进对养分的吸收。微生物肥料产品中功能菌可分为两类，一类是通过活化土壤中的营养元素，增加土壤对植物的养分供应，从而促进增产，如根瘤菌通过与豆科植物形成共生体，将大气中的分子态氮转化为可供植物利用的铵态氮，为宿主植物提供50%～100%所需的氮素营养；巨大芽孢杆菌通过分泌有机酸促进土壤磷的释放。另一类除了可以活化土壤中的营养元素外，还可产生次级代谢产物，在促进植物对营养元素吸收的同时还可拮抗土传病原菌，从而减轻病害、增加作物产量，如解淀粉芽孢杆菌、胶冻样芽孢杆菌和环状芽孢杆菌可在植物根际大量定殖占据空间生态位，通过分解土壤中难溶的磷、钾，产生激素类物质促进植物生长，同时抑制土传病原菌对植物的入侵。此外，还有用于土壤修复菌剂的有机污染降解微生物和农药降解微生物，如白腐真菌、假单胞菌、棒状杆菌等；用于有机物料腐熟剂的有机废弃物降解微生物，如链霉菌属、小单孢菌属、纤维单胞菌属、木霉属等。目前，我国微生物肥料产品菌种的使用正逐渐由单一菌种向复合菌种转化，由单一功能向多功能复合转化，由功能模糊型向功能明确型转化。我国登记的肥料产品中所使用的菌种达170多种，菌种功能已从最初的共生固氮向促生拮抗发展，菌种类型也正从细菌向真菌拓展。耐盐碱微生物通过以下几个方面对盐碱地进行修复：①产生胞外聚合物（EPS）。EPS是由微生物分泌到外界环境中的一种复杂的高分子量聚合物，除了含有胞外多糖和蛋白质以外，有些EPS还可能含有脂质、熊果酸等无机成分。EPS通过其自身含有的羧基、巯基、羟基和磷酸化基团结合阳离子如钠离子和钾离子。EPS还可以吸附土壤中的营养物质，使植物根系与营养物质接触，促进植物生长。EPS还可以通过范德华力和静电作用促使土壤胶粒形成土壤团聚体，增加土壤的通透性。耐盐碱微生物分泌的EPS可以增加盐碱土壤中团聚体的数量，能够在玉米根系定殖，增加根系土壤中可溶性糖的含量，增加玉米植株的生物量。②诱导植物抗氧化酶和脯氨酸（Pro）生成。盐胁迫不仅会阻碍植物的生长，而且会使植物生理发生显著变化。例如，盐胁迫可以增加活性氧（ROS）含量，如超氧阴离子自由基、过氧化氢和羟基自由基，ROS会导致脂质过氧化和氧化应激反应。耐盐碱微生物会刺激植物自身合成更多的抗氧化酶来清除体内的ROS，如超氧化物歧化酶（SOD）、过氧化物酶（POD）、过氧化氢酶（CAT）等（Garcia et al., 1997）。高盐也会造成渗透压的升高，脯氨酸是最有效的有机渗透调节剂之一，耐盐碱微生物可以间接刺激植物合成更多脯氨酸来保持植物体内的渗透压，使得植物不在盐胁迫下失水。③调节植物体内激素。吲哚-3-乙酸（IAA）是常见的植物促生长激素之一，植物内源 IAA 的含量会随着外界盐浓度增加而减少，植物内源 IAA 的含量可以通过添加外源 IAA 来产生，同时菌株分泌的 IAA 属于外源 IAA 的来源之一，IAA 可以间接调节植物中的抗氧化酶活性和脯氨酸含量。Li 等（2017）发现耐盐菌株 Enterobacter cloacae HSNJ4 可以增加油菜在盐胁迫下的发芽率。产 IAA 菌株会刺激植物内源 IAA 的合成，同时会间接刺激增加油菜体内脯氨酸含量、抗氧化酶活性来抵消盐胁迫带来的 ROS，同时降低乙烯的释放量和丙二醛的含量（Bharti and Barnawal，2019）。

1.4.4　微生物肥料提升土壤质量的作用

微生物肥料对土壤质量的影响体现在以下几个方面：①改善土壤结构。土壤团聚体是微生物生活的主要微生境，对改善板结、干旱和通气性差的土壤环境有重要作用，还能促进微生物之间的相互作用，增强群落结构的功能多样性和稳定性。研究发现包括丛枝菌根真菌等在内的真菌，其菌丝分泌的胞外多糖能与土壤颗粒胶结并将其固定，从而形成土壤团聚体，增强其稳定性。施加微生物肥料后土壤中有机质增多，微生物数量增加，促进了土壤团聚体的形成，团粒结构发生改变，使得土壤的保水性和通气性变好，有利于植物的生长。②增加土壤中营养元素含量。微生物肥料一方面可以直接增加土壤中的有机质，另一方面能通过微生物作用提高土壤肥力。主要是因为施用微生物肥料能增强土壤脱氢酶的活性，而脱氢酶与土壤中生化过程强弱有关，对提高土壤肥力有重要作用。微生物的新陈代谢作用还能促进土壤中营养元素的释放，在土壤物质和能量循环过程中发挥重要作用。③优化土壤群落结构。微生物在有机物分解的动态变化过程和调控植物所需的营养元素等方面发挥着重要作用，是土壤重要的组成部分，生存于土壤中的各类微生物与生物相互作用，一起构成了土壤生物圈系统。当微生物群落结构受外界条件影响时，其结构和功能也会相应发生变化，进一步对作物和环境产生不同程度的影响。在农业生产中，施用不同的肥料会造成土壤中微生物群落结构、理化性质发生变化（Li et al.，2017）。在土壤中施用微生物肥料，将有利于有益菌群落的建立，群落的功能和稳定性增加，对提高土壤质量和促进植物生长有重要作用。分子生物学技术的不断创新极大地推动着盐碱土微生物研究工作的快速进步，让人们进一步了解微生物的生态学特征及作用机理。但该领域研究依旧存在些许不足，以下几点可能是未来研究的重点领域：①更加深入地探究盐碱土环境中植物–土壤–微生物体系中的互作机制和调控原理；②进一步挖掘盐碱土中功能性微生物的种质资源，尽可能地应用于实际生产以发挥其生态服务功能并揭示其作用机制；③筛选不同类型盐碱土改良工作中的具有指示功能的微生物群落，以生物学参数评价土壤修复效果。

参 考 文 献

康贻军，胡健，董必慧，等．2007．滩涂盐碱土壤微生物生态特征的研究．农业环境科学学报，26（s1）：181-183.

李君霞．2007．多糖功效分析及其应用研究的进展．甘肃联合大学学报（自然科学版），21（5）：54-58.

李彦，张峰举，王淑娟，等．2010．脱硫石膏改良碱化土壤对土壤重金属环境的影响．中国农业科技导报，12（6）：86-89.

孙广友，李红艳．2014．弱碱大米定义与认定标准的探讨——以大安古河道试验区"古河妈妈"粳米为例．吉林师范大学学报，1：119-122.

童泽军，李取生，周永胜．2009．烟气脱硫石膏对滩涂围垦土壤重金属解吸及残留形态的影响．生态环境学报，18（6）：2172-2176.

王遵亲．1993．中国盐渍土．北京：科学出版社．

吴香云，刘亚娜，周喆麒．2020．多糖类化合物的抗菌作用及其机制研究进展．畜牧兽医学报，51（6）：1167-1176.

徐胜光，蓝佩玲，廖新荣．2005．燃煤烟气脱硫副产物的重金属环境行为．生态环境，14（1）：38-42.

许兴，郑国琦，周涛．2002．宁夏枸杞耐盐性与生理生化特征研究．中国生态农业学报，10（3）：70-73.

杨淑华，巩志忠，郭岩，等．2019．中国植物应答环境变化研究的过去与未来．中国科学（生命科学），49（11）：1457-1478.

杨秀娟，胡玉昆，房飞，等．2013．不同类型盐碱土有机碳及微生物生物量碳的垂直分布特征．生态学杂志，32（5）：1208-1224.

张国荣，王海岩．1985．东北松嫩平原苏打碱化盐渍土分类刍议．土壤学报，16（6）：244-247.

张兆琴，毕双同，兰海军．2012．大米淀粉的流变性质与质物特性．南昌大学学报（工科版），34（4）：358-364.

朱彩平．2006．枸杞多糖的结构分析及生物活性评价．武汉：华中农业大学博士学位论文．

Bharti N, Barnawal D. 2019. Amelioration of salinity stress by PGPR. PGPR Ameliorationin

Sustainable Agriculture, 9: 85-106.

Chen J H, Long L N, Jiang Q. 2020. Effects of dietary supplementation of *Lycium barbarum* polysaccharides on growth performance, immune status, antioxidant capacity and selected microbial populations of weaned piglets. Journal of Animal Physiology and Animal Nutrition, 104 (4): 1106-1115.

Garcia C, Hernanden T, Costa F. 1997. Potential use of dehydrogenase activity as an index of microbial activity in degraded soils. Communications in Soil Science & Plant Analysis, 28 (1-2): 123 - 134.

Kang Z J. 2001. Plant salt tolerance. Trends in Plant Science, 2 (6): 66-71.

Kim Y J, Choo B K, Cho J Y. 2017. Effect of gypsum and rice straw compost application on improvements of soil quality during desalination of reclaimed coastal tideland soils: ten years of long-term experiments. Catena, 156: 131-138.

Li H, Lei P, Pang X. 2017. Enhanced tolerance to salt stress in canola seedlings inoculated with the halotolerant *Enterobacter cloacae* HSNJ4. Applied Soil Ecology, 119: 26-34.

第 2 章　盐碱地微生物治理与特色植物种植技术研究

微生物肥料按照作用特性分为微生物菌剂、复合微生物肥料和生物有机肥；按照不同菌种划分为细菌肥料、放线菌肥料、真菌肥料和藻类肥料；按照功能划分为固氮菌肥料、促生菌肥料、解磷菌肥料、抗生菌肥料和抗逆菌肥料等；按照菌种数目划分为单一微生物肥料和复合微生物肥料，市面上复合微生物肥料多于单一微生物肥料。目前微生物肥料的作用主要体现在，一是增加有机质，提高土壤的肥力；二是通过微生物之间的相互竞争、占位作用控制有益微生物数量，可增加营养物质等的转化量，促进植物对营养物质的吸收；三是微生物代谢产物，刺激作物的生长。要提升宁夏河套灌区枸杞、水稻、油葵等特色耐盐碱植物高产优质规模化种植技术水平，创新盐碱地微生物治理技术体系，建立盐碱地特色产业产品生产基地，形成枸杞、水稻、油葵等特色产业工农复合产业带（图 2-1）。

图 2-1　盐碱地枸杞产业化示范

2.1 盐碱地微生物菌株筛选与治理技术

2.1.1 盐碱地有益微生物菌株筛选

耐盐碱微生物主要有解磷菌、解钾菌、固氮菌、菌根菌、光合菌等。这些微生物包括可溶解类型的细菌和放线菌，它们可以与丛枝菌根真菌协同工作，将磷酸盐溶解并转运到植物中，增加可吸收磷的土壤体积来帮助作物增加磷营养。根据微生物在不同盐浓度下的生长状况可划分为5类：最适生长氯化钠浓度低于1.17%的非嗜盐菌、1.17%~2.93%的弱嗜盐菌、2.93%~14.63%的中等嗜盐菌、14.63%~30.4%的极端嗜盐菌及1.17%~14.63%的耐盐菌（淳于纬训，2012）。在耐盐菌中主要以芽孢杆菌属（*Bacillus* sp.）、不动杆菌属（*Acinetobacter* sp.）、假单胞菌属（*Pseudomonas* sp.）、沙雷氏菌属（*Serratia* sp.）、肠杆菌属（*Enterobacteriaceae* sp.）、节杆菌属（*Arthrobacter* sp.）等居多（程淑芸，2019）。

已有的研究表明添加耐盐碱的微生物有着解磷解钾、产 EPS、产 IAA、铁载体及胞外酶等性能，同时可以促进盐碱地中农作物的生长，增加农作物的产量，这些微生物还能够定殖植物根际，直接作用于植物根系。目前，已经发现的耐盐碱促生菌株有假单胞菌、固氮螺菌、节杆菌、芽孢杆菌、肠杆菌和固氮菌属等。

本研究从盐碱地分离筛选出3株嗜（耐）盐菌株，通过形态、生理生化和分子鉴定，其分别为达阪喜盐芽孢杆菌（*Halobacillus dabanensis*）、盐单胞细菌（*Halomonas meridian*）和枯草芽孢杆菌（*Bacillus subtilis*），在测定生长曲线、拮抗关系、耐盐和耐碱特性方面，阐明其基本生物学特性，将这3株菌按照体积分数1∶1∶1配比，进行正交试验，确立了接菌量15%、温度30℃、pH为9的条件下，复合菌液体发酵菌数最多，达$3.47×10^8$ CFU/mL，为微生物菌剂的研制奠定了基础。

2.1.2 盐碱地菌株扩繁的适生生态因子

在目标菌株生长曲线测定和生长发育影响因子分析的基础上，开展增殖扩繁培养基成分、固体或液体培养条件（pH、发酵瓶装液量、发酵温度、接种量）研究，然后进行发酵罐扩繁条件（接种量、通气量、转速）的优化，形成高效扩繁技术体系。

微生物肥料在不同的土壤环境中表现不同，因为其中包含的微生物通常需要适宜的温度、pH 和湿度条件才能进行各种活动，如根部定殖、抗植物病原体、代谢活动、固氮、磷增溶、激素和抗生素的产生等（Moreira et al.，2020）。当以联合体形式使用时，微生物菌株会具有更高的能力，能够更快地适应环境，并且在不使用基因工程的情况下具有广泛的作用，这使得多菌株接种比提高菌株产量和植物健康生长成为更可靠的方法（Santos et al.，2019）。然而菌株的合适组合的选择对于联合体的发展而言是巨大的挑战（Kumar et al.，2019）。

2.1.3　盐碱地单一或复合菌剂的优化配比

微生物肥料是一类利用对环境及植物没有危害的功能微生物制成的绿色环保型肥料（吴正肖，2017）。它与有机肥、化肥的主要区别是微生物肥料可以利用自身的生命活动及分泌促进作物获得肥效，进而提高作物的产量并且促进作物的生长（马原松和黄志璞，2014）。由于只有一种微生物制成的菌剂的效果不是很稳定，作用机制也相对单一，微生物肥料的研究重点慢慢转向复合菌肥料上来（苌豹，2014）。复合微生物制剂是由多种具有不同功能的微生物，按照合适配比共同培养，使其充分发挥不同功能的一类微生物制剂（刘畅等，2019）。利用微生物与有机肥联合施用也可以在一定程度上解决单一功能菌株定殖能力弱、环境适应性不强、功能单一、施用量大等问题。

在现代农业生产中，大量施用化肥已经对环境造成了越来越严重的污染，农业环境的治理成本也越来越高。利用微生物复合肥料可以有效缓解农业对化肥的依赖，对化肥进行合理替代、补充，同时也利用微生物的不同功能对环境中难以利用的资源进行分解，供给植物吸收利用。施用微生物菌肥与施用传统化肥相比，作物有不同程度的增产效果。适时、适量地施用微生物肥料可以弥补施用化肥的缺陷，以减轻环境污染的问题，促进生态环境的良性循环。

Rodríguez-Caballero 等（2017）用 6 株耐盐碱细菌对种植番茄的盐碱地进行改良，发现耐盐菌株有降低盐碱土壤电导率的能力。Barua 等（2010）从滨海盐碱地中分离固氮菌，并应用于大田中以观察其对水稻生产的影响，发现固氮细菌配施有机肥能够显著增加作物对氮的吸收、植物高度、叶片数量及大米产量。Li 等（2017）发现耐盐菌株 *Enterobacter cloacae* HSNJ4 可以增加油菜在盐胁迫下的发芽率，他们发现产 IAA 菌株会刺激植物内源 IAA 的合成，同时会间接刺激增加油菜体内脯氨酸含量、抗氧化酶活性来抵消盐胁迫带来的ROS，同时降低乙烯的释放量和丙二醛的含量。高桂凤等（2020）使用葡萄糖作为培养菌株的碳源，该菌株具有最大的解磷量，可以达到326.5mg/L，与此同时，菌株的溶磷伴随着产酸，培养后可测出发酵液的pH最大降至4.64，可考虑应用于盐碱地改良，能显著降低土壤pH。从蚯蚓肠道分离得到3株PSB菌株具有抗金属腐蚀和增溶磷酸盐的内在能力，即使在金属胁迫条件下也可用于植物生长和生物修复，并产生生长素等营养物质促进植物生长（王洪涛等，2022）。上述微生物均对长期改良盐碱土壤、改善土壤理化性质、恢复良好的生态环境有着积极作用。

微生物复合菌剂在现代盐碱地改良中应用十分广泛，通常会从植物根际及不同土壤中分离纯化不同的功能有益微生物来应对土壤元素缺失的情况，最终将互相不产生拮抗作用的两种或更多种菌株构建成复合菌剂，选择合适的植物进行盆栽验证。农业上有许多复合菌剂改良盐碱地、提升植物生长指标的例子。赵思崎等（2020）利用7种不同的植物促生细菌按照生物量1∶1的比例复配成微生物复合菌剂，利用水稻盆栽试验筛选高效复合微生物菌剂，显著提高水稻的生长指标。土壤微生物在维持土壤健康和土壤有效养分向作物矿化方面起着关键作用（代志，2018）。许多微生物被用作生物肥料，以提高土壤肥力和作物产量（赵思崎等，2020）。微生物菌剂通常应该能够根据功能和特性合理搭配使用，要涵盖多种改良功能且保证达到的效果显著，能够为农作物增产，明显改善土壤性质。从长远来看，相对于单个菌株，复合菌剂要保证能够长期发挥作用且效果显著，不随着外界及土壤环境的变化而变化，能够增加作物产量。吉艳玲等（2019）自己筛选功能菌株构建复合菌剂，将菌剂在适当条件下施加到土壤中来探究其对葡萄生理生化指标的影响。实验结果发现，以喷施的方式进行菌剂施加，葡萄叶片的叶绿素含量明显增加，叶片明显较之前变绿，葡萄藤蔓长势较壮，产量增加。还有学者在黄瓜生长的土壤中加入研制的相应复合菌剂后，与对照相比，黄瓜植株长势增高，根长、茎粗均有显著性增加，叶片数增多，叶片更绿，产量也较对照有一定程度的增加（张志鹏等，2020）。刘畅等（2019）研制出一种对根际有促生功能的复合菌剂，设计花生盆栽幼苗试验来验证复合菌剂的促生作用。结果发现此种复合菌剂可以降低土壤盐碱毒害，增加土壤中的营养元素，形成一个较好的微环境。王其传等（2012）研究表明，微生物菌剂能有效改善土壤理化性质，并调节土壤微生物生长环境，促进植物生长，提高辣椒产量。EM菌剂代替部分化肥对樱桃番茄进行的盆栽验证实验发现，减量化肥的效果高于全量化肥，说明菌剂对植物的作用十分显著，而且可以减少化肥的施用量（岳明灿等，2020）。黄文茂等（2020）使用研制出的促植物生长菌剂进行了辣椒的田间实验验证，实验结果可证明植物生长促进菌的施用显著地促进了辣椒的生长，且会在土壤中对其他微生物的生命活动造成影响。金生英等（2017）通过对攀缘植物施加实验室研发的复合菌剂后发现，与对照相比，植物的株高、根长、茎粗等指标均有一定程度的增加，种植植物5个月以后，施加复合菌剂组处理的植株地上部分长度较对照增加了23%，植株的占地面积较对照增加了88%，总体来看，复合菌剂对攀缘植物有一个较显著的促生作用。

可利用微生物学技术，通过固体或液体发酵，筛选出高效和安全的有益菌株，对无拮抗作用的有益菌株进行复配，将其作为功能菌剂发酵有机物料载体，生产微生物或生物肥料，同时利用正交旋转设计，选择秸秆粉、糠醛渣、醋糟、苹果渣、牛羊粪、沼渣、沼液、养殖废水等不同载体进行配比，优选出单一或复合菌剂载体的组分和菌种配比水平，制作成发酵剂或农用微生物菌剂。

2.2 盐碱地治理微生物菌剂研发关键技术

利用制作的发酵剂或微生物菌剂，发酵已优化组合的不同载体，并主要针对枸杞、葡萄特色作物养分需求，配比化学肥料，形成微生物或生物肥料，并进行田间试验，分析其对不同类型盐碱土壤结构、培肥效果和质量提升的影响及对作物的促生效果，可研制出具有改善次生盐渍化和碱化土壤结构、促进盐分转化、提升土壤肥力、提高林果产量和品质的微生物肥料产品。可从盐碱土中分离出抗（耐）盐促生菌多株，开展菌株在不同盐浓度和碱梯度下生长曲线的测定、菌株之间的拮抗作用及其促生潜能及发酵条件优化，根据菌株特性，在实验室完成菌剂种子液的制备。可与当地企业合作，研制出盐碱地微生物治理与修复微生物肥料产品。

研究表明施用微生物菌剂能够降低土壤的pH，增加土壤的速效养分含量（徐忠山等，2018），并且施入微生物菌肥有利于改善土壤的微生物结构，增加土壤细菌、放线菌的数量，但会降低真菌的数量（张丽娟等，2014）。此外，植物根际促生菌也被广泛应用于优化土壤环境，其中芽孢杆菌属（*Bacillus*）、黄杆菌属（*Flavobacterium*）是现在常用的两类植物根际促生菌菌株（董春娟等，2018）。芽孢杆菌具有存活期长和抗逆性强等特点，广泛分布在不同的土壤和植物根际中，有的也可以侵入植物组织内部，该属中的许多菌株以其固氮能力、对致病菌的抗性和对植物的促生作用而受到研究者的广泛关注（张晓冰等，2020）。其中，解淀粉芽孢杆菌不仅能够分泌吲哚乙酸、抗菌蛋白、酶或多肽等活性物质，还具有较高的溶磷功能，降低土壤 pH，提高作物抗盐碱胁迫的能力，促进植物生长，防治植物真菌病害等（张琇等，2020）。而特基拉芽孢杆菌（*Bacillus tequilensis*）不仅可耐受 5% 的盐度，分泌吲哚乙酸、细胞分裂素、1-氨基环丙烷-1-羧酸脱氨酶（ACCD）和嗜铁素等，还具有降解有机磷、拮抗腐霉菌功能（王占武等，2017）。此外，Verma 等（2014）还证实了特基拉芽孢杆菌可以作为铁载体生产剂。黄杆菌功能菌是从土壤中筛选的，具有与植物共生的优势，并能够分泌吲哚乙酸促进植物生长，适应盐碱土的不利生长环境（孟炯放，2020）。

2.2.1　固体菌剂的研发

研究表明，贫营养细菌在干旱贫瘠环境中能够很好地生长代谢，具解磷解钾分泌大量胞外多糖的功能，可有效稳定表层土壤颗粒，提高土壤肥力，为其他植物及微生物的生长提供营养物质，对干旱贫瘠土壤的改良具有重要意义（马悦等，2015）。功能微生物已被研制成固体菌剂广泛应用，固体菌剂具有生产成本低、环保、方便快捷等诸多优势，而芽孢杆菌为其理想菌种资源（卢龙娣，2010），芽孢具有抗逆性强、易于保存与储藏等优势。固体菌剂发酵基质一般选择廉价且来源广泛的豆粕、米糠、黄豆饼粉、麸皮及一些微量元素。

本研究与宁夏壹泰丰生态肥业有限公司合作，研发出了水稻、枸杞和葡萄 3 款碱土专用型生物有机肥（图 2-2）。其中，生物有机肥（水稻专用型、颗粒）包括枯草芽孢杆菌、解淀粉芽孢杆菌、光合细菌、乳酸菌；生物有机肥（枸杞专用型、粉剂）包括枯草芽孢杆菌、固氮芽孢杆菌、嗜盐菌；生物有机肥（葡萄专用型、粉剂）包括枯草芽孢杆菌、固氮芽孢杆菌、嗜盐菌、酵母菌。

图 2-2　水稻、枸杞和葡萄专用型生物有机肥

2.2.2 液体菌剂的研发

液体菌剂即为菌液，可以直接施用，也可以与喷灌、滴灌系统采用水肥一体化方式应用。虽然应用方便快捷，但同时存在诸多问题，如菌剂保存期短，加入防腐剂等物质延长保质期后极易污染环境。

为了提高微生物在液体水溶性肥料中的存活率，提高肥料的效果，延长产品货架期，采取一定的保护措施是必要的。添加防腐剂可以达到稳定活菌数量的目的，但在田间运用时，微生物常常表现出活性不够。保护剂可以对环境的pH、渗透压、温度等变化起到缓冲作用，避免微生物生存环境条件的急剧变化，从而保护菌体，避免损伤，使微生物保持较高的存活率和活性。大量实验表明液体水溶性肥料中加入保护剂可稳定微生物的活性，不同的保护剂对微生物的保护效果不同，且单一的保护剂并不能满足对微生物活性保存的要求，因此保护剂对于液体菌剂的制作非常重要。

本研究与宁夏普惠生物科技有限公司合作，研制出了水稻、枸杞和葡萄3款专用型液体微生物菌剂（图2-3）。土壤改良剂（微生物菌剂）（水稻专用型、液体）包括固氮芽孢杆菌、光合细菌、乳酸菌；土壤改良剂（微生物菌剂）（枸杞专用型、液体）包括枯草芽孢杆菌、固氮芽孢杆菌、嗜盐菌；土壤改良剂（微生物菌剂）（葡萄专用型、液体）包括枯草芽孢杆菌、固氮芽孢杆菌、嗜盐菌、酵母菌。

图2-3 水稻、枸杞和葡萄专用型液体微生物菌剂

2.2.3 颗粒菌剂的研发

颗粒可通过真空冷冻干燥技术及喷雾干燥技术制备。真空冷冻干燥技术在去除细胞内的水分的同时可延长菌剂保存期、缩小菌剂体积、提高活菌数。采用冻干技术研发保加利亚杆菌粉剂，虽然研制过程中加入 7 种保护剂提高了相应的成本，但其菌体存活率达 75%（袁亚宏等，2003）。该方法干燥时间长，需要将物料中的水分冻干后进行升温升华，共需要两次干燥过程，单位时间产量少，工艺复杂。喷雾干燥技术通过高温去除水分的同时会影响菌体存活率，但该方法效率高，工艺简单快捷，同时可达到缩小体积的效果。采用喷雾干燥技术研制的植物乳杆菌菌剂，应用 3 种保护剂，菌体存活率可达 89.95%，虽然与液体菌剂比其成本有所增加，但该菌剂具有良好的储存稳定性，60 天储存后菌体存活数变化小，常温下下降了约 2.3 对数值（熊涛等，2015）。

微生物菌剂（水稻专用型、粉剂）包括固氮芽孢杆菌、光合细菌、乳酸菌；微生物菌剂（枸杞专用型、粉剂）包括枯草芽孢杆菌、固氮芽孢杆菌、嗜盐菌；微生物菌剂（葡萄专用型、粉剂）包括枯草芽孢杆菌、固氮芽孢杆菌、嗜盐菌、酵母菌。

从以上三种剂型对比可知，虽然液态菌剂研制方式简单，但粉剂更利于长久储存，运输携带轻便。固体、粉剂使用前均需要水或者溶液溶解，菌体存活率会受影响，且经过加工处理过程，其存活率也会低于液态菌剂。因此，在菌剂剂型研发过程中，既要保证一定的菌体存活率，也要考虑菌剂的商业价值，从而确定最佳的研制方法。

2.3 盐碱地微生物治理特色植物种植技术

2.3.1 盐碱地微生物治理葡萄种植技术

试验设在宁夏银川市园林场（38°39′18″N，106°9′50″E），试验地系贺兰山洪积扇三级阶梯，成土母质以洪积物为主。属于中温带干旱气候区，具有典型的大陆性气候特点，干旱少雨，光能资源丰富，年均日照数在 2800h 以上。昼夜温差大，年均气温在 8.8℃，年均降水量为 198mm，无霜期为 160~170 天。试验地土壤质地松软，透气性好，但土壤相对贫瘠，富含砾石，有机质含量低，pH在8.5以上，各种营养元素亏缺严重。

试验对象为酿酒葡萄品种'梅鹿辄'，架形为"独立龙干"形。采用多因素随机区组设计，行长85m，行距3.0m，株距0.6m。试验选长势一致且无病虫害的植株，每个处理小区10株，前后均设保护株。参照《肥料合理使用准则　微生物肥料》（NY/T 1535—2007）设置试验，不同类型微生物肥料的田间试验设计方案见表2-1，共设置9个处理，每个处理重复3次。施肥方式为距葡萄行两侧30cm处开施肥沟。所有处理均采取滴灌的灌溉方式，田间管理及栽培措施一致。

表2-1 试验设计

处理	磷酸二铵			生物有机肥		
	kg/667m²	g/株	g/小区	kg/667m²	g/株	g/小区
T1	0	0	0	0	0	0
T2	28.5	109.62	1315.38	0	0	0
T3	14.25	54.81	657.69	100	384.62	4615.38
T4	14.25	54.81	657.69	100	384.62	4615.38
T5	28.5	109.62	1315.38	0	0	0
T6	28.5	109.62	1315.38	0	0	0
T7	28.5	109.62	1315.38	0	0	0
T8	28.5	109.62	1315.38	0	0	0
T9	0	0	0	0	0	0

注：T1. CK；T2. 常规化肥；T3. 生物有机肥（灭活）+减量施肥；T4. 生物有机肥+减量施肥；T5. 微生物菌剂（粉末）+常规施肥；T6. 微生物菌剂（灭活）+常规施肥；T7. 液体基质（灭活）+常规施肥；T8. 微生物改良剂（液体）+常规施肥；T9. 市售有机肥

选取肥力均一的地块，先用铁锹弃去土壤表层杂物，用土钻采用五点取样法采集不同处理施肥区域0~20cm和20~40cm土壤样品，混合均匀后用四分法弃去多余部分，留500~1000g装袋带回实验室。自然风干，拣去根系及残枝落叶后碾碎，过1mm筛测定土壤理化性质及酶活性。

pH采用pH计测定，全盐采用电导率仪测定，钙离子和镁离子采用EDTA滴定法测定，钾离子和钠离子采用火焰光度法测定，碳酸根离子和重碳酸根离子采用双指示剂滴定法测定，氯离子采用$AgNO_3$滴定法测定，硫酸根离子采用EDTA间接鳌合滴定法测定，碱化度采用钠吸附比法测定，过氧化氢酶采用高锰酸钾滴定法测定，蔗糖酶采用比色法测定。

葡萄收获时，随机采集各处理同一部位具有代表性的果穗，选取适量果粒压碎、过滤测定品质。可滴定酸含量采用 NaOH 滴定法测定；还原糖含量采用直接滴定法测定。选取适量果粒用超纯水洗净去籽、烘干、粉碎、过筛，采用电感耦合等离子体发射光谱仪测定微量元素。在每个处理下随机采取 9 株的果实，计算其单株的平均产量，然后按照小区总株数×单株产量得到其理论产量。

1. 不同微生物肥料对土壤盐碱特征及酶活性的影响

通过分析不同处理下土壤 pH、全盐含量、过氧化氢酶含量、蔗糖酶含量、碱化度的差异变化，研究了微生物肥料对土壤理化性状的影响。由表 2-2 可知，不施肥土壤的 pH 较高，土壤 pH 大于 8.5 属于强碱性土壤，化肥施用对土壤的 pH 影响不显著。生物有机肥处理和灭活微生物菌剂处理能在一定程度上降低土壤 pH，在 0～20cm 和 20～40cm 土层，灭活微生物菌剂处理较对照分别降低 1.42% 和 0.67%。灭活微生物有机肥处理下的全盐含量与其他处理有显著差异，大部分盐基离子累积到表层土壤。生物有机肥与液体微生物改良剂处理能使土壤全盐含量有所降低，生物有机肥处理较对照在 0～20cm 土层和 20～40cm 土层分别降低 10.71% 和 15.15%；液体微生物改良剂处理较对照分别降低 17.86% 和 15.15%。液体微生物改良剂处理下的土壤过氧化氢酶含量最高，较对照在 0～20cm 土层和 20～40cm 土层分别增长 33.96% 和 10.96%。在 0～20cm 土层，市售有机肥处理对土壤蔗糖酶含量的影响程度最显著，较对照增长 45.09%；在 20～40cm 土层，灭活生物有机肥处理对土壤蔗糖酶含量的影响程度最显著，较对照增长 7.32%，其他各处理蔗糖酶含量较对照处理较低。化肥处理和灭活的微生物菌剂处理下的土壤碱化度偏高，在 0～20cm 和 20～40cm 土层，灭活液体基质处理下碱化度较对照分别降低 24.39% 和 8.31%；液体微生物改良剂处理下碱化度较对照分别降低 16.73% 和 18.27%。

表 2-2 不同微生物肥料对土壤盐碱特征及酶活性的影响

处理	土层/cm	pH	全盐/%	过氧化氢酶/[mL/(h·g)]	蔗糖酶/mg	碱化度/%
T1	0～20	9.16a	0.28b	0.0804c	0.057c	10.58a
	20～40	8.97b	0.33a	0.094b	0.0792b	8.54c

续表

处理	土层/cm	pH	全盐/%	过氧化氢酶/[mL/(h·g)]	蔗糖酶/mg	碱化度/%
T2	0~20	9.11a	0.22b	0.0667d	0.0496c	10.89a
	20~40	9.11a	0.22b	0.0735c	0.0816a	10.10b
T3	0~20	8.95c	0.34a	0.0633d	0.0751b	7.56d
	20~40	9.10a	0.22b	0.0735c	0.085a	10.51a
T4	0~20	9.06b	0.25b	0.0872b	0.0521c	9.08b
	20~40	8.95c	0.28b	0.1043a	0.0451c	9.12c
T5	0~20	9.10a	0.26b	0.0975a	0.0503c	10.68a
	20~40	9.12b	0.37a	0.0838b	0.0749b	8.77c
T6	0~20	9.03b	0.25b	0.077c	0.0765b	10.10b
	20~40	8.91c	0.33a	0.0633d	0.0827a	10.48a
T7	0~20	9.09a	0.31a	0.0667d	0.0516c	8.00d
	20~40	9.12a	0.34a	0.077c	0.0764b	7.83d
T8	0~20	9.11a	0.23b	0.1077a	0.056c	8.81c
	20~40	9.10a	0.28b	0.1043a	0.0737b	6.98e
T9	0~20	9.15a	0.31a	0.0872b	0.0827a	8.98c
	20~40	9.19a	0.34a	0.0906b	0.0849a	8.78c

注：同列不同字母表示差异显著（$P<0.05$），下同

2. 不同微生物肥料对土壤盐分离子的影响

八大离子含量能在一定程度上反映土壤的盐渍化特征，通过分析不同处理 Ca^{2+} 含量、Mg^{2+} 含量、Na^+ 含量、K^+ 含量、Cl^- 含量、CO_3^{2-} 含量、HCO_3^- 含量、SO_4^{2-} 含量的差异变化，研究微生物肥料对土壤八大离子的影响。由图2-4可知，表层土壤 Ca^{2+} 含量均略低于20~40cm土层，灭活的微生物菌剂处理下的土壤 Ca^{2+} 含量偏高，灭活的液体基质处理下的土壤 Ca^{2+} 含量偏低。粉末微生物菌剂和灭活微生物菌剂处理下的土壤 Mg^{2+} 含量偏高，液体微生物改良剂处理下的土壤 Mg^{2+} 含量偏低。灭活的生物有机肥处理下土壤 Na^+ 含量表层土壤与20~40cm土层差异较显著，Na^+ 累积到表层土壤；灭活的液体基质处理下的土壤 Na^+ 含量整体偏高，化肥处理下的土壤 Na^+ 含量整体偏低。液体微生物改良剂处理下的土壤 K^+ 含量整体偏高，灭活的生物有机肥处理下的土壤 K^+ 含量整体偏低。液体微生物改良剂处理下的 Cl^- 含量整体偏高，灭活的微生物菌剂处理下的表层土壤 Cl^- 含量最低，

(a)

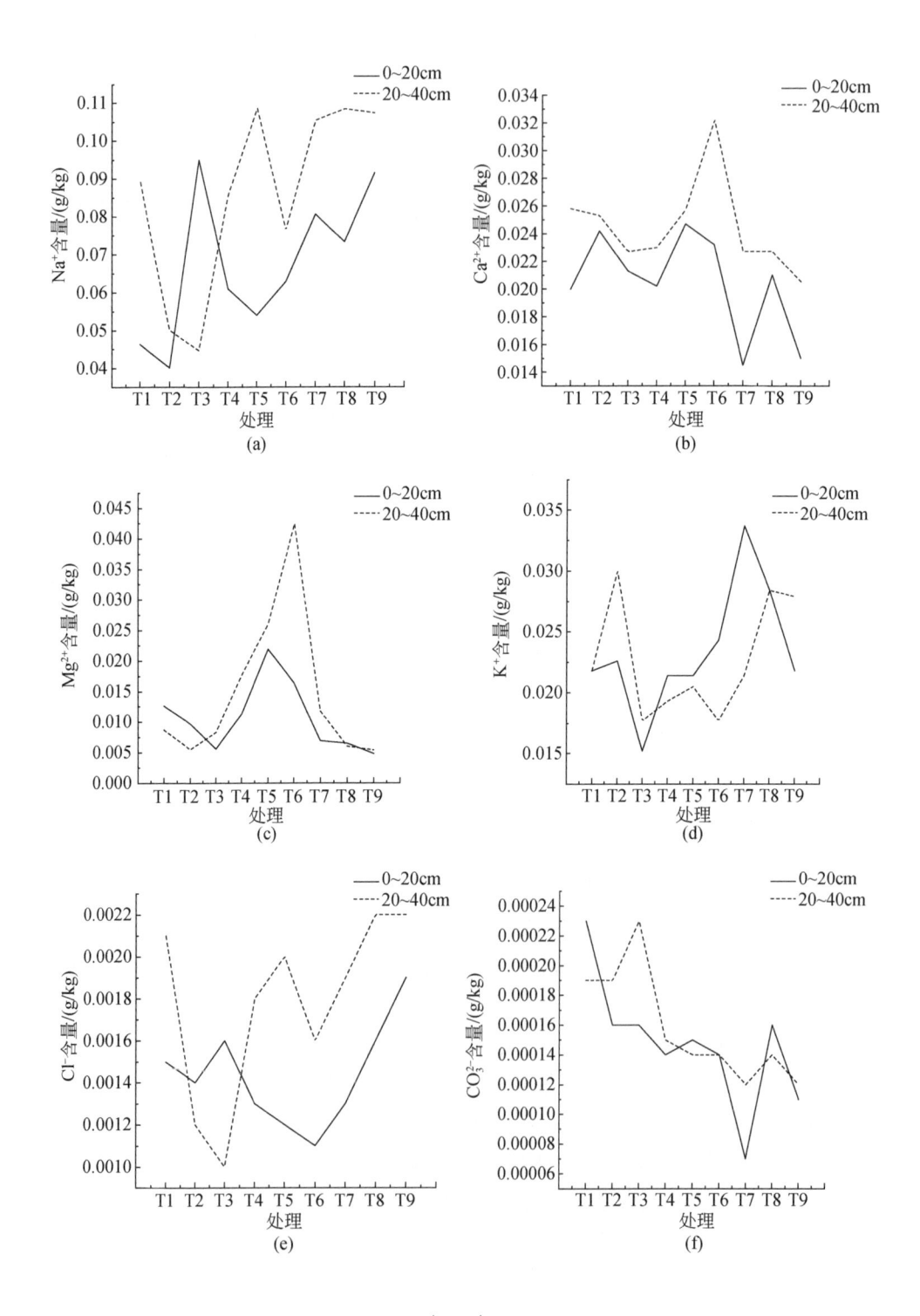

(b)

(c)

(d)

(e)

(f)

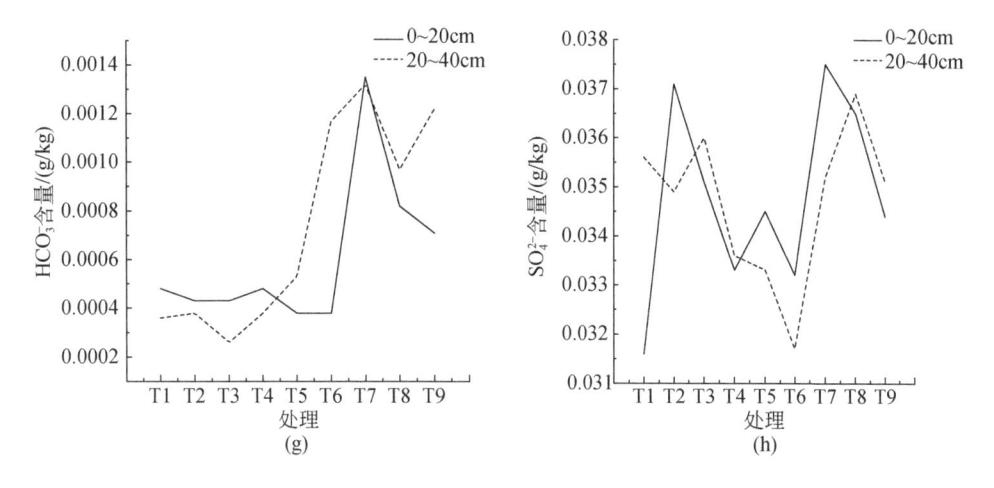

图 2-4 不同微生物肥料对土壤盐分离子的影响

灭活的生物有机肥处理下的 20~40cm 土层 Cl$^-$ 含量最低。灭活的液体基质处理下的土壤 CO_3^{2-} 含量整体偏低，CK 处理的土壤 CO_3^{2-} 含量整体偏高。灭活的液体基质处理下土壤 HCO_3^- 含量最高，灭活的生物有机肥处理下土壤 HCO_3^- 含量偏低。液体微生物改良剂处理下土壤 SO_4^{2-} 含量偏高，灭活的微生物菌剂处理下土壤 SO_4^{2-} 含量偏低。

3. 不同微生物肥料对酿酒葡萄产量的影响

不同处理对酿酒葡萄平均单粒重和平均单穗重的影响不同，由表 2-3 可知，市售有机肥处理的平均单粒重和平均单穗重略低于对照，其他处理均高于对照，灭活生物有机肥与生物有机肥处理与对照之间的差异达到显著水平，差异也最显著。施肥可增加酿酒葡萄产量，灭活生物有机肥处理和灭活液体基质处理的增产效果最显著，分别较对照增加了 10.2% 和 11.22%。灭活微生物菌剂处理和市售有机肥处理较对照有略微的减产，分别较对照降低了 2.86% 和 1.22%。其他处理较对照均有不同程度的增产。

表 2-3 不同微生物肥料对酿酒葡萄产量的影响

处理	平均单粒重/g	平均单穗重/g	产量/(t/hm^2)	较对照增加/%
T1	1.81b	240.73b	4.9b	0
T2	1.9b	252.7b	4.98b	1.63
T3	2.13a	283.29a	5.4a	10.2

续表

处理	平均单粒重/g	平均单穗重/g	产量/(t/hm²)	较对照增加/%
T4	2.16a	288.08a	5.34a	8.98
T5	1.88b	250.44b	5.22a	6.53
T6	2.05a	272.78a	4.76b	−2.86
T7	2.01a	267.33a	5.45a	11.22
T8	2.04a	271.32a	5.32a	8.57
T9	1.79b	239.01b	4.84b	−1.22

4. 不同微生物肥料对酿酒葡萄品质的影响

施肥可以提高酿酒葡萄还原糖及微量元素的含量，对于降低可滴定酸含量也有一定效果。通过研究不同处理酿酒葡萄还原糖含量、可滴定酸含量及 Na、K、Ca 等微量元素含量的差异变化，分析微生物肥料对酿酒葡萄品质的影响。由表 2-4 可知，各施肥处理较 CK 处理葡萄还原糖含量均有不同程度增长，生物有机肥处理下葡萄还原糖含量最高，较对照增加了 43.27%，CK 处理下葡萄还原糖含量最低。各施肥处理较 CK 处理葡萄可滴定酸含量均有不同程度降低，CK 处理下葡萄可滴定酸含量最高，液体微生物改良剂处理下葡萄可滴定酸含量最低，较对照降低了 27.47%。灭活的微生物菌剂处理和灭活的液体基质处理下葡萄 Na 含量较 CK 处理分别降低了 24.34% 和 22.68%，其他处理较 CK 处理均有不同程度增长。生物有机肥处理和灭活的液体基质处理下葡萄 K 含量较 CK 处理分别降低 2.94% 和 11.72%，其他处理较 CK 处理均有所增长。灭活的生物有机肥处理下葡萄 Ca 含量较 CK 处理增长 3.43%，其他处理均低于 CK 处理，粉末微生物菌剂处理和灭活微生物菌剂处理较 CK 处理则显著降低。由表 2-5 可知，灭活的生物有机肥处理下葡萄 Mg 含量为各处理最高中但 Fe 含量为各处理中最低。灭活的液体基质处理下葡萄 Mg 含量最低，生物有机肥处理下葡萄 Fe 含量最高。CK 处理下葡萄 Zn、Cu、B 含量为各处理中最低，粉末微生物菌剂处理下葡萄 Cu、B 含量为各处理中最高，分别较 CK 增长 60.77% 和 129.85%。灭活的微生物菌剂处理下葡萄 Al 含量为各处理最高，较对照增长 441.84%，Al 含量更是显著高于其他处理；粉末微生物菌剂处理下葡萄 Al 含量显著低于其他处理，液体微生物改良剂处理下葡萄 Sr 含量最低。

表2-4 不同微生物肥料对酿酒葡萄品质的影响（一）

处理	还原糖含量 /(g/L)	可滴定酸含量 /(g/L)	Na含量 /(μg/kg)	K含量 /(μg/kg)	Ca含量 /(μg/kg)	Mg含量 /(μg/kg)
T1	76.87e	8.19a	116 962.04c	248 215.44d	529 817.33a	66 822.52d
T2	88.53d	6.32c	120 467.92c	313 504.76c	469 498.09b	65 278.59d
T3	90.05d	6.94b	138 580.99b	315 913.25c	548 008.96a	87 617.59a
T4	110.13a	6.32c	141 728.43b	240 929.71d	522 784.95a	80 376.04b
T5	104.37b	6.38c	144 275.03b	366 445.71b	20 987.32d	69 761.7d
T6	106.49ab	6.94b	88 498.07d	295 763.8c	31 136.07d	63 996.47d
T7	107.88ab	6.06d	90 434.91d	219 112.43d	438 766.23b	47 446.75f
T8	97.22c	5.94d	132 636.24c	300 294.48c	376 377.87c	74 044.65c
T9	104.37b	6.00d	182 765.81a	428 270.75a	348 477.27c	54 901.19e

表2-5 不同微生物肥料对酿酒葡萄品质的影响（二）

处理	Fe含量 /(μg/kg)	Zn含量 /(μg/kg)	Cu含量 /(μg/kg)	Al含量 /(μg/kg)	Sr含量 /(μg/kg)	B含量 /(μg/kg)
T1	12 079.97c	925.7e	2 823.58d	607 673.28d	5 639.66d	10 467.92d
T2	13 377.12b	1 337.02d	3 532.1b	933 017.79d	5 475.33d	11 615.00d
T3	8 656.85e	1 465.61d	3 529.04b	683 253.58d	6 763.51c	14 626.58c
T4	19 403.17a	1 723.97c	3 547.09b	1 535 208.58c	5 783.03d	13 768.88c
T5	12 681.25c	1 740.37c	4 539.59a	330 189.02e	330 189.02a	24 060.25a
T6	13 264.43b	1 952.99b	3 779.05b	3 292 612.57a	8 518.14b	16 448.83b
T7	10 605.95d	1 718.64c	3 169.14c	2 254 582.66b	7 254.85c	13 869.44c
T8	10 480.69d	1 783.42c	3 764.02b	872 080.79d	5 394.03d	13 494.24c
T9	13 558.22b	2 908.46a	3 146.77c	1 604 364.37c	5 526.2d	23 999.61a

2.3.2 盐碱地微生物治理枸杞种植技术

试验地位于宁夏农林科学院园林场试验基地，选取具有代表性、地势平坦且灌溉排水良好的盐碱地地块进行，土壤基础全盐含量在1.5～3.2g/kg，土壤pH在9.3～9.9。试验枸杞品种选择'宁杞1号'主推品种。试验采用随机区组设计，每小区设3个重复，每处理试验小区面积大于30m²（枸杞树不少于10株），小区外设有保护行。各处理设置见表2-6。

表2-6 不同微生物肥料试验设置

处理	处理编号	试验处理
生物有机肥（颗粒）	A1	CK
	A2	常规施肥
	A3	基质2+减量施肥
	A4	生物有机肥+减量施肥
微生物菌剂（粉状）	B1	CK
	B2	常规施肥
	B3	基质1+常规施肥
	B4	微生物菌剂+常规施肥
微生物改良剂（液体）	C1	CK
	C2	常规施肥
	C3	基质3+常规施肥
	C4	微生物改良剂+常规施肥

研究结果表明，不同微生物肥料对枸杞产量均有一定的影响，生物有机肥和微生物菌剂处理与对照、常规施肥相比均显著增加了枸杞百粒重和枸杞产量，A4处理增加枸杞产量效果最明显，其次是A3处理，A4处理和B4处理增加枸杞百粒重效果最明显，微生物改良剂处理C4降低了枸杞产量和百粒重，不同微生物肥料对枸杞产量的影响见表2-7。

表2-7 不同微生物肥料对枸杞产量的影响

类别	处理	鲜果产量/(kg/667m^2)	百粒重/g
生物有机肥	A1	24.73 d	60.985 c
	A2	32.67 c	65.118 b
	A3	38.73 b	64.168 b
	A4	42.00 a	74.539 a
微生物菌剂	B1	24.73 c	60.985 c
	B2	32.67 b	65.118 b
	B3	35.47 a	64.159 b
	B4	36.52 a	67.128 a
微生物改良剂	C1	24.73 a	60.985 b
	C2	32.67 a	65.118 a
	C3	—	—
	C4	18.67 c	58.744 b

不同微生物肥料对枸杞多糖、可溶固形物、总酸含量均有一定的影响，生物有机肥和微生物菌剂处理与对照、常规施肥、基质三个处理相比均不同程度增加了枸杞鲜果多糖、可溶固形物、总酸含量。生物有机肥和微生物菌剂处理枸杞多糖和总酸含量与对照、常规施肥处理之间差异显著，与基质处理之间差异不显著。生物有机肥处理可溶固形物与对照、常规施肥、基质三个处理之间差异不显著。微生物菌剂处理枸杞可溶固形物含量与对照、常规施肥处理之间差异显著，与基质处理之间差异不显著。不同微生物肥料对盐碱地枸杞鲜果品质的影响见表2-8。

表2-8 不同微生物肥料对盐碱地枸杞鲜果品质的影响结果

类别	处理	枸杞多糖含量/(g/100g)	可溶固形物含量/(g/100g)	总酸含量/(g/100g)
生物有机肥	A1	0.65b	21.50a	0.50b
	A2	0.68b	21.80a	0.50b
	A3	0.78a	22.15a	0.53ab
	A4	0.80a	22.20a	0.56a
微生物菌剂	B1	0.65b	21.50b	0.50b
	B2	0.68b	21.80b	0.50b
	B3	0.84a	23.00ab	0.53ab
	B4	0.84a	24.75a	0.55a

不同微生物肥料对土壤微生物的影响结果不完全一致。与不施肥对照和常规施肥相比，三个不同微生物肥料处理均显著地增加了土壤细菌数量，增加的幅度各不相同。生物有机肥配施减量化肥处理增加土壤细菌数量效果最明显，且与基质配施减量化肥处理之间差异显著。微生物菌剂与微生物改良剂处理虽然与对照和化肥处理之间差异显著，但与基质处理之间差异不显著。

与常规施肥相比，三个不同微生物肥料处理均降低了土壤真菌数量，微生物菌剂处理降低土壤真菌数量效果最明显。三个不同微生物肥料处理与对照相比增加了土壤放线菌数量，与常规施肥相比土壤放线菌数量有所降低，生物有机肥和微生物改良剂处理与对应基质处理相比放线菌数量变化不大（表2-9）。

表2-9　不同微生物肥料对盐碱地枸杞土壤微生物数量的影响结果

类别	处理	细菌/(CFU/g 干土)	真菌/(CFU/g 干土)	放线菌/(CFU/g 干土)
生物有机肥	A1	17 970 253 d	24 670 c	520 559 c
	A2	20 865 962 c	52 165 a	908 902 a
	A3	24 633 603 b	26 830 b	848 402 b
	A4	27 744 696 a	26 554 b	823 972 b
微生物菌剂	B1	17 970 253 c	24 670 c	420 559 d
	B2	20 865 962 c	52 165 a	598 902 a
	B3	23 468 451 a	29 832 b	506 793 b
	B4	23 090 085 a	9 322 d	488 307 c
液体微生物改良剂	C1	17 970 253 c	24 670 b	520 559 c
	C2	20 865 962 c	52 165 a	598 902 a
	C3	22 520 872 a	19 807 c	587 794 a
	C4	22 958 883 a	19 727 c	593 516 a

不同微生物肥料对土壤容重和孔隙度有显著的影响，与对照不施肥相比，生物有机肥处理显著降低了土壤容重，增加了土壤孔隙度，土壤容重降低了0.09g/cm³，孔隙度增加了21.97%。生物有机肥处理与常规施肥处理相比，土壤容重降低了0.15g/cm³，土壤孔隙度增加了57.19%，二者之间差异显著。基质处理与对照不施肥处理之间差异不显著（表2-10）。

表2-10　不同微生物肥料对枸杞根际土壤容重和孔隙度的影响

类别	处理	土壤容重/(g/cm³)	增加/(g/cm³)	土壤孔隙度	增加/%
生物有机肥	A1	1.46±0.01 b	—	19.29±0.50 b	—
	A2	1.52±0.02 a	0.06	14.97±0.85 c	−22.41
	A3	1.41±0.02 b	−0.05	18.23±0.74 b	−5.48
	A4	1.37±0.01 c	−0.09	23.53±0.81 a	21.97
微生物菌剂	B1	1.46±0.01 b		19.29 ±0.50 a	
	B2	1.52±0.02 a	0.06	14.97 ±0.85 b	−22.41
	B3	1.45±0.01 b	−0.01	19.79±0.14 a	2.60
	B4	1.45±0.01 b	−0.01	19.77 ±1.05 a	2.48

续表

类别	处理	土壤容重/(g/cm³)	增加/(g/cm³)	土壤孔隙度	增加/%
微生物改良剂	C1	1.46±0.01 b	—	19.29±0.50 a	—
	C2	1.52±0.02 a	0.06	14.97±0.85 b	−22.41
	C3	1.42±0.02 bc	−0.04	22.23±1.24 a	15.23
	C4	1.39±0.01 c	−0.07	22.79±0.98 a	18.15

微生物菌剂和基质处理与对照处理相比对土壤容重和孔隙度影响不明显，但与常规施肥处理相比显著降低了土壤容重，并增加了土壤孔隙度，微生物菌剂与常规施肥处理相比土壤容重降低了 0.07g/cm³，土壤孔隙度增加了 32.06%。微生物菌剂与基质处理之间差异不明显。

微生物改良剂与对照处理相比显著降低了土壤容重，土壤容重降低了 0.07g/cm³，增加土壤孔隙度 18.15%，但与对照孔隙度处理之间差异不显著。微生物改良剂与常规施肥处理相比土壤容重降低了 0.13g/cm³，土壤孔隙度增加了 52.28%，两个处理之间差异显著。微生物改良剂与基质处理之间差异不明显。

研究结果显示，不同微生物肥料均能够增加土壤有机质、全氮含量，微生物菌剂显著增加有机质含量，生物有机肥显著增加土壤全氮含量，不同微生物肥料对土壤化学性质的影响见表 2-11。

表 2-11 不同微生物肥料对土壤化学性质的影响

类别	处理	土壤有机质/(g/kg)	土壤全氮/(g/kg)	速效氮/(mg/kg)	速效磷/(mg/kg)	速效钾/(mg/kg)
生物有机肥	A1	5.74±0.01	0.35±0.01	22	23.0	255
	A2	7.88±0.02	0.50±0.01	31	21.2	332
	A3	9.36±0.02	0.55±0.01	40	24.8	270
	A4	7.05±0.01	0.46±0.01	30	31.0	290
微生物菌剂	B1	5.74±0.01	0.35±0.01	22	23.0	255
	B2	7.88±0.02	0.50±0.01	31	21.2	332
	B3	7.26±0.01	0.44±0.01	32	30.6	480
	B4	6.38±0.01	0.38±0.01	22	11.4	255

续表

类别	处理	土壤有机质 /(g/kg)	土壤全氮 /(g/kg)	速效氮 /(mg/kg)	速效磷 /(mg/kg)	速效钾 /(mg/kg)
微生物改良剂	C1	5.74±0.01	0.35±0.01	22	23.0	255
	C2	7.88±0.01	0.50±0.01	31	21.2	332
	C3	5.74±0.02	0.34±0.01	27	22.1	260
	C4	5.90±0.01	0.36±0.01	20	16.4	325

2.3.3 盐碱地微生物治理水稻栽培技术

试验设在宁夏银川市贺兰县金贵镇银光村（38°29′15″N、106°20′24″E，海拔1813m），年平均降水量约200mm，蒸发量约1620mm，试验区属于温带干旱气候，引黄灌区中部，地势平坦，灌溉条件良好。土壤 pH 8.4，全盐含量 1.83g/kg，有机质含量 9.9g/kg，全氮含量 1.18g/kg，全磷含量 0.59g/kg，碱解氮含量 0.042g/kg，有机磷含量 3.38mg/kg，速效钾含量 0.32g/kg。

水稻品种为宁夏中禾瑞丰生态农业科技有限公司培育的'C5'，生育期为150天左右。有机肥料（宁夏壹泰丰生态肥业有限公司，$N+P_2O_5+K_2O \geq 5\%$，有机质$\geq 45.0\%$），磷酸二铵（云南磷化集团海口磷业有限公司，$N+P_2O_5 \geq 64.0\%$），自制水稻生物有机肥（$N+P_2O_5+K_2O \geq 10.0\%$，有机质$\geq 45.0\%$，有效活菌数$\geq 500$亿 CFU/g），市售亿菌宝微生物菌肥（山西中农化生物技术有限公司，氨基酸$\geq 5.0\%$，有机质$\geq 80.0\%$，有效活菌数≥ 10亿 CFU/g，主要为解淀粉芽孢杆菌、枯草芽孢杆菌、巨大芽孢杆菌、胶冻芽孢杆菌）。基肥（有机肥料+磷酸二铵），其中，有机肥施肥量为 100kg/667m²，磷酸二铵减量施肥 14.25kg/667m²，磷酸二铵常规施肥 28.5kg/667m²，分蘖和抽穗期分别施生物有机肥 50kg/667m²。水稻种子先用 0.1% $KMnO_4$ 浸泡 15min 消毒，然后用灭菌水反复冲洗 5~7 次，将种子表面多余的 $KMnO_4$ 残留物洗去。播种之前对穴盘灭菌，使用 75% 乙醇擦拭，称取盐碱土与沙性土各 5g 均匀混合，分别装入穴盘中待用，每个小穴土壤重量保持一致，每穴种 7 粒稻种。试验设 5 个处理，分别为 T1. 生物有机肥（MOF）；T2. 灭活基质（MOF）；T3. 亿菌宝微生物菌肥（CMF）；T4. 灭活基质（CMF）；T5. 对照（CK，不施肥）；重复 5 次。30 天后每个处理随机选取 3 株水稻秧苗测定叶片 SPAD 值、株高和根长。

试验田旋地、平地，旋地深度30cm，4月底设置小区，小区南北长5 m，东西宽4 m，面积20 m²，小区之间打埂，铺加农膜防止相互窜肥影响。小区以外设立保护行，试验设立灌水渠，小区与灌水渠设一条长50cm进水管。5月初根据既定方案按小区人工施肥后翻地，插秧之前进行灌水刮田，使得小区土地平整、肥力均匀、灌水量保持一致。5月14日进行插秧，行株距20cm×15cm，每穴插秧5株，插秧后进行灌水，每次灌水保持水面淹没秧苗根部，保持秧苗能够正常生长。

试验设置5个处理，分别为T6. 生物有机肥（MOF）+减量施肥；T7. 灭活基质（MOF）+减量施肥；T8. 亿菌宝微生物菌肥（CMF）+减量施肥；T9. 灭活基质（CMF）+减量施肥；T10. 常规施肥（CK）。每个处理3个重复，随机区组排列。小区水稻田间管理与大田一样。

水稻农艺性状分蘖期测定分蘖数、SPAD值、株高、根长和叶面积；抽穗期测定SPAD值、株高、根长、叶面积和穗长；成熟期测定SPAD值、株高、根长、叶面积和穗长。SPAD值测定，每个处理随机选择5穴，每穴取主茎顶1叶至顶4叶的平均值代表该植株的SPAD值，5穴主茎叶片平均值代表该小区处理的SPAD值。分蘖数以平均分蘖数为准，每个处理取5丛植株连根拔起，尽量避免根的破坏，用自来水清洗，测定分蘖数。钢卷尺测量株高、根长和穗长。长宽矫正法测定水稻叶面积，在直立植株上随机选取主茎冠层叶片，测定水稻叶片长度和最宽处叶片宽度计算叶面积，计算公式为叶面积（cm²）= 长度× 宽度 ×0.75，校正系数0.75是参照通用水稻校正系数确定的。水稻成熟期后每个处理随机选取20丛植株测定有效穗数，计算平均有效穗数，同时选择其中10丛植株计算每穗粒数、结实率和千粒重，实际产量按照实际测产结果为准。

采集耕作层0～20cm土样并测定土壤基础数据，2018年9月23日收割测产并采集土样，进行土壤理化指标和微生物数量的测定。"S"形采集土样，土壤采集好带回实验室，用于测定pH、全盐、有机质、全氮、全磷、碱解氮、有效磷、速效钾（表2-12），方法参照《土壤农化分析》进行测定。

表2-12 土壤样品测定

指标	检测方法
pH	pH计
全盐	电导法
全氮	凯氏定氮法

续表

指标	检测方法
解碱氮	扩散法
全磷	氢氧化钠熔融，钼锑抗比色法
有效磷	碳酸氢钠浸提，钼锑抗比色法
速效钾	乙酸铵浸提，火焰光度计法
有机质	重铬酸钾容量–外加热法

土壤微生物数量测定方法。土壤微生物数量测定，将采集好的土壤拌匀，称取 1g 鲜土置于 99mL 无菌水中，充分振荡，静置后取上清液，细菌数量测定，用移液枪分别吸取 0.2mL 10^{-6}、10^{-7}、10^{-8} 稀释液移到营养琼脂培养基中，无菌涂布器将其均匀涂开，倒置放入 28℃ 培养箱培养 24h；放线菌数量测定，用移液枪分别吸取 0.2mL 10^{-3}、10^{-4}、10^{-5} 稀释液移到高氏一号培养基中，无菌涂布器将其均匀涂开，倒置放入 28℃ 培养箱培养 24h；真菌数量测定，用移液枪吸取 0.2mL 10^{-2}、10^{-3}、10^{-4} 稀释液移到孟加拉红培养基中，无菌涂布器将其均匀涂开，倒置放入 28℃ 真菌培养箱培养 72h。每克干土样中的活菌数（CFU/g 干土）=每皿菌落数平均值×稀释倍数×（1−含水率）/湿土质量。利用 Excel 软件计算与作图，用 SPSS 软件对试验数据进行统计分析。

1. 微生物肥料对水稻生长发育的影响

如图 2-5 所示，30 天后不同处理对水稻秧苗 SPAD 值的影响。T1 与 T5 处理间差异显著（$P<0.05$），其余各处理间差异不显著（$P>0.05$）；T1 处理 SPAD 值最高，T5 处理最低；T1～T4 相比 T5 处理分别高 34.62%、21.74%、13.49%、13.19%；T1 高于 T2 处理，增加 16.46%；T3 高于 T4 处理，增加 7.25%。

30 天后不同处理对水稻秧苗株高的影响：T1 与 T5 处理间差异显著（$P<0.05$），其余各处理间差异不显著（$P>0.05$）；T1 处理株高最高，T5 处理最低；T1～T4 相比 T5 处理分别高 26.09%、21.07%、19.38%、12.99%；T1 高于 T2 处理，增加 6.36%；T3 高于 T4 处理，增加 7.35%。

30 天后不同处理对水稻秧苗根长的影响：T1～T5 处理间差异不显著（$P>0.05$）；T1 处理根长最长，T5 处理最短；T1～T4 相比 T5 处理分别长 26.60%、20.86%、17.64%、19.85%；T1 高于 T2 处理，增加 7.26%；T3 高于 T4 处理，增加 0.95%。

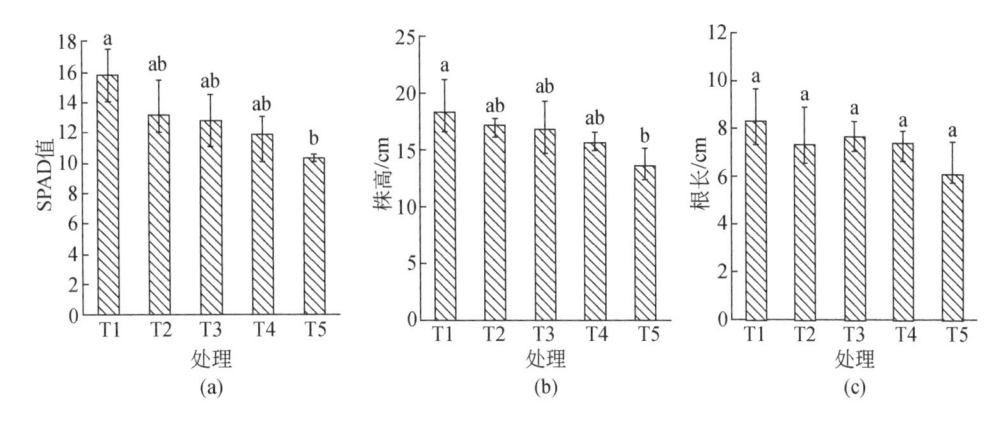

图 2-5 30 天后水稻秧苗农艺性状

注：不同小写字母表示差异显著（$P<0.05$），下同

2. 微生物肥料对水稻农艺性状指标的影响

分蘖是一个动态过程，是由茎鞘基部的蘖芽发育而成，是水稻个体强壮程度的重要特征，也是产量的重要组成部分。如表 2-13 所示，分蘖期不同处理对水稻分蘖数的影响。T6~T10 处理间差异不显著（$P>0.05$）；T6 处理分蘖数最多，T10 处理最少；T6~T9 相比 T10 处理分别多 19.26%、7.04%、4.07%、2.96%；T6 多于 T7 处理，增加 11.42%；T8 多于 T9 处理，增加 1.08%；T6 多于 T8 处理，增加 14.59%。

表 2-13 水稻分蘖期农艺性状指标

处理	分蘖数/(个/株)	SPAD 值	株高/cm	根长/cm	叶面积/cm²
T6	3.22±0.45a	45.65±0.63a	40.33±2.91a	19.07±0.43a	26.93±1.36a
T7	2.89±0.32a	43.7±1.00ab	35.89±2.19ab	18.67±0.85a	24.88±0.94ab
T8	2.81±0.21a	41.70±0.46b	35.00±2.91a	18.33±0.59a	22.12±1.74bc
T9	2.78±0.11a	40.41±1.01b	34.22±1.06ab	18.11±0.74a	20.12±0.55c
T10	2.70±0.13a	40.32±2.09b	31.22±0.80b	17.63±0.62a	18.57±0.46c

注：不同小写字母表示各处理之间差异显著（$P<0.05$），下同

SPAD 值又称为叶绿素含量，反映作物光合能力的强弱。分蘖期不同处理对水稻 SPAD 值的影响：T6 与 T8~T10 处理间差异显著（$P<0.05$），其余处理间差异不显著（$P>0.05$）；T6 处理 SPAD 值最大，T10 处理最小；T6~T9 相比 T10 处理分别

高 13.22%、8.38%、3.42%、0.22%；T6 高于 T7 处理，增加 4.46%；T8 高于 T9 处理，增加 3.19%；T6 高于 T8 处理，增加 9.47%。

株高是衡量水稻农艺性状的重要指标，与作物虫害、抗倒伏、光合强度有着密切的关系。分蘖期不同处理对水稻株高的影响：T6 与 T10 处理间差异显著（$P<0.05$），其余处理间差异不显著（$P>0.05$）；T6 处理株高最高，T10 处理最矮；T6~T9 相比 T10 处理分别高 29.18%、14.96%、12.11%、9.61%；T6 高于 T7 处理，增加 12.37%；T8 高于 T9 处理，增加 2.28%；T6 高于 T8 处理，增加 15.23%。

水稻根的作用是吸收水分和养分。分蘖期不同处理对水稻根长的影响：T6~T10 处理间差异不显著（$P>0.05$）；T6 处理根长最长，T10 处理最短；T6~T9 相比 T10 处理分别长 8.17%、5.90%、3.97%、2.72%；T6 长于 T7 处理，增加 2.14%；T8 长于 T9 处理，增加 1.21%；T6 长于 T8 处理，增加 4.04%。

一定范围内，叶面积与产量成比例。分蘖期不同处理对水稻叶面积的影响：T6 与 T8~T10 处理间差异显著（$P<0.05$），T7 与 T9~T10 处理间差异显著（$P<0.05$），其他处理间差异不显著（$P>0.05$）；T6 处理叶面积最大，T10 处理最小；T6~T9 相比 T10 处理分别高 45.02%、33.98%、19.12%、8.35%；T6 大于 T7 处理，增加 8.24%；T8 大于 T9 处理，增加 9.94%；T6 大于 T8 处理，增加 21.75%。

抽穗期标志着作物由营养生长转向生殖生长，是决定作物产量的关键时期，也是作物一生中生长发育最快的时期，对养分、水分、温度、光照等因素要求也最高，在该时期随着光照强度增加，叶绿体含量增加程度明显。如表 2-14 所示，抽穗期不同处理对水稻 SPAD 值的影响：T6 与 T9~T10 处理间差异显著（$P<0.05$），T7 与 T10 处理间差异显著（$P<0.05$），T8 与 T10 处理间差异显著（$P<0.05$）；T6 处理 SPAD 值最大，T10 处理最小；T6~T9 相比 T10 处理分别高 12.69%、8.73%、8.92%、3.17%；T6 高于 T7 处理，增加 3.64%；T8 高于 T9 处理，增加 5.57%；T6 高于 T8 处理，增加 3.46%。

表 2-14　水稻抽穗期农艺性状指标

处理	SPAD 值	株高/cm	根长/cm	叶面积/cm^2	穗长/cm
T6	52.93±0.78a	65.33±0.84a	31.81±0.19a	36.77±0.49a	3.71±0.04a
T7	51.07±0.94ab	63.11±0.40a	29.59±0.45b	33.93±1.24ab	3.23±0.05b
T8	51.16±0.50ab	62.22±0.29b	28.41±0.80bc	32.81±0.88b	3.67±0.04a

续表

处理	SPAD 值	株高/cm	根长/cm	叶面积/cm²	穗长/cm
T9	48.46±0.72bc	59.44±0.80b	26.74±0.78c	31.82±0.90b	3.27±0.06b
T10	46.97±1.88c	58.00±0.33c	23.41±0.70d	27.30±1.00c	3.20±0.05b

抽穗期不同处理对水稻株高的影响：T6 与 T8～T10 处理间差异显著（$P<0.05$），T7 与 T8～T10 处理间差异显著（$P<0.05$），T8 与 T10 处理间差异显著（$P<0.05$），T9 与 T10 处理间差异显著（$P<0.05$）；T6 处理株高最高，T10 处理最矮；T6～T9 相比 T10 处理分别高 12.64%、8.81%、7.28%、2.48%；T6 高于 T7 处理，增加 3.52%；T8 高于 T9 处理，增加 4.68%；T6 高于 T8 处理，增加 5.00%。

抽穗期不同处理对水稻根长的影响：T6 与各处理间差异显著（$P<0.05$）；T6 处理根长最长，T10 处理最短；T6～T9 相比 T10 处理分别长 35.88%、26.40%、21.36%、14.22%；T6 长于 T7 处理，增加 7.50%；T8 长于 T9 处理，增加 6.25%；T6 长于 T8 处理，增加 11.97%。

抽穗期不同处理对水稻叶面积的影响：T6 与 T8～T10 处理间差异显著（$P<0.05$），T7 与 T10 处理间差异显著（$P<0.05$），T8 与 T10 处理间差异显著（$P<0.05$），T9 与 T10 处理间差异显著（$P<0.05$）；T6 处理叶面积最大，T10 处理最小；T6～T9 相比 T10 处理分别高 34.69%、24.29%、20.18%、16.56%；T6 大于 T7 处理，增加 8.37%；T8 大于 T9 处理，增加 3.11%；T6 大于 T8 处理，增加 12.07%。

抽穗期不同处理对水稻穗长的影响：T6 与 T7、T9、T10 处理间差异显著（$P<0.05$），T8 与 T9、T10 处理间差异显著（$P<0.05$），T8 与 T10 处理间差异显著（$P<0.05$），T9 与 T10 处理间差异显著（$P<0.05$）；T6 处理穗长最长，T10 处理最短；T6～T9 相比 T10 处理分别高 15.94%、0.94%、14.69%、2.19%；T6 大于 T7 处理，增加 14.86%；T8 大于 T9 处理，增加 12.23%；T6 大于 T8 处理，增加 1.09%。

成熟期 SPAD 值开始下降，叶绿体含量降低。成熟期不同处理对水稻 SPAD 值的影响：如表 2-15 所示，T6 与各处理间差异显著（$P<0.05$），T7 与 T9、T10 处理间差异显著（$P<0.05$），T8 与 T9、T10 处理间差异显著（$P<0.05$）；T6 处理 SPAD 值最大，T10 处理最小；T6～T9 相比 T10 处理分别高 42.14%、30.40%、27.09%、16.20%；T6 高于 T7 处理，增加 9.00%；T8 高于 T9 处理，

增加 9.38%；T6 高于 T8 处理，增加 11.84%。

表 2-15 水稻成熟期农艺性状指标

处理	SPAD 值	株高/cm	根长/cm	叶面积/cm²	穗长/cm
T6	23.61±0.59a	108.11±0.95a	27.33±0.64a	30.16±0.99a	22.38±1.24a
T7	21.66±0.68b	100.44±0.48b	26.70±0.26a	29.26±3.52ab	20.23±0.62ab
T8	21.11±0.24b	98.89±0.48bc	25.37±0.20b	26.12±2.48ab	20.01±0.65ab
T9	19.30±0.38c	97.67±0.84c	24.19±0.20c	23.99±1.79ab	19.27±0.54bc
T10	16.61±0.26d	88.00±1.02d	20.48±0.27d	22.11±1.22b	17.20±0.53c

成熟期不同处理对水稻株高的影响：T6 与各处理间差异显著（$P<0.05$），T7 与 T9~T10 处理间差异显著（$P<0.05$）；T6 处理株高最高，T10 处理最矮；T6~T9 相比 T10 处理分别高 22.85%、14.14%、12.38%、10.99%；T6 高于 T7 处理，增加 7.64%；T8 高于 T9 处理，增加 1.25%；T6 高于 T8 处理，增加 9.32%。

成熟期不同处理对水稻根长的影响：T6 与 T8~T10 处理间差异显著（$P<0.05$），T7 与 T8~T10 处理间差异显著（$P<0.05$）；T6 处理根长最长，T10 处理最短；T6~T9 相比 T10 处理分别长 33.45%、30.37%、23.88%、18.12%；T6 长于 T7 处理，增加 2.36%；T8 长于 T9 处理，增加 4.88%；T6 长于 T8 处理，增加 7.73%。

成熟期不同处理对水稻叶面积的影响：T6 与 T10 处理间差异显著（$P<0.05$），其他处理间差异不显著（$P>0.05$）；T6 处理叶面积最大，T10 处理最小；T6~T9 相比 T10 处理分别高 36.41%、32.34%、18.14%、8.50%；T6 大于 T7 处理，增加 3.08%；T8 大于 T9 处理，增加 8.88%；T6 大于 T8 处理，增加 15.47%。

成熟期不同处理对水稻穗长的影响：T6 与 T9、T10 处理间差异显著（$P<0.05$），其他处理间差异不显著（$P>0.05$）；T6 处理穗长最长，T10 处理最短；T6~T9 相比 T10 处理分别高 30.12%、17.62%、16.34%、12.03%；T6 大于 T7 处理，增加 10.63%；T8 大于 T9 处理，增加 3.84%；T6 大于 T8 处理，增加 11.84%。

3. 微生物肥料对水稻产量及性状指标的影响

不同处理对水稻有效穗数的影响：各处理间差异不显著（$P>0.05$）；T6 处理有效穗数最多，T10 处理最少；T6~T9 相比 T10 处理分别高 5.23%、

10.34%、10.31%、5.58%；T6 大于 T7 处理，增加 4.43%；T8 大于 T9 处理，增加 4.48%；T6 大于 T8 处理，增加 4.46%（表 2-16）。

表 2-16 水稻产量指标

处理	有效穗数 /(穗/m²)	每穗粒数	结实率 /%	千粒重 /g	实际产量 /(kg/667m²)
T6	243.49±24.19a	160±3.00a	89.10±1.98a	25.90±0.90a	648.10±30.48a
T7	233.16±23.16a	158.5±0.50a	88.63±4.45a	24.05±0.45abc	635.87±52.06a
T8	233.10±12.10a	144±3.00a	88.57±1.50a	24.45±0.45ab	587.52±15.35a
T9	223.10±10.15a	143.5±15.50a	84.41±0.76a	23.25±0.45bc	578.29±56.73a
T10	211.31±9.34a	136.5±5.50a	81.04±2.17a	22.05±0.65c	571.40±37.91a

不同处理对水稻每穗粒数的影响：各处理间差异不显著（$P>0.05$）；T6 处理每穗粒数最多，T10 处理最少；T6～T9 相比 T10 处理分别高 17.22%、16.12%、5.49%、5.13%；T6 大于 T7 处理，增加 0.95%；T8 大于 T9 处理，增加 0.35%；T6 大于 T8 处理，增加 11.11%。

不同处理对水稻结实率的影响：各处理间差异不显著（$P>0.05$）；T6 处理结实率最大，T10 处理最小；T6～T9 相比 T10 处理分别高 9.95%、9.37%、9.29%、4.16%；T6 大于 T7 处理，增加 0.53%；T8 大于 T9 处理，增加 4.93%；T6 大于 T8 处理，增加 0.60%。

不同处理对水稻千粒重的影响：T6 与 T9、T10 处理间差异显著（$P<0.05$），T8 与 T10 处理间差异显著（$P<0.05$），其他处理间差异不显著（$P>0.05$）；T6 处理千粒重最大，T10 处理最小；T6～T9 相比 T10 处理分别高 17.46%、9.07%、10.88%、5.44%；T6 大于 T7 处理，增加 7.69%；T8 大于 T9 处理，增加 5.16%；T6 大于 T8 处理，增加 5.93%。

不同处理对水稻实际产量的影响：各处理间差异不显著（$P>0.05$）；T6 处理实际产量最大，T10 处理最小；T6～T9 相比 T10 处理分别高 13.42%、11.28%、2.82%、1.21%；T6 大于 T7 处理，增加 1.92%；T8 大于 T9 处理，增加 1.60%；T6 大于 T8 处理，增加 10.31%。

4. 微生物肥料对土壤化学性质的影响

pH 是土壤重要化学性质之一，盐碱化土壤中有机质和总养分会随着 pH 的增大而起到直接影响作用，抑制作物和土壤微生物生长，导致盐碱地贫瘠化和荒漠化，影响生态环境。因此，改善土壤 pH 对于盐碱地改良有重要作用。如表 2-17 所示，各处理间差异不显著（$P>0.05$）；T10 处理 pH 最大，T6 处理最小，T6～T9 相比 T10 处理分别降低 1.70%、1.46%、0.61%、0.36%；T6 低于 T7 处理，降低 0.25%；T8 低于 T9 处理，降低 0.24%；T6 低于 T8 处理，降低 1.10%。

表 2-17 微生物肥料对土壤化学性质的影响

处理	pH	土壤有机质 /(g/kg)	土壤全盐 /(g/kg)	土壤全氮 /(g/kg)	土壤全磷 /(g/kg)	土壤碱解氮 /(mg/kg)	土壤有效磷 /(mg/kg)	土壤速效钾 /(mg/kg)
T6	8.08±0.06a	25.79±0.68a	1.04±0.04a	1.81±0.46a	0.89±0.02a	75.13±2.71a	82.74±3.68a	391.50±2.02a
T7	8.10±0.05a	23.97±0.29ab	1.13±0.09a	1.71±0.34a	0.78±0.01b	72.57±2.03ab	81.54±0.25ab	386.50±5.20ab
T8	8.17±0.05a	23.40±0.24bc	1.16±0.12a	1.52±0.33a	0.77±0.05bc	65.80±2.25bc	73.30±4.22bc	375.33±4.09bc
T9	8.19±0.02a	23.23±0.08bc	1.17±0.12a	1.41±0.24a	0.76±0.02bc	62.77±2.33c	71.74±2.39c	373.67±4.81c
T10	8.22±0.02a	21.29±1.28c	1.19±0.09a	1.39±0.28a	0.69±0.02c	59.27±4.21c	62.09±1.80d	340.17±1.45d

土壤有机质是评价土壤质量的标准，也提供植物生长所需的营养物质。T6 与 T8～T10 处理间差异显著（$P<0.05$），T7 与 T10 处理间差异显著（$P<0.05$），其他处理间差异不显著（$P>0.05$）；T6 处理土壤有机质含量最大，T10 处理最小；T6～T9 相比 T10 处理分别增加 21.14%、12.59%、9.91%、9.11%；T6 大于 T7 处理，增加 7.59%；T8 大于 T9 处理，增加 0.73%；T6 大于 T8 处理，增加 10.21%。

土壤全盐含量反映土壤碱化程度，一般情况下随着全盐含量增加，土壤 pH 也增加。各处理间差异不显著（$P>0.05$）；T10 处理全盐最高，T6 处理最低，T6～T9 相比 T10 处理分别降低 12.61%、5.04%、2.52%、1.68%；T6 低于 T7 处理，降低 9.20%；T8 低于 T9 处理，降低 0.85%；T6 低于 T8 处理，降低 10.34%。

土壤全氮含量是反映土壤供氮能力的重要指标。各处理间差异不显著（$P>0.05$）；T6 处理土壤全氮含量最高，T10 处理最低；T6～T9 相比 T10 处理分别增加 30.22%、23.02%、9.35%、1.44%；T6 大于 T7 处理，增加 5.85%；T8 大于 T9 处理，增加 7.80%；T6 大于 T8 处理，增加 19.08%。

土壤全磷是指土壤中磷的总储量。T6 与各处理间差异显著（$P<0.05$），T7 与 T10 处理间差异显著（$P<0.05$），其他处理间差异不显著（$P>0.05$）；T6 处理土壤全磷最高，T10 处理最低；T6～T9 相比 T10 处理分别增加 28.99%、13.04%、11.59%、10.14%；T6 大于 T7 处理，增加 14.10%；T8 大于 T9 处理，增加 1.32%；T6 大于 T8 处理，增加 15.58%。

土壤碱解氮包括无机和有机态氮，其含量取决于有机质含量。T6 与 T8～T10 处理间差异显著（$P<0.05$），T7 与 T9～T10 处理间差异显著（$P<0.05$），其余处理间差异不显著（$P>0.05$）；T6 处理土壤碱解氮最高，T10 处理最低；T6～T9 相比 T10 处理分别增加 26.76%、22.44%、11.02%、5.91%；T6 大于 T7 处理，增加 3.53%；T8 大于 T9 处理，增加 4.83%；T6 大于 T8 处理，增加 14.18%。

土壤有效磷是直接被植物所吸收利用的营养元素。T6 与 T8～T10 处理间差异显著（$P<0.05$），T7 与 T9～T10 处理间差异显著（$P<0.05$），T8 与 T10 处理间差异显著（$P<0.05$），T9 与 T10 处理间差异显著（$P<0.05$）；T6 处理土壤有效磷最高，T10 处理最低；T6～T9 相比 T10 处理分别增加 33.26%、31.33%、18.05%、15.54%；T6 大于 T7 处理，增加 1.47%；T8 大于 T9 处理，增加 2.17%；T6 大于 T8 处理，增加 12.88%。

土壤速效钾是直接被植物所吸收利用的营养元素。T6 与 T8～T10 处理间差异显著（$P<0.05$），T7 与 T9～T10 处理间差异显著（$P<0.05$），T8 与 T10 处理间差异显著（$P<0.05$），T9 与 T10 处理间差异显著（$P<0.05$）；T6 处理土壤速效钾最高，T10 处理最低；T6～T9 相比 T10 处理分别增加 15.09%、13.62%、10.34%、9.85%；T6 大于 T7 处理，增加 1.29%；T8 大于 T9 处理，增加 0.44%；T6 大于 T8 处理，增加 4.31%。

5. 微生物肥料对土壤微生物数量的影响

细菌、放线菌和真菌在微生物肥料中有很重要的作用，微生物的多少决定着土壤质量的差异；微生物分解有机质生产腐殖质，利于植物获得养分。如表 2-18 所示，不同处理对细菌的影响，T6 与 T10 处理间差异显著（$P<0.05$），T7 与 T10 处理间差异显著（$P<0.05$），其他处理间差异不显著（$P>0.05$）；T6 处理细菌数最多，T10 处理最少；T6～T9 相比 T10 处理分别增加 46.05%、40.79%、31.58%、13.16%；T6 大于 T7 处理，增加 3.74%；T8 大于 T9 处理，增加 16.28%；T6 大于 T8 处理，增加 11.00%。

表 2-18　微生物肥料对土壤微生物数量的影响

处理	细菌/(10^8 CFU/g)	放线菌/(10^5 CFU/g)	真菌/(10^3 CFU/g)
T6	1.11±0.09a	6.00±0.21a	2.35±0.27a
T7	1.07±0.06a	5.92±0.64a	2.00±0.16ab

续表

处理	细菌/(10^8 CFU/g)	放线菌/(10^5 CFU/g)	真菌/(10^3 CFU/g)
T8	1.00±0.06ab	5.80±0.13a	1.73±0.08b
T9	0.86±0.09ab	5.40±0.18a	1.18±0.12c
T10	0.76±0.08b	2.96±0.07b	1.14±0.11c

不同处理对放线菌的影响：T6～T9 均与 T10 处理间差异显著（$P<0.05$），但 T6～T9 处理间差异不显著（$P>0.05$）；T6 处理放线菌数最多，T10 处理最少；T6～T9 相比 T10 处理分别增加 102.70%、100.00%、95.95%、82.43%；T6 大于 T7 处理，增加 1.35%；T8 大于 T9 处理，增加 7.41%；T6 大于 T8 处理，增加 3.45%。

不同处理对真菌的影响：T6 与 T8～T10 处理间差异显著（$P<0.05$），T7 与 T9～T10 处理间差异显著（$P<0.05$），T8 与 T9～T10 处理间差异显著（$P<0.05$）；T6 处理真菌数最多，T10 处理最少；T6～T9 相比 T10 处理分别增加 106.14%、75.44%、51.75%、3.51%；T6 大于 T7 处理，增加 17.50%；T8 大于 T9 处理，增加 46.61%；T6 大于 T8 处理，增加 35.84%。

6. 微生物肥料对盐碱地水稻生长作用的影响

盐碱地水稻种植最大限制因素为土壤高盐分，水稻根尖细胞在高盐含量的溶液中会脱水死亡。降低盐碱地盐分含量是提高作物产量的有效措施，施用微生物肥料已经成为盐碱地生态治理的重要措施之一。截至 2020 年，全国化肥、农药施用量实现零增长，微生物肥料替代化肥产品尤为重要，同时，对于实现减肥减药具有重要的作用。

研究表明分蘖期与常规施肥相比生物有机肥使水稻分蘖数增加 19.26%，根长增加 8.17%，但差异不显著；SPAD 值增加 13.22%，株高增加 29.18%，叶面积增加 45.02%，且差异显著。抽穗期与常规施肥相比生物有机肥 SPAD 值增加 12.69%，株高增加 12.04%，根长增加 35.88%，叶面积增加 34.69%，穗长增加 15.94%，且差异显著。收获期与常规施肥相比生物有机肥 SPAD 值增加 42.14%，株高增加 22.85%，根长增加 33.45%，叶面积增加 36.41%，穗长增加 30.12%，且差异显著。分蘖期至抽穗期，生物有机肥施用条件下水稻 SPAD 值增长率保持稳定，根长增加，穗长增加，水稻从根部吸收营养转运到穗部，说明生物有机肥提供营养物质促进水稻根长和穗长的增长，叶绿体含量维持植物光合作用，使水稻更好地生长。抽穗期是水稻最需要营养物质的时期，也是生长最快的时期，叶面积、株高和根长都会加速生长，保证得到更多营养物质。抽穗期到成熟期，生物有机肥施用条件下水稻 SPAD 值先增高后降低，表明光合作用趋于下降趋势；株高增加幅度大，但到成熟期会保持平稳；根长会影响穗长的增加。成熟期，植物叶绿体含量下降，叶片发黄，株高也停止增长，根衰败，减弱对营养的吸收。与常规施肥对比，生物有机肥使水稻有效穗数增加 15.23%，每穗粒数增加 17.22%，结实率增加 9.95%，但差异不显著；千粒重增加 17.46%，且差异显著。实际产量达 648.10kg/667m^2，增加 13.42%，可见加入嗜耐盐菌的生物有机肥对盐碱地水稻的产量指标具有显著效果，可以提高 76.7kg/667m^2。

研究得出施加微生物肥料可以提高叶绿素含量，增大叶面积，加快株高的生长。根作为水稻重要器官之一，吸收水分和养分从而影响产量。研究表明，复合微生物肥料对水稻分蘖起到促进作用，生物有机肥可以提高水稻叶绿素含量；复合微生物肥料提高水稻叶片功能，促进光合作用，增加分蘖数，有效提高水稻穗数和结实率。水稻穗数、穗粒数和千粒重决定着产量，有效穗数对水稻产量的提高起主要作用。盐碱地中增施生物菌肥可提高水稻有效穗数和产量；施用有机肥可以提高结实率，增加千粒重。

7. 微生物肥料对盐碱地土壤环境的影响

试验研究表明生物有机肥对盐碱土土壤化学、生物性质都有明显改良作用，生物有机肥降低土壤 pH，与常规施肥相比降低 1.70%；减少全盐含量，与常规施肥相比减少 12.61%；增加全氮含量，与常规施肥相比增加 30.22%；增加全磷含量，与常规施肥相比增加 28.99%；提高碱解氮含量，与常规施肥相比增加 26.76%；速效钾含量与常规施肥相比增加 15.09%；有效磷含量与常规施肥相比增加 33.26%；有机质含量与常规施肥相比增加 21.14%；增加细菌、真菌和放线菌数量。生物有机肥加入嗜耐盐菌可以提高对土壤环境的改良效果；相比市售的微生物菌肥，生物有机肥对土壤化学和微生物数量提升效果显著。相比于常规施肥，配施生物有机肥可以减少化肥的用量，对改善土壤养分含量和微生物量具有显著作用。

微生物肥料中嗜（耐）盐菌可以将盐分转化成有机质，降低盐分的同时可以提高土壤有机质含量。因此，针对盐碱地生物改良措施，使用微生物改良方法，不仅效果明显，同时对生态环境的可持续发展具有深远的意义。

2.4 脱硫石膏改良盐碱地特色植物种植技术

2.4.1 脱硫石膏改良盐碱地枸杞种植技术

开展不同脱硫石膏施用量对盐碱地枸杞生长和品质的影响试验，明确脱硫石膏中钙离子和硫酸根离子对枸杞生长和品质指标的影响，尤其是钙离子对枸杞有效成分积累的影响，可为盐碱地高钙枸杞产品的开发提供理论依据。试验地点为西大滩、南梁农场。

供试品种'宁杞1号'，栽培规格：1m×3m。采用拉丁方设计，对脱硫石膏施用量设5个水平：A. CK（不施）；B. 0.3t/667m^2；C. 0.6t/667m^2；D. 0.9t/667m^2；E. 1.2t/667m^2；小区面积60m^2（6m×10m），保护行0.5m，重复5次，试验地总面积1800 m^2。常规灌水量和施肥量。腐熟羊粪6kg/株，距树体30cm，深30~40cm。施纯氮0.4kg/株，纯磷0.2kg/株，纯钾0.2kg/株，每亩（1亩≈667m^2）生长期灌水40~50m^3。采果前20~25天灌水1次，采果期15~20天灌水1次。

测定指标：当年生枝条生长速率、发枝数、光合指标；产量性状，商品品质横径、纵径、色泽、坏果率、百粒重、产量；药用品质，药用成分（多糖、总糖、甜菜碱、黄酮），微量元素（铁、锰、铜、锌、硒）及大量元素（钾、钠、钙、镁）含量。土壤理化性状，分别取土壤0~20cm、20~40cm、40~60cm土样测定有机质、pH、全盐、八大离子含量。

1. 土壤盐碱对枸杞生长和品质的影响研究

针对河套地区土壤盐碱化程度高的现状，开展不同程度盐碱化土壤对宁夏枸杞生长和品质形成方面影响的研究，确定盐碱地枸杞优质品质形成的适宜土壤盐分，为河套地区盐碱地枸杞产业带种植区划的制定及盐碱地药用枸杞的发展提供理论支撑。为此，我们采用大田试验与盆栽试验相结合的方法，分别研究不同土壤盐分对枸杞品质的影响。

（1）盐胁迫对枸杞生长和品质的影响研究

根据河套地区盐碱地类型，采用盆栽试验，设置中性盐组，以两种中性盐NaCl和Na$_2$SO$_4$按照2∶1的比例进行混合（保持每种盐的渗透势相等），模拟合成中性盐组。试验设置 5 个盐浓度处理，依次为对照 CK、0.25%、0.5%、0.75% 和 1.0%，每处理 7 盆，共计 35 盆。每盆在栽植时统一施用黑珍珠生物有机肥 200g，二铵 50g，尿素 40g，农家肥 1500g，每盆称土 25kg，混匀后统一栽植五年生枸杞树。从图 2-6 可以看出，枸杞在 1% 的盐胁迫条件下，依然可以正常生长，其成活率达到 85.7%。

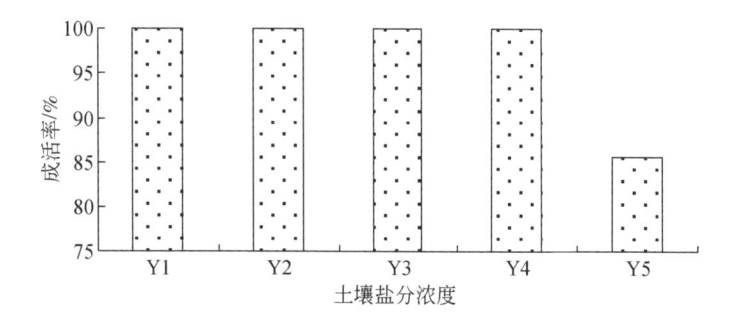

图 2-6 不同中性盐胁迫对枸杞成活率的影响

注：设置 5 个盐浓度，Y1 为 CK，Y2 为 0.25%，Y3 为 0.5%，Y4 为 0.75%，Y5 为 1.0%。下同

在外观品质指标方面，在全盐含量为 0.29% 和 0.54% 的盐浓度下，枸杞百粒重、果实横径和纵径都优于其他处理，说明适度的盐分含量有助于枸杞的生长。但当中性盐浓度超过 0.54% 以后，枸杞果实百粒重下降明显（图 2-7）。

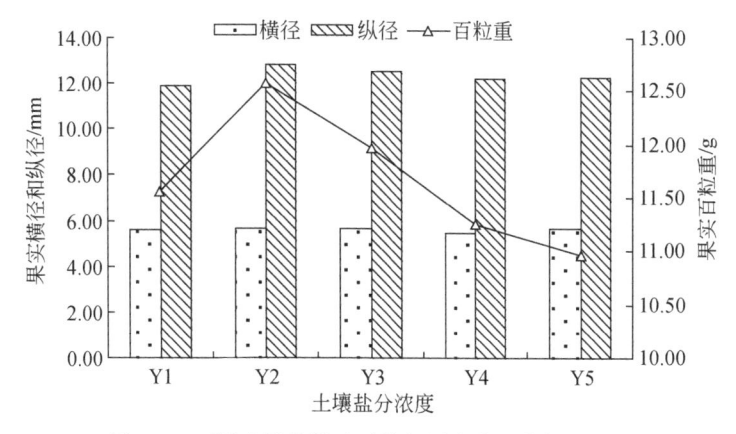

图 2-7 不同中性盐胁迫对枸杞果实产量指标的影响

对不同盐处理下的枸杞果实葡萄糖、果糖和蔗糖含量的测定结果表明（图2-8），葡萄糖、果糖和蔗糖含量均表现出盐处理下的枸杞果实3种糖含量均明显高于对照，尤以Y2和Y3处理下的增幅相对较高。其中，果糖含量与对照相比，分别增加30.86%，33.65%，22.62%和30.69%；葡萄糖含量分别比对照增加46.62%，43.33%，34.91%和32.95%；蔗糖含量与对照相比分别增加18.77%，35.91%，38.18%和28.68%；说明盐胁迫刺激了枸杞果实内初生光合代谢产物的积累。

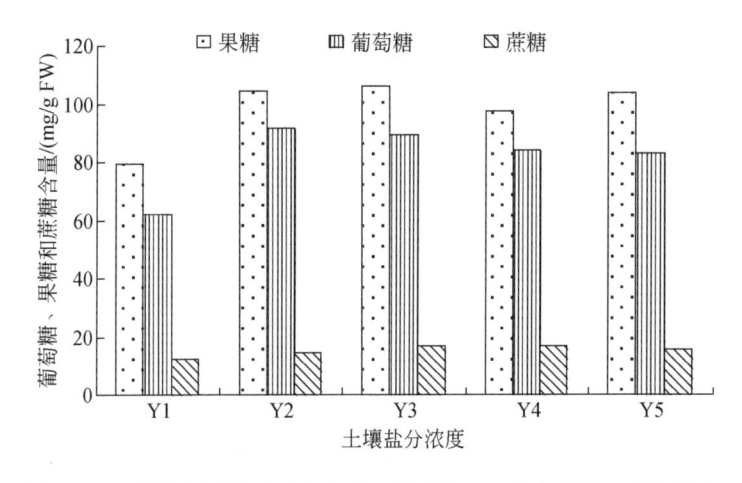

图2-8 不同中性盐胁迫对枸杞果实葡萄糖、果糖和蔗糖含量的影响

对不同盐胁迫下枸杞果实多糖和黄酮含量的测定结果表明，枸杞多糖除Y2处理与对照相比略有下降外（下降2.04%），其他处理随土壤盐浓度的增加呈现增加的趋势，分别比对照增加12.42%、22.42%和23.14%，说明土壤盐分可以促进枸杞果实多糖的积累。黄酮含量总体呈现"V"形的变化趋势，其中在0.537%的盐分下其含量最低，之后又缓慢上升（图2-9）。

（2）不同程度盐碱土壤对枸杞药用品质的影响

针对河套地区宁夏的4个不同生态枸杞种植区——卫宁平原、银川贺兰山东麓、银北惠农区、同心清水河流域及内蒙古临河的乌拉特前旗先锋乡和杭锦后旗沙海乡枸杞种植状况与土壤盐碱状况（表2-19），设置大田调查试验。分别定点采样测定土壤盐分状况对枸杞品质的影响。已完成样品药用品质指标多糖、总糖和甜菜碱含量的测定（图2-10）。

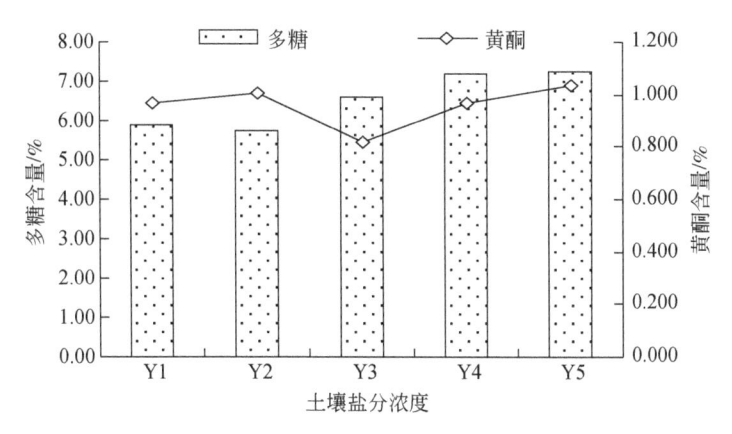

第 2 章 | 盐碱地微生物治理与特色植物种植技术研究

图 2-9 不同中性盐胁迫对枸杞果实多糖和黄酮含量的影响

表 2-19 枸杞主要种植区采样点坐标

编号	采样地点	经度/(°)	纬度/(°)	海拔/m
1	海原七营镇	106.16	36.52	1500
2	同心石狮开发区沙嘴城村	105.94	36.93	1500
3	惠农燕子墩蛟龙口村	106.66	39.11	1139
4	惠农陆家营三组	106.56	39.03	1101
5	平罗黄渠桥五星村	106.68	38.97	1107
6	中宁大战场镇长山头社区	106.61	37.40	1500
7	中宁舟塔田滩村	106.60	37.50	1497
8	南梁一组	106.19	38.64	1195
9	园林场二组	106.15	38.63	1276
10	镇北堡团结村二组	106.10	38.64	1388
11	杭锦后旗沙海乡前进四组	107.03	40.94	1030
12	杭锦后旗沙海乡五星六组	107.01	40.95	1025
13	杭锦后旗沙海乡五星十四组	106.95	40.96	1022
14	五原县隆兴昌镇同联一组	108.22	41.20	1024
15	五原县隆兴昌镇同联一组	108.22	41.19	1018
16	五原县隆兴昌镇同联三组	108.25	41.18	1010
17	乌拉特前旗先锋镇分水村	109.21	40.61	1009
18	乌拉特前旗先锋镇根场大队氏林社	109.21	40.61	1023
19	乌拉特前旗先锋镇根场大队长江社	109.21	40.61	1008

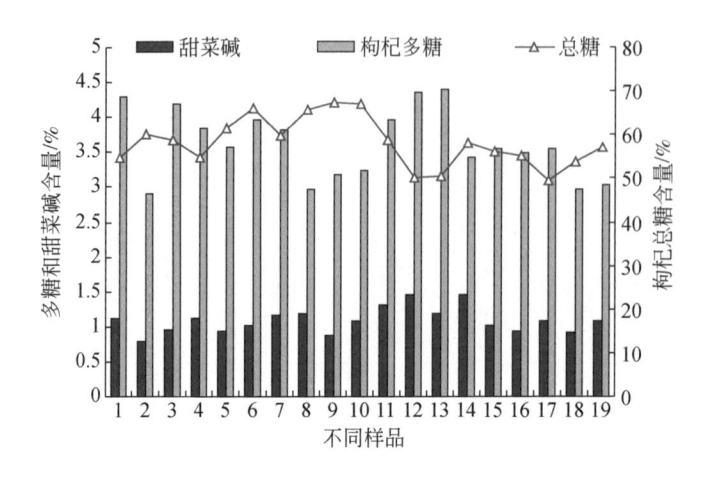

图2-10 河套地区枸杞主要种植区枸杞多糖、总糖和甜菜碱含量

2. 盐碱地不同氮磷施用量对枸杞产量和品质的影响

(1) 不同施氮量对枸杞生长和品质的影响

研究不同施氮量对盐碱地枸杞生长的影响，明确盐碱地枸杞适宜的施氮量。供试品种'宁杞7号'。氮肥（纯氮）试验设5个水平，采用单因素随机区组设计，N_a水平，20kg/667m²；N_b水平，30kg/667m²；N_c水平，40kg/667m²；N_d水平，50kg/667m²；以不施氮肥和磷肥为CK，枸杞栽植采用株距1m，行距3m，亩有效株数222株。采用4水平随机区组设计，小区长12m，宽6m，小区面积72m²，每个区组间隔3m，试验地总面积1325m²。氮肥70%做基肥（同时施脱硫石膏5.0kg/株，有机肥1kg/株，黄沙5.0kg/株），6月初追施一次氮肥，占总量的30%。

测定枸杞生长指标（当年生枝条生长速率、发枝数、光合指标）、产量性状（商品品质横径、纵径、百粒重）、药用品质（色泽、坏果率、多糖、总糖、甜菜碱、黄酮、类胡萝卜素）、土壤理化性状（分别取土壤0~20cm、20~40cm、4~60cm、60~80cm土样测定有机质、pH、容重）。

枸杞大小是枸杞品质的一个重要指标，一般可以通过测定其鲜果的横径和纵径值来表示，7月中旬对不同施氮水平下鲜果枸杞横径值测定如图2-11所示。N_a水平和N_c水平下，枸杞横径有相对增大趋势，方差分析N_c水平与其他各水平及对照在5%水平上显著，其他各水平间没有显著性差异，说明适量增加氮肥有增加枸杞横径的作用,而高氮水平下,N_c水平枸杞横径最大,比对照高3%,因此,施氮量在40kg/667m²条件下,对枸杞横径生长有促进作用。

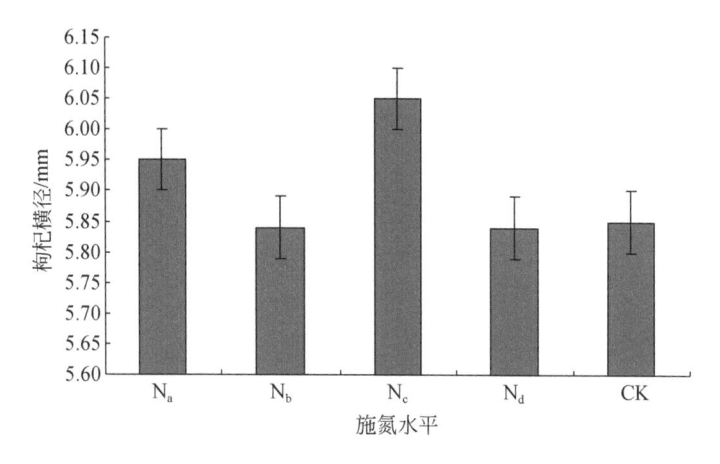

图2-11 不同施氮水平对枸杞横径的影响

图2-12为不同施氮水平对枸杞果实纵径的影响,方差分析结果表明:不同施氮水平对枸杞纵径影响没有显著性差异,说明不同施氮量对枸杞纵径的影响不大。

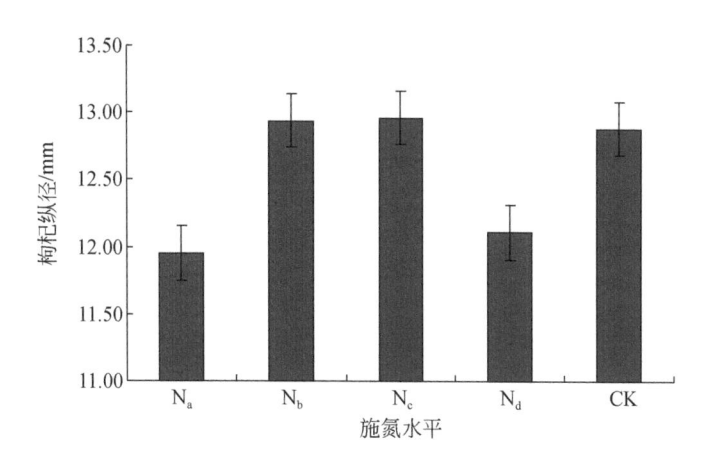

图2-12 不同施氮水平对枸杞果实纵径的影响

图2-13中不同施氮水平对枸杞百粒重的影响及方差分析结果表明:N_c水平下,枸杞百粒重有明显增加趋势,方差分析N_c水平与其他各水平及对照在5%水

平上差异显著,其他各水平间没有显著性差异,说明适量氮肥有增加枸杞百粒重的作用,N_c水平枸杞百粒重最大,比对照高7%,因此,施氮量在40kg/667m²条件下,对枸杞百粒重有明显促进作用。

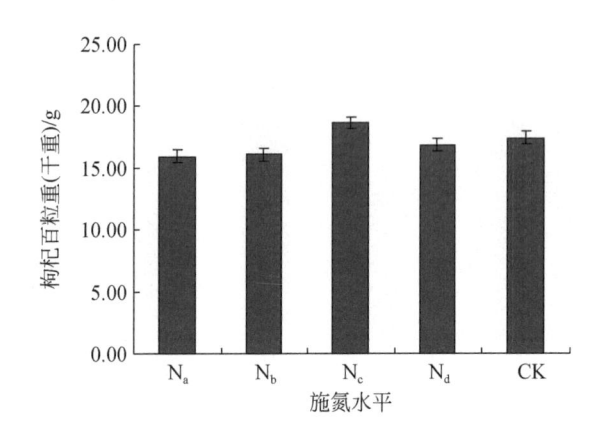

图 2-13 不同施氮水平对枸杞百粒重的影响

图2-14为不同施氮水平对枸杞果实3种可溶性糖含量变化的影响,方差分析结果表明:N_b水平下枸杞葡萄糖与果糖含量明显高于其他各水平,果糖含量比对照高49.5%,葡萄糖含量比对照高35.4%,二者均在1%水平上达到显著差异,其他各水平间及与对照相比均没有显著性差异;蔗糖表现相反,在N_a水平下,蔗糖含量明显高于其他各水平,比对照高73%,达到1%显著水平,但随施氮量增加,其含量有下降趋势。说明适量低施氮量(20kg/667m²)有增加蔗糖含量的作用,而增加氮素会抑制蔗糖的合成。

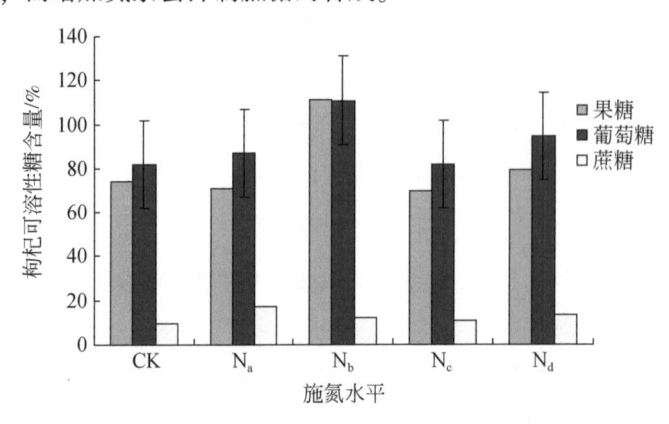

图 2-14 不同施氮水平对枸杞可溶性糖含量的影响

图 2-15 为不同施氮水平对枸杞可溶性总糖含量的影响，方差分析结果表明：N_b 水平下枸杞可溶性总糖含量明显高于其他各水平及对照，在 1% 水平上达到显著，其比对照高 41.2%，其他各水平间差异不显著，说明适宜施氮量（30kg/667m²）显著增加了枸杞可溶性总糖含量，但高氮水平会降低总糖含量。

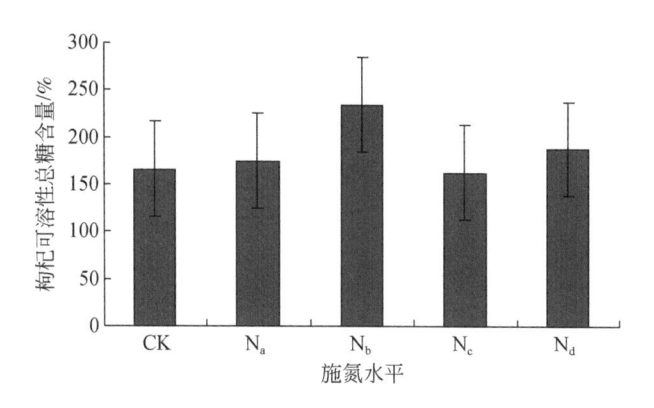

图 2-15　不同施氮水平对枸杞可溶性总糖含量的影响

图 2-16 为不同施氮量对枸杞多糖含量的影响，方差分析结果表明：随施氮量增加，枸杞多糖含量先降低，再增加，然后在 N_c 水平（40kg/667m²）又下降，在整个测定阶段，以较低的 N_a 水平（20kg/667m²）其多糖含量最高，比对照高 0.4%，但各水平均无显著差异。

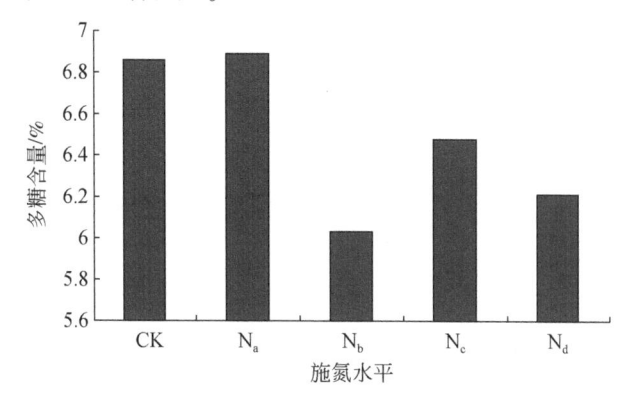

图 2-16　不同施氮量对枸杞多糖含量的影响

图 2-17 为不同施氮水平对枸杞黄酮含量的影响，方差分析结果表明：不同施氮水平下枸杞黄酮含量没有显著性差异，说明不同施氮量对枸杞黄酮含量的影响不

大,但从变化趋势上可以看出,随施氮量增加,黄酮含量有略微增加的趋势。

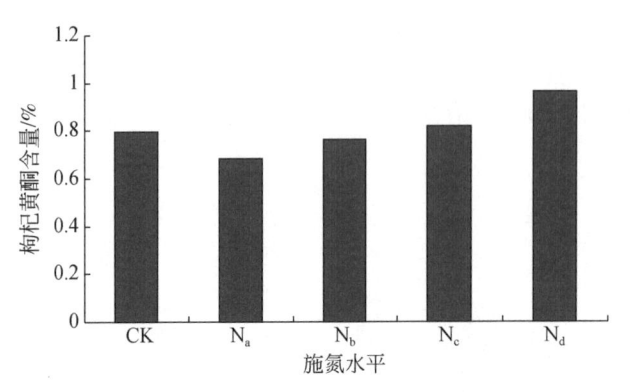

图 2-17 不同施氮水平对枸杞黄酮含量的影响

(2) 不同施磷水平对枸杞产量及品质的影响

磷肥(重过磷酸钙,含 P_2O_5 46%),试验设 5 个水平,采用单因素随机区组设计,P_a 水平,10kg/667m^2;P_b 水平,20kg/667m^2;P_c 水平,30kg/667m^2;P_d 水平,40kg/667m^2;枸杞栽植采用株距 1m、行距 3m,亩有效株数 222 株。小区长 12m,宽 6m,小区面积 72m,保护行宽 3m,每个区组间隔 2m,试验地总面积 1325m^2,磷肥全部做基肥。

测定枸杞生长指标(光合指标)、产量性状(商品品质横径、纵径、百粒重)、药用品质(多糖、总糖、甜菜碱、黄酮)、土壤理化性状(分别取土壤 0~20cm、20~40cm、40~60cm 土样测定有机质、pH、容重)。

由图 2-18 看出,枸杞横径随施磷量增加先增加后减小,在 P_a 和 P_d 水平下,其横径明显高于其他各水平及对照,分别比对照高 3% 和 4%,二者均达到 5% 显著水平,说明适量增加磷素有增加其横径的作用,但低磷水平有抑制作用,具体原因尚需进一步研究。

由图 2-19 不同施磷水平对枸杞纵径的影响可以看出,随施磷量增加,枸杞纵径有先降低再增加的趋势,但各水平间没有显著性差异,说明不同磷施量对枸杞纵径生长效果不明显。

图 2-20 为不同施磷量对枸杞百粒重变化的影响,方差分析结果表明:随磷肥施量的增加,枸杞百粒重有增加的趋势,以 P_d(40kg/667m^2)水平百粒重最高为 19.39g,比对照高 1.7%,但各水平间及对照间方差检验不显著。

图 2-21 为不同施磷量对枸杞可溶性糖含量变化的影响,方差分析结果表明:

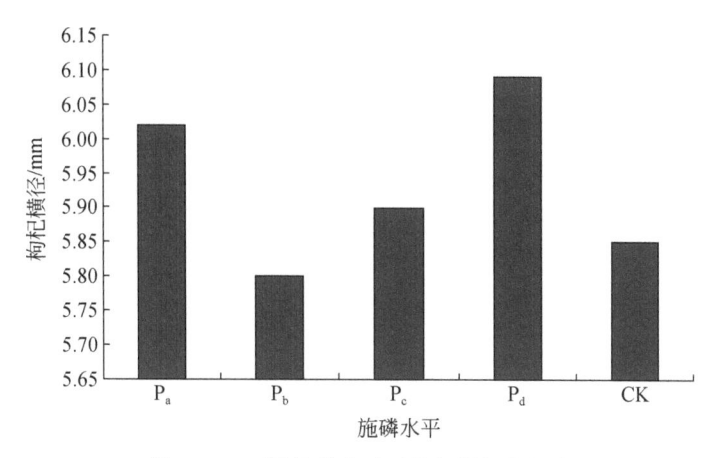

图 2-18 不同施磷水平对枸杞横径的影响

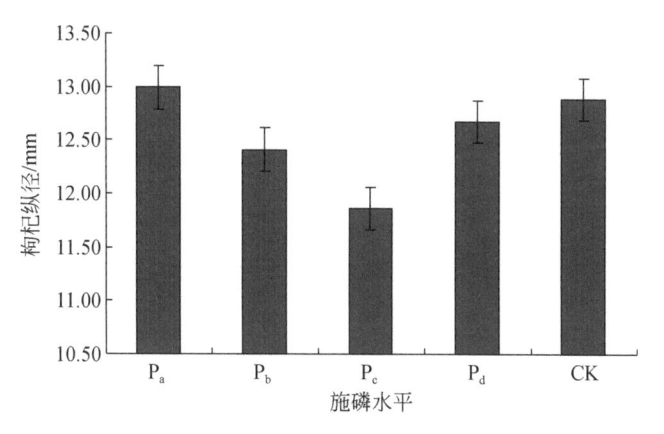

图 2-19 不同施磷水平对枸杞纵径的影响

果糖、葡萄糖、蔗糖含量均有随施磷量增加而增加的趋势，但果糖和葡萄糖在较高的 P_c 施磷水平（40kg/667m²）下降，而蔗糖含量在较高施磷 P_d 水平（40kg/667m²）下仍在增加，果糖和葡萄糖含量在 P_c（30kg/667m²）水平下最高，其分别比对照高 5.0%（5% 水平显著）和 16.8%（1% 水平显著），蔗糖在 P_d 水平（40kg/667m²）下最高，比对照高 381%，说明适量施磷量增加枸杞果糖、葡萄糖和蔗糖的作用，施磷对促进蔗糖合成作用更为明显，其机理及最高施用量还需要进一步研究。

图 2-22 为不同施磷量对枸杞可溶性总糖含量的影响，方差分析结果表明：随着施磷量增加，枸杞可溶性总糖含量有明显增加的趋势，以 P_d 水平（40kg/

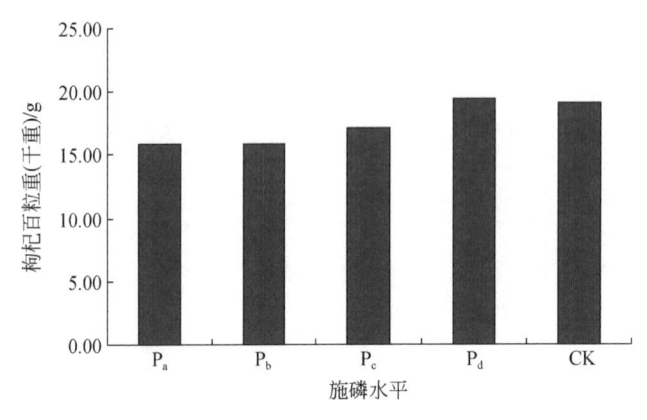

图 2-20　不同施磷水平对枸杞百粒重的影响

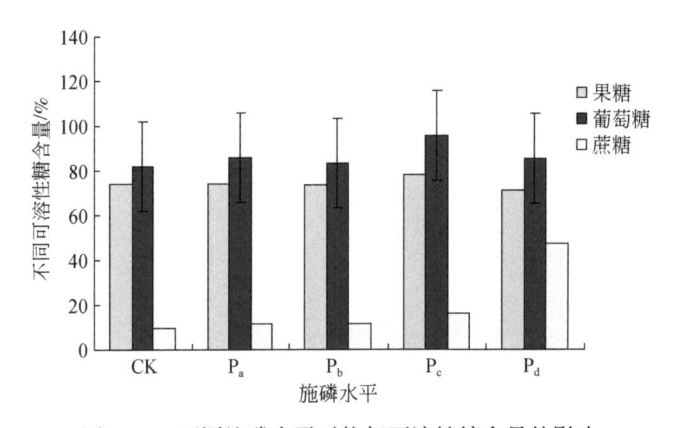

图 2-21　不同施磷水平对枸杞可溶性糖含量的影响

$667m^2$）下其可溶性总糖含量最高，比对照高 22.6%（1% 水平显著），说明磷肥对可溶性糖有明显的促进合成作用。

图 2-23 为不同施磷量对枸杞多糖含量的影响，方差分析结果表明：不同施磷水平对枸杞多糖含量的影响没有显著性差异，说明不同施磷量对枸杞多糖含量的影响不大，但从变化趋势上可以看出，随施磷量的增加，枸杞多糖含量有增加的趋势，以 P_c（$30kg/667m^2$）水平时最高，随施磷量再增加，其含量下降。

图 2-24 为不同施磷水平对枸杞黄酮含量的影响，方差分析结果表明：不同施磷水平对枸杞黄酮含量的影响没有显著性差异，说明不同施磷量对枸杞黄酮含量的影响不大，但从变化趋势上看出，较高施磷水平（$40kg/667m^2$）下，黄酮含量有略微增加的趋势。

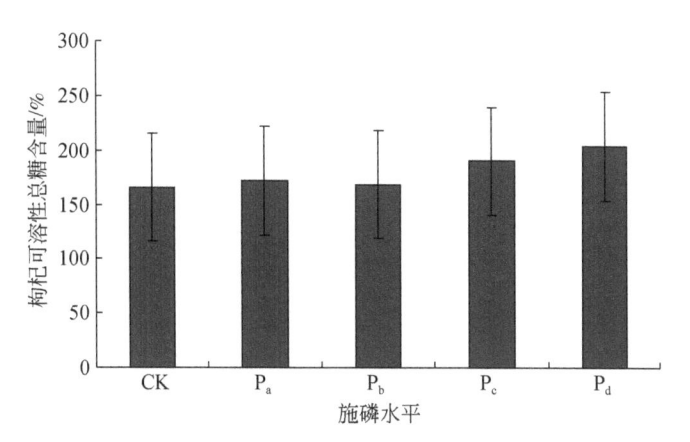

第 2 章 | 盐碱地微生物治理与特色植物种植技术研究

图 2-22 不同施磷量对枸杞可溶性总糖含量的影响

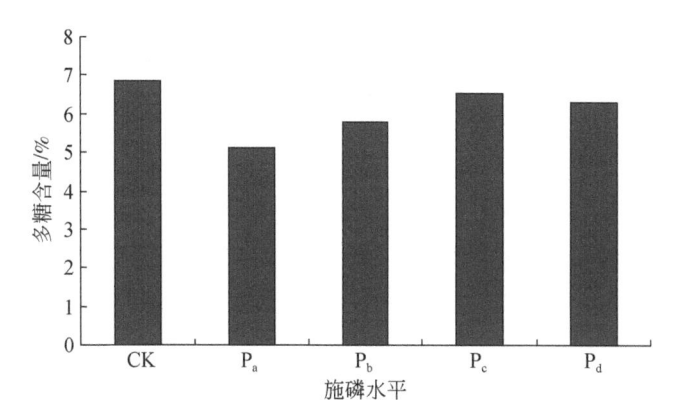

图 2-23 不同施磷量对枸杞多糖含量的影响

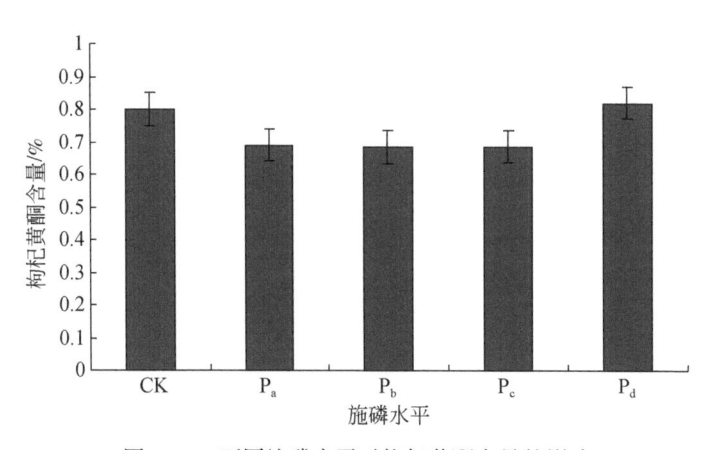

图 2-24 不同施磷水平对枸杞黄酮含量的影响

2.4.2 脱硫石膏改良盐碱地水稻栽培技术

1. 脱硫石膏改良盐碱地对水稻品质的影响

试验设在宁夏石嘴山市平罗县西大滩前进农场试验基地，位于宁夏贺兰山东麓洪积扇边缘，属于黄河中上游灌溉地区（106°13′~106°26′E，38°45′~38°55′N），该地区属干旱的大陆性气候。年降水量为150~205mm，年蒸发量1755.12mm以上，年平均气温为9.5℃，≥0℃积温在3350℃/a以上。一般地下水埋深1.5m左右，地下水主要含硫酸盐、氯化物，并且普遍含有苏打。土壤类型主要为白僵土（龟裂碱土），高度碱性，弱度盐化，钙的有效性低，土壤有机质质量分数为3~18g/kg、全氮2.28g/kg、全磷1.58g/kg、碱解氮142.53mg/kg、有效磷88.46g/kg、有效钾212.94mg/kg、有效铁92.50mg/kg、有效锌4.8mg/kg，土壤透气性、通水性差。试验区龟裂碱土土壤剖面明显分出两层，上层为粉质土（0~80cm），下层为沙土（80cm以下）。土层0~40cm容重1.53g/cm，黏粒（<2μm）、砂粒（>50μm）和粉粒（2~50μm）质量分数分别为40.45%、27.05%和32.50%，试验地为2013年新开垦土地，于开垦土地当年施用脱硫石膏。

选用水稻品种'吉特605'，采用拉丁方试验，5次重复。小区面积45m²（5m×9m），试验田四周设置1.5m宽的保护行。试验设置5个处理，CK（对照），不施脱硫石膏；T1处理，施脱硫石膏$1.05×10^4$kg/hm²；T2处理，施脱硫石膏$2.10×10^4$kg/hm²；T3处理，施脱硫石膏$3.15×10^4$kg/hm²；T4处理，施脱硫石膏$4.2×10^4$kg/hm²，每个处理5次重复。小区间作梗隔离，保证单独排灌。试验地用激光平地仪平地后打梗，埂高60cm，宽45cm。在播种前按处理要求平施脱硫石膏，并于5月上旬人工撒播，播种量40kg/亩，各小区单排单灌，其他田间管理按照常规进行。

水稻不同生育时期生长指标的测定采用常规方法进行。水稻收割时分小区实收测产，水稻品质的测定按照行业标准《食用稻品种品质》NY/T 593—2013。将成熟期收获的籽粒置于阴凉通风处自然干燥，主要测定外观品质、加工品质和营养品质。水稻不同生育期土壤理化性质的测定，采用"S"形采样，在每个小区采集表层土壤样品（0~20cm），每个小区采集2个土样，将土样保存在自封袋里直到在实验室风干至恒重。将土样用2mm筛网过筛，按土水比1∶5与蒸馏水混合，充分振荡摇匀并过滤，测定上层清液pH和电导率，并计算碱化度。以脱硫石膏对水稻加工品质的影响。关于气候、土壤和栽培技术等对稻米品质影响的研究报道较多，而不同脱硫石膏施用量对稻米品质影响的研究报道较少。水稻的加工品质由糙米率、精米率和整精米率决定，测定结果显示（表2-20），不同脱硫石膏施用量处理对稻米整精米率、糙米率、精米率均有一定影响，不同脱硫石膏施用量处理对整精米率的影响较大，各处理间的差异均达到显著水平。随着脱硫石膏施用量的增加，尤其是脱硫石膏施用量 $3.15\times10^4 kg/hm^2$ 处理的整精米率明显高于对照（$P<0.05$）；不同年际，稻米的糙米率、精米率都有所提高，但不同处理间未达到显著水平（$P>0.05$）。而脱硫石膏施用量 $3.15\times10^4 kg/hm^2$ 可明显提高稻米的整精米率，随着施用年限的增长，各处理间整精米率呈增加趋势。

表2-20 不同脱硫石膏施用量对水稻加工品质的影响

年份	脱硫石膏施用量/(kg/hm²)	糙米率/%	精米率/%	整精米率/%
2013	0（CK）	79.3 a	72.1 a	52.6 a
	1.05×10⁴	79.5 a	72.8 a	52.7 a
	2.10×10⁴	80.1 b	72.9 a	54.1 b
	3.15×10⁴	78.5 a	71.0 b	55.3 b
	4.20×10⁴	79.6 a	72.8 a	59.7 c
2014	0（CK）	77.8 a	72.1 a	70.6 a
	1.05×10⁴	79.9 a	74.0 a	72.8 a
	2.10×10⁴	81.3 a	73.3 a	69.1 a
	3.15×10⁴	79.4 a	72.1 a	70.5 a
	4.20×10⁴	79.7 a	72.2 a	66.4 b

脱硫石膏对水稻外观品质的影响。水稻的外观品质主要包括透明度、粒长、长宽比、垩白度和垩白粒率，其中垩白度和垩白粒率是两个主要的衡量指标。透明度是指米粒在电光透视下的晶亮程度，由表2-21可以看出，随着脱硫石膏施用量的增加，脱硫石膏施用量对水稻的透明度无影响，这可能是因为透明度主要受遗传因素的影响，外界环境因素对其影响较小。水稻粒长、宽的快速增长期为花后0~6天，长宽比（粒形）形成期为花后15天左右，根据脱硫石膏对水稻外观品质的影响研究可以发现，施用脱硫石膏对水稻粒长和长宽比的影响不显著（$P>0.05$），说明脱硫石膏的作用效果在花后期表现不显著。比较年内和年际脱

硫石膏施用量对水稻外观品质的影响可以发现，年内影响不显著；不同年际，外观品质中的粒长、长宽比、透明度的变化影响不显著，而垩白度和垩白粒率均较上一年有所增加，且增加幅度较明显。究其原因，垩白是受多基因控制的数量性状，受脱硫石膏的影响较大，而透明度、粒长、长宽比受遗传因素的影响，受脱硫石膏的影响不明显（表2-21）。

表2-21　不同脱硫石膏施用量对水稻外观品质的影响

年份	脱硫石膏施用量/ （kg/hm²）	粒长/mm	长宽比	垩白粒率/%	垩白度/%	透明度/级
2013	0（CK）	4.6 a	1.6 a	5 a	1.2 a	2 a
	1.05×10⁴	4.6 a	1.6 a	7 b	1.0 a	2 a
	2.10×10⁴	4.6 a	1.7 b	5 a	1.3 a	2 a
	3.15×10⁴	4.7 a	1.7 b	3 c	0.6 b	2 a
	4.20×10⁴	4.6 a	1.7 b	4 d	1.2 a	2 a
2014	0（CK）	4.7 a	1.7 a	9 a	0.9 a	2 a
	1.05×10⁴	4.6 a	1.7 a	33 d	4.9 c	2 a
	2.10×10⁴	4.7 a	1.7 a	26 c	5.4 d	2 a
	3.15×10⁴	4.7 a	1.7 a	14 b	2.5 b	2 a
	4.20×10⁴	4.7 a	1.7 a	17 b	4.1 c	2 a

脱硫石膏施用量对水稻蒸煮品质的影响。水稻蒸煮品质中的碱消值未受脱硫石膏施用量增加的影响，直链淀粉的含量表现为随着脱硫石膏施用量的增加先减少再增加的趋势，胶稠度随脱硫石膏施用量的增加呈减少的趋势。随着脱硫石膏施用年限的延长，胶稠度与上一年试验结果比较呈现降低的趋势，施用量2.10×10⁴kg/hm²和3.15×10⁴kg/hm²对籽粒直链淀粉含量的影响显著高于对照，说明施用脱硫石膏会引起水稻胶稠度的改变，但是对碱消值和直链淀粉的影响不显著（表2-22）。

表2-22　不同脱硫石膏施用量对水稻蒸煮品质的影响

年份	脱硫石膏施用量 /（kg/hm²）	碱消值/级	胶稠度/mm	直链淀粉/%
2013	0（CK）	7.0 a	78 a	16.5 b
	1.05×10⁴	7.0 a	68 b	16.6 b
	2.10×10⁴	7.0 a	70 a	16.0 b
	3.15×10⁴	7.0 a	68 b	16.1 b
	4.20×10⁴	7.0 a	66 b	16.6 b

续表

年份	脱硫石膏施用量/(kg/hm^2)	蒸煮品质		
		碱消值/级	胶稠度/mm	直链淀粉/%
2014	0（CK）	7.0 a	45 d	16.2 b
	1.05×10^4	7.0 a	48 d	16.0 b
	2.10×10^4	7.0 a	58 c	17.1 a
	3.15×10^4	7.0 a	58 c	17.7 a
	4.20×10^4	7.0 a	72 a	16.5 b

脱硫石膏施用量对水稻营养品质的影响。蛋白质含量是水稻营养品质衡量的主要指标，不同脱硫石膏施用量处理对籽粒蛋白质含量的影响见表2-23，2013年试验结果表明蛋白质含量除 $1.05×10^4$ kg/hm^2 的施用量较对照有所下降，其余施用量处理均较对照上升，2014年试验结果表明蛋白质含量呈下降趋势，比较2013年和2014年水稻蛋白质含量的变化，可以发现随着脱硫石膏施用年限的延长，蛋白质含量较上一年呈下降趋势。

表 2-23 不同脱硫石膏施用量对水稻营养品质的影响

脱硫石膏施用量/(kg/hm^2)	蛋白质质量分数	
	2013 年	2014 年
0	9.1 a	8.2 a
1.05×10^4	8.1 b	7.0 b
2.10×10^4	9.0 a	7.3 b
3.15×10^4	9.3 a	7.3 b
4.20×10^4	9.1 a	7.0 b

脱硫石膏施用量对土壤化学性质的影响。碱性土壤由于胶体中含有过量的代换性钠离子、可溶性碳酸盐（Na_2CO_3、$NaHCO_3$），因而土壤的 pH 高（pH>8.5），土壤黏粒分散，渗透性差，具有很差的物理特性。脱硫石膏改良盐碱地的原理就是利用 Ca^{2+} 对土壤中胶体颗粒的吸附能力比 Na^+ 强，原已吸附的 Na^+ 会被 Ca^{2+} 代换，达到改良盐碱地的目的。随着 Ca^{2+} 代换 Na^+ 过程的反复进行，土壤形成团粒结构，从而使得土壤疏松，透水性增加，有利于农作物生长和对养分的吸收。碱化土壤中 ESP 和 pH 是限制作物生长的两个关键因素。图 2-25 显示了未施用脱硫石膏和脱硫石膏不同施用量土壤 pH 与 ESP 的变化，从图中可以看出，改良后土壤碱化度有很大下降，pH 也有所下降。未施用脱硫石膏土壤 pH 较高

（pH>8.5），施用脱硫石膏后土壤 pH 降低，经过两年的脱硫石膏处理后，土壤 pH 从 9.1 降低到 8.3，说明施用脱硫石膏可以在一定程度上改良盐碱地。土壤 pH 的改变是评价改良效果的一个方面，通过调查土壤 ESP 发现，施用脱硫石膏显著降低了土壤 ESP，与对照相比下降了约 15%。同时，脱硫石膏可以改善土壤的物理结构已有相关报道，因此，施用脱硫石膏可以有效改良盐碱地。

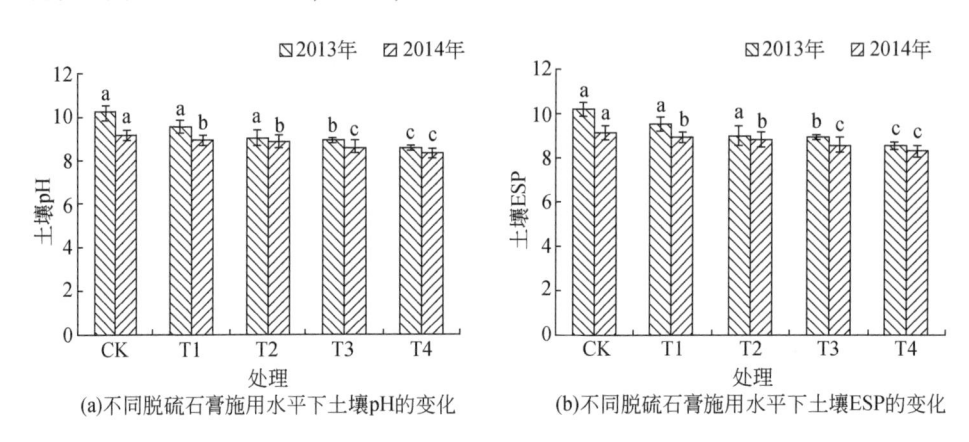

(a)不同脱硫石膏施用水平下土壤pH的变化　　(b)不同脱硫石膏施用水平下土壤ESP的变化

图 2-25　脱硫石膏施用量对土壤 pH 和 ESP 变化的影响

注：CK、T1、T2、T3、T4 分别为施用脱硫石膏 0，$1.05×10^4 kg/hm^2$，$2.10×10^4 kg/hm^2$，$3.15×10^4 kg/hm^2$，$4.20×10^4 kg/hm^2$。不同小写字母表示同一年份不同处理间差异显著（$P<0.05$），下同

脱硫石膏施用量对水稻出苗率的影响。脱硫石膏主要成分为 $CaSO_4$，其性质与天然石膏相类似，含有丰富的 S、Ca、Si 等植物必需或有益的矿质营养。因此，施用脱硫石膏改良碱化土壤可以有效增强植物抗逆性。脱硫石膏在降低土壤碱化度和 pH 的同时，其所含高价离子的介入可降低土壤胶体表面由于负电荷相互排斥而产生的电位势，促进土壤胶体由于相互吸附而凝聚，有利于土壤团粒结构的生成，增加孔隙度，降低土壤容重，提高土壤持水性能，改善作物根系的生长环境，促进作物的生长发育。研究表明脱硫石膏施用量不同，水稻出苗率不同（图 2-26）。

2. 脱硫石膏施用量对水稻产量及其构成因素的影响

水稻产量及其构成因素的测定：齐穗后 7 天每品种调查 40 穴的穗数，计算有效穗数。成熟期每品种取 5 穴植株的穗数，测定穗长（穗颈节到穗的长度，不含芒）、每穗粒数、结实率（风选法），计算实粒千粒重（将实粒用 105℃烘 24h，用感量 0.01g 的电子天平称重，再按照稻谷含水量 13.5% 折算千粒重），计

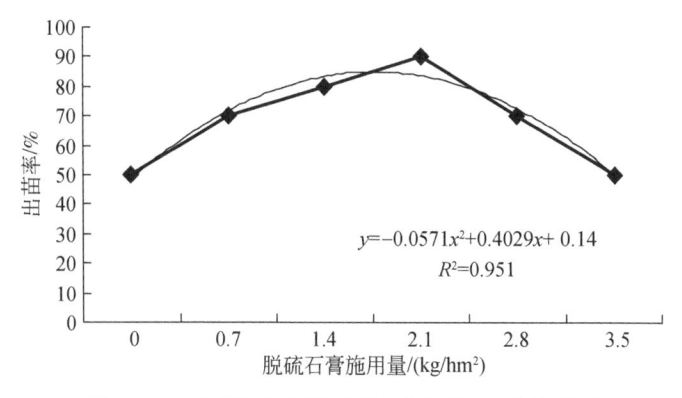

$y=-0.0571x^2+0.4029x+0.14$
$R^2=0.951$

图 2-26 不同脱硫石膏施用量对水稻出苗率的影响

算理论产量。

水稻产量是由多个性状共同作用的结果，已有的研究结果表明，脱硫石膏通过改良土壤团聚体组成和性状、增加钙的集聚、消除钠的毒害和保持植物体营养平衡的方式来改善土壤的理化性质，从而提高作物的产量。进行不同脱硫石膏施用量对水稻产量及其构成因素的影响研究，试验结果表明（图 2-27），随着脱硫石膏施用量的增加，水稻结实率呈现先增加再减小的趋势，千粒重变化不明显，产量呈明显的增加趋势。不同处理间结实率的变化幅度为 63%~70%，千粒重变化幅度为 15.88~17.61g，产量由 2333.3kg/hm² 提高到 3317.4kg/hm²，其中脱硫石膏施用量为 3.15×10^4 kg/hm² 时水稻产量最高。当脱硫石膏施用量增加到 4.20×10^4 kg/hm² 时，水稻产量较 3.15×10^4 kg/hm² 处理呈下降趋势（$P<0.05$）。说明适量施用脱硫石膏对水稻有一定的增产效果。

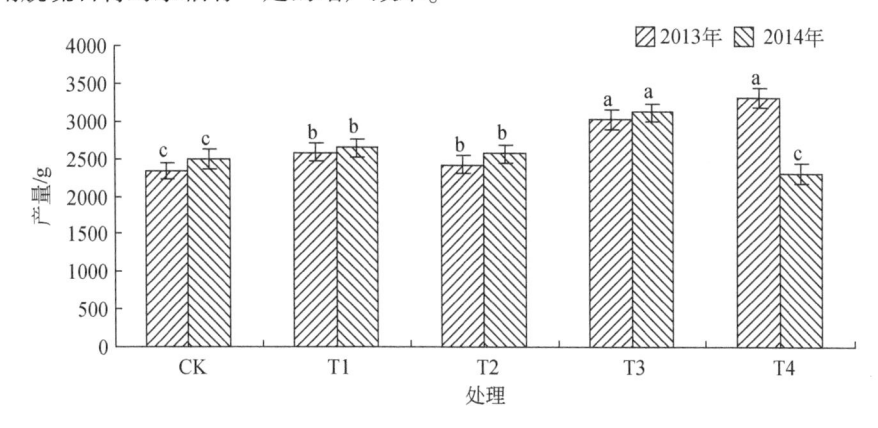

图 2-27 脱硫石膏施用量对水稻产量的影响

千粒重的大小是衡量籽粒大小与灌浆饱满程度的重要指标，影响水稻千粒重大小的两个主要因素是谷壳体积大小和胚乳发育程度，是水稻生育后期的决定因素。由图 2-28 可以看出，脱硫石膏施用量对水稻'吉特 605'千粒重的影响在各处理间差异不显著，推测产量构成因素——千粒重主要受水稻生育时期其他因素的调控。

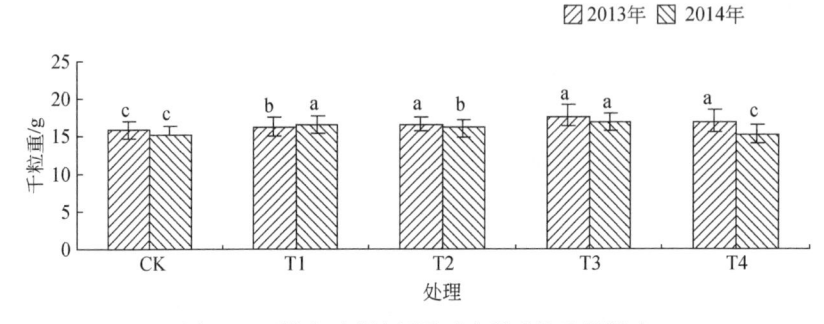

图 2-28 脱硫石膏施用量对水稻千粒重的影响

3. 还田秸秆腐熟对水稻产量及产量构成因素的比较研究

供试作物品种为'富源 4 号'，供试腐熟剂品种为北京沃土天地生物科技有限公司生产的"沃土天地"牌有机物料、广西鸿生源环保科技有限公司生产的"鸿生源"牌秸秆腐熟剂、上海联业农业科技有限公司生产的"谷霖"牌腐秆剂、山东君德生物科技有限公司生产的"君德"牌秸秆腐熟剂、河南农富康生物科技有限公司生产的"农富康"牌 em 菌种。

以施有机肥、秸秆还田不加腐熟剂作为对照（CK），试验共设 5 个处理，分别为秸秆还田+"沃土天地"牌有机物料（A）；秸秆还田+"鸿生源"牌秸秆腐熟剂（B）；秸秆还田+"谷霖"牌腐秆剂（C）；秸秆还田+"君德"牌秸秆腐熟剂（D）；秸秆还田+"农富康"牌 em 菌种（E）。3 次重复，18 个小区，各处理随机排列，小区面积 45m²，单灌、单排，小区间设埂隔离，周围设保护行。

水稻产量及其构成因素的测定：齐穗后 7 天每品种调查 40 穴的穗数，计算有效穗数。成熟期每品种取 5 穴植株的穗数，测定穗长（穗颈节到穗的长度，不含芒）、每穗粒数、结实率（风选法），计算实粒千粒重（将实粒用 105℃烘 24h，用感量 0.01g 的电子天平称重，再按照稻谷含水量 13.5% 折算千粒重），计算理论产量。土壤 pH 的测定采用电位法、全氮采用凯氏法、碱解氮采用碱解扩散法、全磷采用碳酸钠熔融法、有效磷采用碳酸氢钠法、全钾采用氢氧化钠熔融法、速效钾采用火焰光度法、土壤有机质采用容量法测定。

还田秸秆腐熟对水稻不同生育时期生长指标的影响。通过测定水稻不同生育时期的生长指标，结果表明，不同秸秆腐熟剂均可提高水稻不同生育时期的株高和根长，从不同还田秸秆腐熟剂对水稻株高和根长的影响程度来看，"谷霖"牌腐秆剂和"君德"牌秸秆腐熟剂影响较显著（表2-24）。

表2-24　还田秸秆腐熟对水稻不同生育时期生长指标的影响　　　（单位：cm）

腐熟剂品名	生长指标	出苗期	分蘖期	长穗期	结实期
CK	株高	25.6	34.9	52.3	73
	根长	11.3	17.6	21.6	25.3
"沃土天地"牌有机物料	株高	29.8	45.9	63.8	82.4
	根长	16.9	25.3	26.4	28.9
"鸿生源"牌秸秆腐熟剂	株高	24.6	41.9	61.2	83.3
	根长	11.8	22.5	25.3	31.9
"谷霖"牌腐秆剂	株高	35.3	49.8	68.1	85.5
	根长	10.4	26.8	28.4	35.6
"君德"牌秸秆腐熟剂	株高	38.9	48.7	60.5	85.2
	根长	16.4	31.9	36.7	41.2
"农富康"牌em菌种	株高	32.6	39.8	49.6	74
	根长	12.7	29.6	32.5	39.2

还田秸秆腐熟对水稻实际产量的影响。在水稻收获时分小区实收测产，结果表明，秸秆还田+"谷霖"牌腐秆剂处理的产量最高，达到了269.63kg/667m^2，秸秆还田+"鸿生源"牌秸秆腐熟剂和秸秆还田+"君德"牌秸秆腐熟剂的水稻产量次之，均达到263.30kg/667m^2，秸秆还田不加腐熟剂的处理水稻产量相比较最低（图2-29）。

还田秸秆腐熟对土壤化学性质的影响。作物秸秆在微生物作用下分解直接释放氮素从而使固氮作用增强，提高土壤中氮素的含量，同时增加土壤中微生物的含量，促进了土壤微生物的生命活动，加快还田秸秆腐解进程，最终实现对土壤养分含量的有效提升。与试验初始相比，随着试验年份的推进，土壤中有机质、碱解氮、有效磷和速效钾发生了不同程度的减少，而秸秆还田则在一定程度上缓解了土壤养分的下降。2015年试验收获后土壤与对照相比，秸秆还田配施不同品牌秸秆腐熟剂处理对土壤pH的影响不显著，但提高了土壤全氮、碱解氮、速

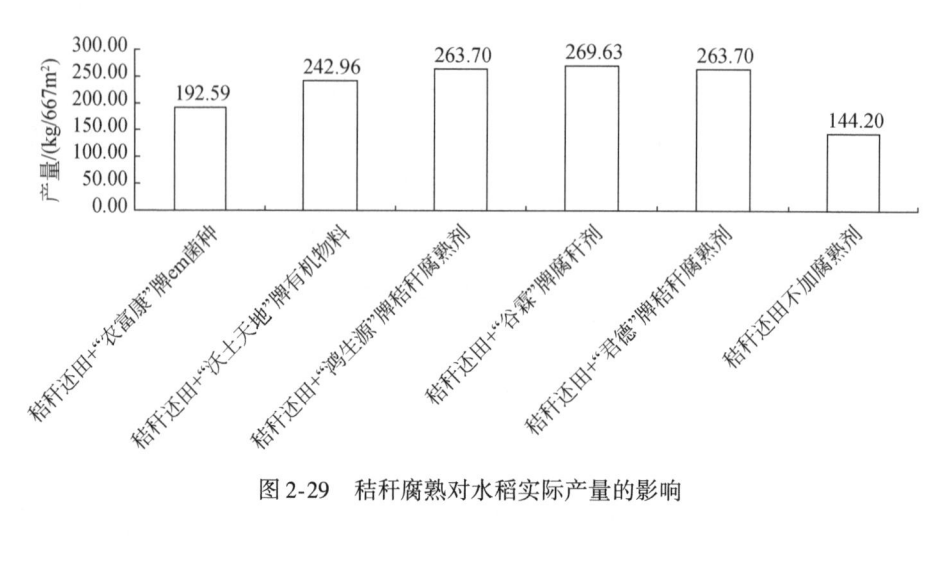

图 2-29 秸秆腐熟对水稻实际产量的影响

效磷、速效钾，降低了土壤全盐含量。其中，土壤全盐含量降低了1.21% ~ 3.01%，以秸秆还田配施"沃土天地"牌有机物料对土壤的改良效果最为显著，秸秆还田配施"农富康"牌秸秆发酵剂效果较差，区组间差异不显著，但各处理与对照相比差异性显著（$P<0.05$）。土壤全氮含量提高了5.88% ~ 44.12%，同样以秸秆还田配施"沃土天地"牌有机物料增加效果最为显著，但各处理间均未达到显著性差异。土壤碱解氮含量提高了2.28% ~ 39.90%，以"君德"牌秸秆腐熟剂处理增加效果最为显著，其次是"沃土天地"牌有机物料处理，但各处理间均未达到显著性差异。研究结果表明，还田秸秆配施秸秆腐熟剂可不同程度地增加土壤养分，且不同品牌间在不同养分成分含量的提高上存在差异，但差异不显著。说明秸秆还田配施多功能秸秆腐熟剂不仅可以缩短秸秆腐熟时间，提高土壤养分，而且还可以降低土壤盐渍化的风险（表2-25）。

表2-25 不同处理土壤化学性质的比较

处理	pH	全氮/(g/kg)	碱解氮/(mg/kg)	全盐/(g/kg)	速效磷/(mg/kg)	碱化度/%	速效钾/(mg/kg)	有机质/(g/kg)
常规还田（CK）	8.83	0.34	26.7	3.32	12.3	35.2	170.6	3.82
"沃土天地"牌有机物料	8.84	0.49	29.6	3.22	1.63	30.4	203.6	4.17
"鸿生源"牌秸秆腐熟剂	8.81	0.46	29.51	3.27	5.24	31.2	104.3	4.74
"谷霖"牌腐秆剂	8.86	0.39	27.63	3.23	1.29	29.9	110.2	2.56
"君德"牌秸秆腐熟剂	8.83	0.36	37.35	3.24	1.03	30.5	125.9	5.96
"农富康"牌秸秆发酵剂	8.85	0.41	27.31	3.28	3.12	29.6	95.0	10.1

还田秸秆腐熟对水稻品质的影响。近年来，研究表明稻米品质性状除了由遗传因素控制外，还受水稻生长期间的环境条件和栽培技术条件的影响。稻米品质指标主要包括：加工品质、外观品质、蒸煮品质和营养品质等。多数研究认为秸秆还田有利于稻米品质的优化，但结论不一。

水稻秸秆还田配施秸秆腐熟剂可明显改善稻米的加工品质和外观品质。测定结果表明（表2-26），不同处理的糙米率、精米率、整精米率都有所提高，而垩白粒率、垩白度都有所降低。尤其是整精米率和垩白度，秸秆还田配施"沃土天地"牌有机物料和秸秆还田配施"谷霖"牌腐秆剂处理间的差异均达到显著水平。秸秆还田配施"鸿生源"牌秸秆腐熟剂也能使整精米率提高，垩白率、垩白度略有降低。

表2-26 不同处理对水稻稻米加工品质和外观品质的影响

年份	处理	加工品质			外观品质				
		糙米率/%	精米率/%	整精米率/%	粒长/mm	长宽比	垩白粒率/%	垩白度/%	透明度/级
2014	常规还田（CK）	75.6	73.2	54.9	4.6	1.5	9	4.9	2
	"沃土天地"牌有机物料	80.8	73.5	55.1	4.6	1.4	7	3.5	2
	"鸿生源"牌秸秆腐熟剂	76.3	73.8	54.9	4.6	1.5	5	2.3	2
	"谷霖"牌腐秆剂	79.9	73.6	55.3	4.7	1.5	3	1.8	2
	"君德"牌秸秆腐熟剂	76.3	73.5	63.2	4.6	1.5	4	2.2	2
	"农富康"牌秸秆发酵剂	77.9	74.3	61.8	4.7	1.5	5	3.9	2
2015	常规还田（CK）	75.6	73.2	56.7	4.7	1.5	9	4.8	2
	"沃土天地"牌有机物料	79.9	73.3	65.8	4.7	1.5	8	3.4	2
	"鸿生源"牌秸秆腐熟剂	76.7	74.2	65.9	4.7	1.5	6	2.5	2
	"谷霖"牌腐秆剂	78.5	74.2	67.8	4.7	1.5	3	3.1	2
	"君德"牌秸秆腐熟剂	77.3	74.3	68.3	4.7	1.5	5	3.5	2
	"农富康"牌秸秆发酵剂	76.6	73.5	70.2	4.7	1.5	9	3.2	2

水稻秸秆还田配施秸秆腐熟剂对稻米的营养品质和蒸煮品质也有一定的影响。测定结果表明（表2-27），秸秆还田配施秸秆腐熟剂使稻米蛋白质含量提高，直链淀粉含量降低，胶稠度变软，稻米品质明显改善；但与不同品牌秸秆腐熟剂对稻米营养品质的影响相比，不同品牌间差异未达到显著水平。

表2-27　水稻秸秆还田配施秸秆腐熟剂对稻米的蒸煮品质和营养品质的影响

年份	处理	蒸煮品质			营养品质
		碱消值/级	胶稠度/mm	直链淀粉/%	蛋白质质量分数/%
2014	常规还田（CK）	7.0	79.3	16.3	6.5
	"沃土天地"牌有机物料	7.0	81.8	16.1	6.5
	"鸿生源"牌秸秆腐熟剂	7.0	80.5	15.9	6.5
	"谷霖"牌腐秆剂	7.0	82.1	16.1	6.7
	"君德"牌秸秆腐熟剂	7.0	80.3	16.2	6.6
	"农富康"牌秸秆发酵剂	7.0	79.5	16.2	6.4
2015	常规还田（CK）	7.0	79.5	16.2	6.5
	"沃土天地"牌有机物料	7.0	85.5	16.1	6.7
	"鸿生源"牌秸秆腐熟剂	7.0	82.3	15.7	6.5
	"谷霖"牌腐秆剂	7.0	81.5	16.0	6.5
	"君德"牌秸秆腐熟剂	7.0	85.4	16.2	6.6
	"农富康"牌秸秆发酵剂	7.0	81.8	16.1	6.5

4. 养蟹稻作技术对水稻不同生育时期生长指标的影响

试验地点为西大滩试验示范基地。水稻品种'富源4号'。采取田间小区试验，以单作水稻（CK，施用农药、化肥及除草剂，即常规栽培）为对照，设1个处理，即稻蟹共作模式（有机肥和化肥配施，施用农药和除草剂且养蟹），各处理2次重复，每小区面积为667m^2，其间筑田埂间隔，小区外围设塑料网，防蟹外逃。水稻生育期各小区单灌单排，按常规生产管理。用6行小型播种机于5月中旬播种，于6月末投放蟹苗，单作水稻模式及稻蟹共作模式处理均投放75只，每只约重20g，蟹苗投放的前1个月每2天向各处理投放蟹料0.25kg（蟹料为煮熟玉米和黄豆，且按1:1比例投加），随着河蟹不断地蜕壳变大，到7月末每天投放蟹料1kg，9月中旬收成蟹；10月初收获水稻，单打单收。每小区选取5穴考种测产，收割时测实产。

养蟹稻作技术对水稻不同生育时期生长指标的影响。利用生态学原理，稻田养蟹可以起到除草除虫、疏松土壤的作用，同时螃蟹的粪便又可作为水稻的有机肥料，更为重要的是稻田养蟹能够提高水稻品质。为了解稻田养蟹对盐碱地水稻品质的影响，采用单作水稻模式和稻蟹共作模式研究养蟹稻作技术对水稻产量、河蟹产量及稻米品质的改善效果。比较了两种模式下水稻的生长指标，由表2-28可以看出，两种稻蟹种养模式下，稻蟹共作模式对水稻的株高和根长的影响较单作水稻模式作用明显。

表2-28　养蟹稻作技术对水稻不同生育时期生长指标的影响（单位：cm）

模式	生长指标	不同生育时期			
		出苗期	分蘖期	长穗期	结实期
单作水稻模式	株高	21.6	29.3	36.3	68
	根长	9.3	13.6	18.6	26.9
稻蟹共作模式	株高	23.3	35.9	42.8	72.4
	根长	12.9	18.5	26.4	31.2

养蟹稻作技术对水稻品质的影响。稻田养蟹是根据稻蟹共生互利原理进行的，可充分发挥稻田面积和水域空间，发挥土地资源潜能，发展无公害优质稻米生产和水产养殖，提高种植业和养殖业经济效益。由表2-29可以看出，稻田养蟹模式的稻米品质较单作水稻模式得到不同程度的改善，稻米的糙米率、精米率及整精米率均有提高，稻米的垩白粒率和垩白度显著降低，因此，稻田养蟹模式生产可在一定程度上改善稻米品质，为优质稻米的生产提供一条较好的生态技术途径。

表2-29　养蟹稻作技术对水稻品质的影响

不同模式	碾米品质			外观品质				蒸煮品质			营养品质
	糙米率/%	精米率/%	整精米率/%	粒长/mm	长宽比	垩白粒率/%	垩白度/%	透明度/级	碱消值/级	胶稠度/mm	直链淀粉/%	蛋白质/%
单作水稻模式	79.6	71.9	70.3	4.9	1.8	24	3.0	1	7.0	62	16.7	7.4
稻田养蟹模式	80.8	73.1	72.1	4.8	1.8	19	2.2	1	7.0	67	17.0	7.1

5. 土壤盐分对水稻品质的影响研究

试验处理取含盐量为0.05%的自然盐碱土作为对照，在此基础上以$NaCl:Na_2SO_4=2:1$的盐分比例添加不同盐分，形成依次为0.05%、0.1%、0.2%、0.3%、0.4%的盐分梯度处理，共计5个处理，每个处理重复3次。试验地点：

西大滩盐碱地改良试验站。试验设计：采用盆栽试验。栽盆规格：宽×高＝33.5cm×25cm。试验品种：水稻品种选择'吉粳105'。

测定土壤理化性状（pH、全盐、碱化度、盐分离子含量、土壤养分含量）；水稻生长指标（株高、生物量、光合指标）；水稻产量性状（每株穗数、每穗粒数、千粒重、产量）；水稻品质（垩白粒率、直链淀粉、蛋白质含量）。

盐分胁迫对水稻生长表型的影响。盆栽试验采用插秧的方法种植水稻，对分蘖初期的幼苗进行不同盐分胁迫，从图2-30中可以看到，胁迫后的水稻随着盐分的加重，长势由强变弱，说明盐分越高对水稻的长势影响越大。

图2-30 盐分胁迫对水稻表型的影响

盐分胁迫对水稻株高的影响。由图2-31可知，与对照（土壤含盐量0.05%）相比，土壤含盐量在0.1%～0.2%时，对水稻株高几乎未造成影响；土壤含盐量在0.3%～0.4%时，对水稻株高略有影响，株高下降了4～5cm。尽管随着土壤盐分的增加，水稻株高有下降趋势，但盐分胁迫对株高的影响不显著。

盐分胁迫对水稻植株干重的影响。由图2-32可知，与对照（土壤含盐量0.05%）相比，0.1%的土壤盐分胁迫非但没有引起水稻植株干重的下降，反而增加了植株的干重，但增加不明显；随着土壤盐分的增加，水稻植株干重下降明显，土壤盐分为0.2%时，植株干重下降了10g；土壤盐分为0.3%～0.4%时，植株干重下降了15～18g。说明低浓度的土壤盐分（0.05%～0.1%）对水稻后

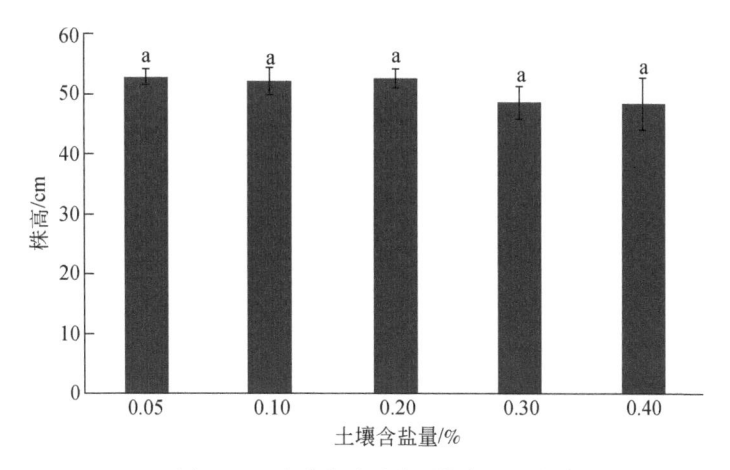

图 2-31 盐分胁迫对水稻株高的影响

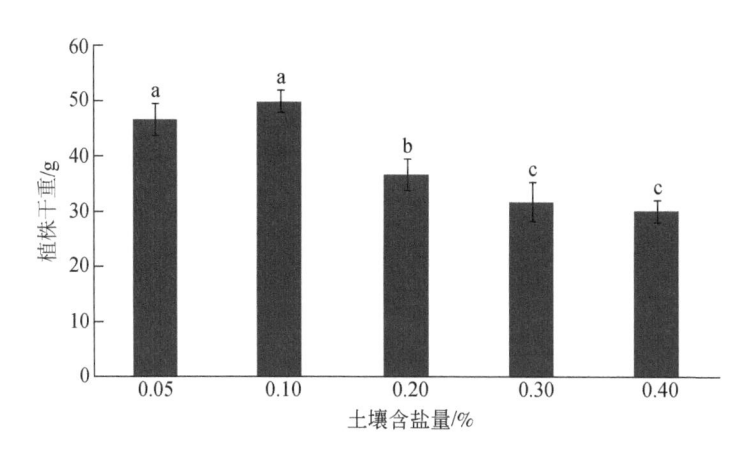

图 2-32 盐分胁迫对水稻植株干重的影响

期干物质的积累没有影响，高浓度的土壤盐分（0.2%~0.4%）对水稻后期干物质积累的影响比较显著。

盐分胁迫对水稻产量和产量构成因素的影响。试验表明，随着土壤盐分浓度增加，水稻产量和产量构成因素均有下降。低浓度盐分处理（0.1%）与对照（0.05%）相比，除了每穗粒数外，每株穗数、千粒重和产量均无明显变化；较高浓度盐分处理（0.2%~0.4%）与对照（0.05%）相比，除了每株穗数变化不明显外，每穗粒数、千粒重和产量均有明显变化，高浓度盐分造成了水稻产量和产量构成因素的明显下降（表2-30）。说明低浓度的土壤盐分（0.05%~0.1%）对水稻产量和产量构成因素影响不大，高浓度的土壤盐分（0.2%~

0.4%）对水稻后期干物质积累的影响比较显著。

表 2-30 盐分胁迫对产量和产量构成因素的影响

盐分处理/%	每株穗数	每穗粒数	千粒重/g	产量/株
0.05	7.44abA	9.12bB	23.15aA	25.97aA
0.10	8.22aA	11.67aA	23.40aA	26.77aA
0.20	6.78abA	7.39cdBC	20.26bB	14.00bB
0.30	6.44bA	8.22bcBC	17.86cC	11.42bB
0.40	5.89bB	6.39dC	15.13dD	10.13bB

注：表中小写字母表示差异达5%显著水平，大写字母表示差异达1%显著水平，下同

盐分胁迫对水稻垩白粒率的影响。垩白被认为是一种不良的品质性状，是籽粒结构上的一种缺陷。垩白不但影响了稻米外观品质，也影响了碾米品质。由图 2-33 可知，与对照（土壤含盐量 0.05%）相比，0.1% 的土壤盐分胁迫引起了水稻垩白粒率的增加，但增加不明显；当土壤盐分增加至 0.2% 时，水稻垩白粒率增加明显；随着土壤盐分的不断增加，水稻垩白粒率依次增加。说明一定浓度的土壤盐分（0.05%~0.1%）对水稻垩白粒率并没有造成不良影响，高浓度的土壤盐分（0.2%~0.4%）明显增加了水稻籽粒的垩白粒率，严重影响了水稻的外观品质。

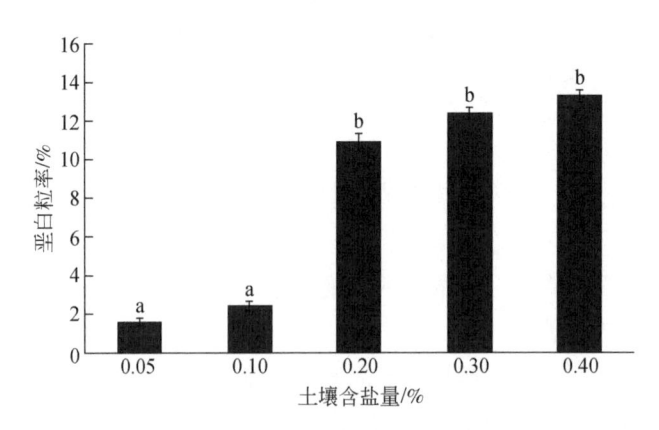

图 2-33 盐分胁迫对水稻垩白粒率的影响

盐分胁迫对水稻直链淀粉含量的影响。稻米淀粉包含直链淀粉和支链淀粉两种类型。它们的组成比例对米饭的蒸煮食味品质有着决定性的影响。直链淀粉含量则是反映这一组成比例的参数。由图 2-34 可知，随着土壤盐分不断增加，水

稻直链淀粉依次增加，与对照（土壤含盐量0.05%）相比，各浓度盐分胁迫下的直链淀粉含量增加的差异不显著。说明土壤盐分在0.05%~0.4%时，对水稻直链淀粉含量影响较小，即将来并不会影响米饭的蒸煮食味品质。

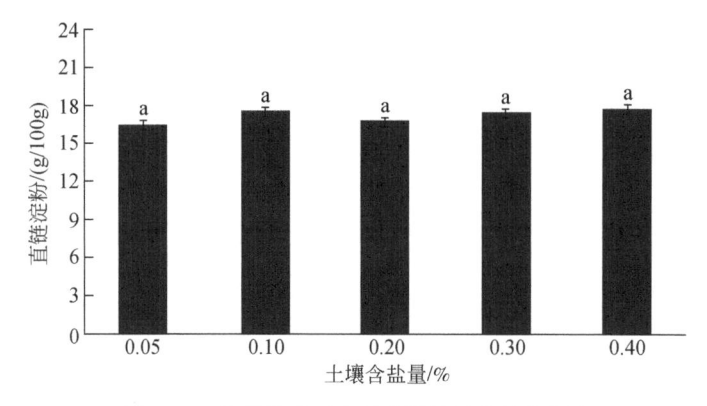

图2-34 盐分胁迫对水稻直链淀粉含量的影响

盐分胁迫对水稻蛋白质含量的影响。稻米是人体蛋白质的重要来源。稻米蛋白质的含量及质量直接关系到人民群众的健康水平。蛋白质含量的高低，是反映稻米营养品质的主要标志。从图2-35可以看出，随着土壤盐分浓度的增加，水稻籽粒中蛋白质含量均表现增加。与对照（土壤含盐量0.05%）相比，0.1%的土壤盐分胁迫虽引起了水稻蛋白质含量的增加，但增加幅度不明显；当土壤盐分浓度增加至0.2%时，水稻籽粒中蛋白质含量增加明显，增加幅度为27%；当土壤盐分浓度增加至0.4%时，籽粒中蛋白质含量增幅达最大值，为53%。说明水稻处于逆境条件下，即一定浓度的土壤盐分（0.2%~0.4%）胁迫虽然抑制了水稻的生长，降低了水稻产量，但增加了水稻籽粒中的蛋白质含量，提高了水稻的营养品质。

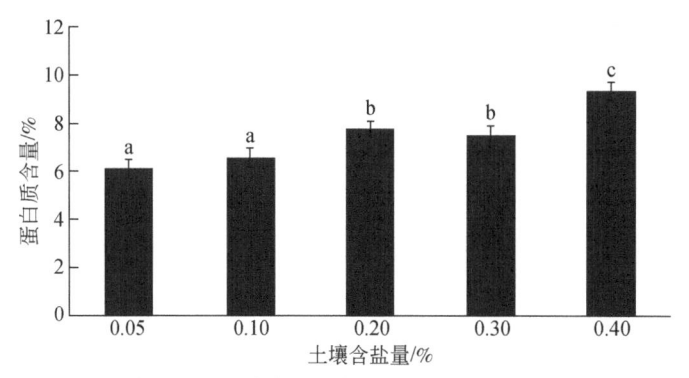

图2-35 盐分胁迫对水稻蛋白质含量的影响

盐分胁迫对水稻的生长发育、产量及品质均造成了一定的影响。土壤盐分在0.05%~0.1%时，对水稻的生长发育影响较小，对水稻的产量和品质具有轻微的促进作用；土壤盐分在0.1%~0.4%时，严重影响了水稻的生长发育，虽降低了水稻的产量，影响了水稻的外观品质，却提高了水稻的营养品质。

2.4.3 脱硫石膏改良盐碱地油葵栽培技术

1. 碱化土壤油用向日葵肥料效应与油籽品质关系研究

(1) 油葵品质对土壤盐分含量的响应研究

探明土壤盐分含量与盐碱地油葵品质形成的关系，可为盐碱地高品质油葵种植提供技术依据。采用盆栽试验室外培养的方法，试验布置于宁夏平罗县西大滩盐碱地改良试验示范基地，试验所需土壤盐分含量进行人工化学试剂配制。

单因素盆栽试验，根据宁夏西大滩盐碱地土壤盐离子组成特点和土壤 Cl^-/HCO_3^-值，采用化学纯的 $NaCl$、$NaHCO_3$ 试剂与土壤混合，配制成不同含盐量的供试土壤，试验设10个土壤含盐量处理，分别为处理1（对照）、处理2（1.5g/kg）、处理3（2.0g/kg）、处理4（2.5g/kg）、处理5（3.0g/kg）、处理6（3.5g/kg）、处理7（4.0g/kg）、处理8（5.0g/kg）、处理9（6.0g/kg）和处理10（7.0g/kg）。每处理5次重复，共种植50个花盆。

试验选用特大号的陶土花盆，花盆直径不小于100cm，高不低于60cm。将盆埋入田间（试验地内），四周用土填实，使之尽量与田间状况相似。所填供试土壤容重为 $1.40g/cm^3$，填土后按照大田种植株行距播种油葵。供试油葵品种为'T562'。试验进行中灌水、中耕、施肥尽可能与大田操作一致。

于试验前、苗期、现蕾期、开花期和成熟期分别采集0~20cm、20~40cm、40~60cm土层分析化验土壤理化性质。化验指标包括土壤容重、土壤孔隙度、土壤全盐及分盐、土壤pH、土壤阳离子交换量、土壤交换性钠、总碱度、有机质、全氮、全磷、全钾，记录灌水时期、灌水量。

作物生长发育状况包括出苗率、株高、植株生物量、茎长、根数、根长、叶面积、植株干鲜重、产量、千粒重等。作物生理指标测定根系和叶片含水量、水势；根系和叶片脯氨酸含量、可溶性糖含量及 Na^+、K^+、Ca^{2+} 等含量；光合速率、光合效率、蒸腾效率、气孔开张度、叶片温度、根系活力、活性氧；叶片和根系 MDA、H_2O_2、O_2^- 含量及 SOD、POD、CAT 活性；用 C 同位素法测定植物水分利用效率。产量与品质测定千粒重、盘径、空秕率、籽粒粗脂肪含量、粗蛋白质含量、亚油酸含量、油酸含量、棕榈酸含量、硬脂酸含量、亚麻酸含量。

（2）水肥调控措施对盐碱地油葵品质的影响研究

探明不同灌水措施和氮肥用量对脱硫石膏改良盐碱地种植油葵品质的影响，可为盐碱地油葵品质提高提供技术依据。田间试验布置于宁夏平罗县西大滩前进农场二站七队宁夏大学盐碱地改良综合试验示范基地 A 区，试验田为 2010 年经脱硫石膏改良的盐碱荒地。

二因素组合试验，A 因素为不同灌水方式，分为 3 个水平，B 因素分为 3 个不同的氮肥施用水平。具体试验处理如表 2-31 所示。共计 9 个处理，每个处理 3 次重复，田间试验小区 27 个，小区面积 48m²（8m×6m），小区间距 1m，保护行宽 4m，采用随机区组布置。播种前底肥施用磷酸二铵，磷酸二铵中含 N 18%，随播种时一起施入。追肥用尿素，尿素中含 N 46.4%，灌水前进行表面撒肥（表 2-31）。

表 2-31 不同灌水措施和氮肥用量处理设计表

处理	A 因素	B 因素
T₁	常规灌溉方式：现蕾期、始花期、灌浆期各灌水 1 次，每次灌水 70m³，灌水总量 210m³	底肥施氮 7.2kg/667m²；追肥施氮 3.8kg/667m²
T₂	常规灌溉方式：现蕾期、始花期、灌浆期各灌水 1 次，每次灌水 70m³，灌水总量 210m³	底肥施氮 7.2kg/667m²；追肥施氮 1.9kg/667m²
T₃	常规灌溉方式：现蕾期、始花期、灌浆期各灌水 1 次，每次灌水 70m³，灌水总量 210m³	底肥施氮 7.2kg/667m²；追肥施氮 0
T₄	节水灌溉方式一：现蕾期、始花期、灌浆期各灌水 1 次，每次灌水 55m³，灌水总量 165m³	底肥施氮 7.2kg/667m²；追肥施氮 3.8kg/667m²
T₅	节水灌溉方式一：现蕾期、始花期、灌浆期各灌水 1 次，每次灌水 55m³，灌水总量 165m³	底肥施氮 7.2kg/667m²；追肥施氮 1.9kg/667m²
T₆	节水灌溉方式一：现蕾期、始花期、灌浆期各灌水 1 次，每次灌水 55m³，灌水总量 165m³	底肥施氮 7.2kg/667m²；追肥施氮 0
T₇	节水灌溉方式二：现蕾期、始花期、灌浆期各灌水 1 次，每次灌水 40m³，灌水总量 120m³	底肥施氮 7.2kg/667m²；追肥施氮 3.8kg/667m²
T₈	节水灌溉方式二：现蕾期、始花期、灌浆期各灌水 1 次，每次灌水 40m³，灌水总量 120m³	底肥施氮 7.2kg/667m²；追肥施氮 1.9kg/667m²
T₉	节水灌溉方式二：现蕾期、始花期、灌浆期各灌水 1 次，每次灌水 40m³，灌水总量 120m³	底肥施氮 7.2kg/667m²；追肥施氮 0

试验田为 2010 年经脱硫石膏改良的盐碱荒地,已连续种植 4 年。试验前一年的秋季耕翻后用激光平地仪平地,平地后翻耕后灌冬水 1 次。开春后 4 月下旬采用机械点播机精量播种,播种量 0.5kg/667m², 行距 50cm, 株距 25~30cm, 以磷酸二铵作为底肥。在油葵苗期、花期、现蕾期进行中耕与施肥,等待油葵出苗后,在小区间筑埂,田埂高 20~25cm, 每个小区四周在 1m 深度范围内用塑料膜将其分隔,以防发生水分、养分的侧渗。各个小区设计为单排单灌,灌溉采用柴油机水泵从渠道取水,并安装水表计量灌溉水量。

于试验前、苗期、现蕾期、开花期和成熟期分别采集 0~20cm、20~40cm、40~60cm、60~80cm、80~100cm 土层分析化验土壤理化性质;化验指标包括土壤容重、土壤孔隙度、土壤全盐及分盐、土壤 pH、土壤阳离子交换量、土壤交换性钠、总碱度、有机质、全氮、全磷、全钾,记录灌水时期、灌水量。

作物生长发育状况测定:包括出苗率、株高、植株生物量、茎长、根数、根长、叶面积、植株干鲜重、产量、千粒重等。作物生理指标测定根系和叶片含水量、水势;根系和叶片脯氨酸含量、可溶性糖含量和 Na^+、K^+、Ca^{2+} 等含量;光合速率、光合效率、蒸腾效率、气孔开张度、叶片温度、根系活力、活性氧;叶片和根系 MDA、H_2O_2、O_2^- 含量及 SOD、POD、CAT 活性;用 C 同位素法测定植物水分利用效率。产量与品质测定千粒重、盘径、空秕率、籽粒粗脂肪含量、粗蛋白质含量、亚油酸含量、油酸含量、棕榈酸含量、硬脂酸含量、亚麻酸含量等。

在中度碱化土壤(碱化度≥15%)条件下,设置油用向日葵氮磷钾肥效试验,测定油用向日葵籽实含油率及其脂肪酸(棕榈、油酸、亚油酸、硬脂酸、亚麻酸)含量和蛋白质含量,研究碱化条件下氮磷钾肥肥效、氮磷钾肥对油籽品质的影响,探讨碱胁迫条件下油用向日葵养分吸收与油脂品质的关系,为碱地调控施肥、提高油用向日葵籽实品质提供科学依据。

前进农场(106°22′50″E,38°48′18′N,海拔 1076m),西邻贺兰山麓洪积平原,东临黄河冲积平原,地势西高东低,地形平坦。属于温带大陆季风气候,干旱少雨,年降水量在 180~220mm,降水主要集中在 7 月、8 月、9 月 3 个月中,年蒸发量在 1755~2000mm,年日照时数 2800~3200h,无霜期 150 天,昼夜温差较大。地下水位较浅,2.5m 左右,地下水矿化度 3g/L,主要成分:氯化物、硫酸盐、少量的碳酸钠。西大滩是我国典型的龟裂碱土,当地农民俗称"白僵土",降雨时水肥流失,同时盐分随水分下移,干旱时盐分聚集在地表,土壤在脱盐与积盐交替过程中,造成土壤碱化。因此,该类型土壤不适合种植,多为低产田或者撂荒田。土壤主要理化性状见表2-32。

表2-32 供试土壤主要理化性状

土层深度/cm	有机质/(g/kg)	全氮/(g/kg)	碱解氮/(mg/kg)	速效磷/(mg/kg)	速效钾/(mg/kg)	pH	碱化度/%
0~30	6.32	0.39	28.65	5.77	240.28	9.09	23.6
30~60	5.04	0.30	24.19	2.96	214.65	9.14	29.8

试验设6个处理：①NPK. 氮、磷、钾肥配合施用；②PK. 不施氮肥；③NK. 不施磷肥；④NP. 不施钾肥；⑤CK. 空白对照；⑥有机肥处理。其中各处理具体施肥量见表2-33。小区面积42m²，3次重复，随机区组排列，试验区净面积42m²×6×3=756m²，加上试验区保护行和走道共2.0亩。

表2-33 油用向日葵氮磷钾与生物有机肥肥效试验设计方案

处理		施肥量/(kg/667m²)			氮肥分配/(kg/667m²)	
		N	P_2O_5	K_2O	基肥（70%）	追肥（30%）
CK	$N_0P_0K_0$	0	0	0	0	0
NP	$N_0P_2K_2$	0	6	4	0	0
PK	$N_2P_0K_2$	14	0	4	9.8	4.2
NK	$N_2P_2K_0$	14	6	0	9.8	4.2
NPK	$N_2P_2K_2$	14	6	4	9.8	4.2
有机肥	有机肥	/	400kg	/	/	/

油葵品种'T8221'，系中熟油葵一代杂交种，其特性为耐水肥、耐盐碱、抗倒伏、整齐度好、抗病性强。春播生育期108天左右，夏播生育期93天左右，较'G101'晚熟3天左右；株高160~170cm，倾斜度3级，叶片上冲，呈塔形分布，盘径22cm左右，结实率高，适合密植；千粒重约62g，皮壳率约18%，籽实含油率约49%。

供试肥料为尿素（N 46%）、重过磷酸钙（P_2O_5 46%）、硫酸钾（K_2O 33%）、有机肥（有机质≥45%，N-P_2O_5-K_2O≥5%）。种植行距60cm，株距25cm，小区面积为6m×7m=42m²，每小区12行，每行24株，共288株，种植密度4447株/667m²。

磷肥、钾肥、70%氮肥、有机肥基施，在油葵播种前结合整地撒施后旋耕入土（旋深 10~15cm）。追肥在现蕾期（6~8 对真叶）追施氮肥（占总施氮量的 30%），氮肥穴施（深 7~10cm），施肥后立即灌水。在现蕾期叶面喷施 0.2% 硼砂（内含 1% 尿素溶液）1~2 次，每周 1 次，每次喷液 100kg/667m²。花期喷洒尿素和磷酸二氢钾溶液（0.2%）1 次（表 2-34）。

表 2-34 油用向日葵氮磷钾与生物有机肥肥效试验实施方案

处理		施肥量/(kg/42m²)			氮肥分配（N）/(kg/42m²)	
		尿素	重钙	硫酸钾	基肥（70%）	追肥（30%）
CK	$N_0P_0K_0$	0	0	0	0	0
NP	$N_0P_2K_2$	0	1.17	0.76	0	0
PK	$N_2P_0K_2$	1.92	0	0.76	1.342	0.578
NK	$N_2P_2K_0$	1.92	1.17	0	1.342	0.578
NPK	$N_2P_2K_2$	1.92	1.17	0.76	1.342	0.578
有机肥	有机肥	—	25.2kg	—	—	—

采集田间土样，划分试验小区，播种 3 天后下雨，碱化土壤下雨时，地面泥泞，阳光暴晒后，土壤表面板结，出现典型的龟裂板块，严重影响出苗。由于土壤板结，油葵籽出芽后不能正常顶土露芽，为保证油葵出苗率，按照小区每行破土。一对真叶间苗，每穴留苗 2 株，两对真叶定苗，每穴留苗 1 株，田间芦苇等杂草长势良好，每隔 10 天拔草 1 次，五对叶时中耕除杂草，按照小区打田埂，田间走道修水渠，按小区灌水，防止肥料随水窜动，影响肥料试验效果。进行追肥保证油葵对肥料的需求，分小区进行收获、采集土样。

灌水量 200m³，大水漫灌，分 3 次灌溉：六对叶期、现蕾期、盛花期各灌水 1 次。

在整地后施肥前（2015 年 4 月 20 日前），按照试验田块多点采集混合土样，采集土壤深度分别为 0~30cm、30~60cm。采取梅花形等间距取 9 钻等量土样，同层次混合作为 1 个混合样，共计 2 个土样，样品量为 1.5kg，带回实验室，采用四分法立即分为两部分，3/4 样品经风干、过筛处理，测定土壤有机质（重铬酸钾容量法-外加热法）、全氮（半微量凯氏定氮法）、碱解氮（改良后的碱解扩散法）、全磷（$HClO_4$-H_2SO_4-钼锑抗比色法）、有效磷（0.5mol/l $NaHCO_3$-钼锑抗比色法）、速效钾（NH_4OAc 浸提-火焰光度法）、pH（酸度计法）、全盐（电导法）、碱化度（乙酸铵-氢氧化铵-火焰光度法、乙酸钠-火焰光度法）；1/4 鲜样测定硝态氮含量（还原蒸馏法）。容重样品：按照 0~30cm、30~60cm，采用环刀分别采集土壤原状样品，测定土壤容重。水稳性团聚体样品：按照 0～30cm、30～60cm，分别采集土壤原状样品，塑料袋包装带回实验室，立即测定水稳性团聚体。土壤自然含水率样品：按照 0～30cm、30～60cm，采用铝盒分别采集；带回实验室立即测定土壤自然含水量。

油葵成熟收获后，按照小区立即采集土壤样品（0～30cm、30～60cm），主要测定土壤碱解氮、有效磷、速效钾、全氮、全磷、硝态氮含量；pH、全盐（电导法）、土壤容重、水稳性团聚体和土壤自然含水量。

植株样品采集：田间幼苗出齐时（出苗90%以上）第 1 次采样，之后每隔 10 天取样 1 次。将区组 I 作为采样测定区组，按照小区随机采集，每小区随机采集植株样品（完整植株，包括根系）10 株，之后每次随机取样 5 株，分小区包装，送回实验室，测定不同器官鲜重、干重和氮、磷、钾含量。

植株干物质测定方法：每次取样带回实验室的植株样品，首先冲洗根系上黏附的泥土，用水分别冲洗干净，用滤纸吸干后，按照不同器官（根、茎、叶、空盘、籽实）剪开，用滤纸吸干后，立即分别称量鲜重；将各器官剪成小段或薄片，无损失放入已恒重的大烧杯中，置于烘箱，在 105℃ 条件下杀青，烘 30min，然后将温度降至65℃条件下烘 12～14h，冷却，称重；再用相同方法烘干2h，再称重，至恒重为止。

植株 N、P、K 含量测定方法：经65℃条件下烘干的植株不同器官样品，分别粉碎，全部通过1mm筛，同时测定氮、磷、钾含量。植株样品采用 H_2SO_4-H_2O_2 消煮，半微量凯氏定氮法测定全氮含量，钒钼黄比色法测定全磷含量，火焰光度计法测定全钾含量，以烘干质量为基础计算氮磷钾养分含量。

油葵籽粒品质测定：成熟期籽实去皮，分别测定粗蛋白质、粗脂肪、脂肪酸组分（油酸、亚油酸、亚麻酸、棕榈酸、硬脂酸、棕榈油酸）含量。

测定方法：蛋白质采用杜马斯燃烧法（SN/T2115—2008）；粗脂肪采用索氏抽提法（GB/T5521—2008）；脂肪酸组分测定中脂肪酸甲酯的制备——酯交换法（GB/T17376—2008），脂肪酸甲酯测定——气相色谱法（GB/T17377—2008）。

从表 2-35 可以看出，播种 12 天左右开始出苗，由于播种后降雨，田间土壤板结，阻碍油葵出苗，破土后油葵出苗正常。苗期 55 天左右，苗期各施肥处理田间生长差异不显著。六对叶期第一次灌水，现蕾期 13 天左右，不施肥、缺氮、有机肥处理油葵叶片发黄、茎秆细，施肥处理油葵叶片浓绿、茎秆粗、根系发达；开花期 15 天左右，不施肥、缺氮、有机肥处理花盘小，叶片黄化明显，施肥处理花盘大、花鲜艳，叶片浓绿；成熟期 30 天左右，不施肥、缺氮、有机肥处理油葵植株盘直径大小、籽粒饱实情况与施肥处理差异明显，油用向日葵整个生育时期为126天左右。

表2-35 油葵生育时期的记载

日期（月/日）	4/23	5/5	5/27	6/7	6/17	6/25~7/8	7/9~7/24	7/25~8/24
生育时期	播种	出苗	三对叶期	五对叶期	七对叶期	现蕾期	开花期	成熟期

向日葵成熟时收获，按照小区实产实获，人工脱粒，经风干，记录每小区籽实实产，折算为亩产。

植株养分吸收累积量的计算：各器官干物质重量乘以相应氮（N）、磷（P）、钾（K）含量（%）即得N、P、K吸收量，然后将P、K分别乘以2.2914、1.2046换算为P_2O_5、K_2O，各器官相加即为整株N、P_2O_5、K_2O养分吸收累积量。

土壤养分供应量=不施肥区作物养分吸收积累量（$kg/667m^2$）。

有机肥养分供应量=施有机肥区作物养分吸收积累量−不施有机肥区作物养分吸收积累量（$kg/667m^2$）。

氮肥利用率(%)=（施氮肥区作物养分含量−不施氮肥区作物吸收养分含量）×100/氮肥施肥量。

磷肥利用率(%)=（施磷肥区作物养分含量−不施磷肥区作物吸收养分含量）×100/磷肥施肥量。

钾肥利用率(%)=（施钾肥区作物养分含量−不施钾肥区作物吸收养分含量）×100/钾肥施肥量。

氮肥的农艺效率(kg/kg)=（施氮肥区的产量−不施氮肥区的产量）/施肥量。

磷肥的农艺效率(kg/kg)=（施磷肥区的产量−不施磷肥区的产量）/施肥量。

钾肥的农艺效率(kg/kg)=（施钾肥区的产量−不施钾肥区的产量）/施肥量。

氮肥的生理效率(kg/kg)=（施氮肥区的产量−不施氮肥区的产量）/（施氮肥区植物吸收的养分−不施氮肥区植物吸收的养分）。

磷肥的生理效率(kg/kg)=（施磷肥区的产量−不施磷肥区的产量）/（施磷肥区植物吸收的养分−不施磷肥区植物吸收的养分）。

钾肥的生理效率（kg/kg）=（施钾肥区的产量−不施钾肥区的产量）/（施钾肥区植物吸收的养分−不施钾肥区植物吸收的养分）。

生产100kg籽实所需氮量=单株油葵不同器官所吸收氮养分总量×100/单株

油葵籽实干重。

生产 100kg 籽实所需磷量＝单株油葵不同器官所吸收磷养分总量×100/单株油葵籽实干重。

生产 100kg 籽实所需钾量＝单株油葵不同器官所吸收钾养分总量×100/单株油葵籽实干重。

试验数据用 SPSS、SAS、Curve Expert 1.4 统计软件分析。

2. 不同施肥处理对油葵株高与茎粗的影响

从图 2-36、图 2-37 可以看出，不同施肥处理下油葵株高和茎粗动态变化呈"S"形曲线，符合 Logistic 生长函数，拟合系数分别为 0.9932～0.9978 和 0.9948～0.9985。NK 处理油葵株高最高达 127.4cm，相对 NPK 处理增高 6.9%，PK 处理相对 NPK 处理增高 5.5%，NP 处理相对 NPK 处理增高 1.1%。NPK 处理油葵茎粗最大达 20.55mm，缺磷、钾对茎粗影响不显著，缺氮处理油葵茎粗 16.92mm，相对 NPK 处理下降 17.7%。说明缺氮、磷、钾油葵株高增高，茎粗下降，氮、磷、钾肥平衡施用油葵植株茎粗壮，株高适中，可防止倒伏。

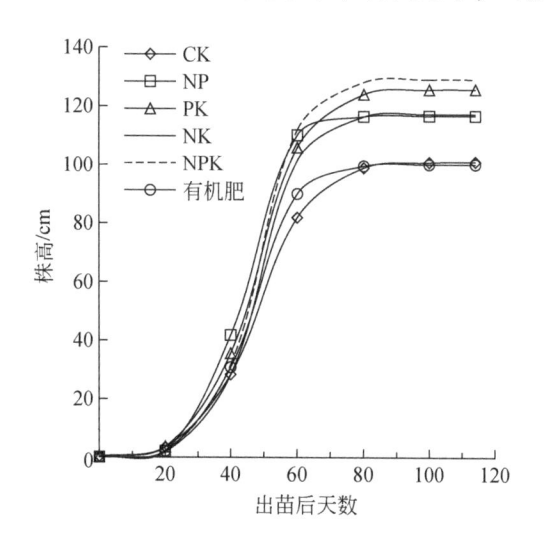

图 2-36　不同施肥处理下油葵株高变化

3. 不同施肥处理对油葵植株干物质的影响

在不同施肥处理下，统计分析油葵植株不同生育时期干物质积累量。结果表明（图 2-38），油葵单株干物质积累量呈"S"形变化曲线，符合 Logistic 模型，

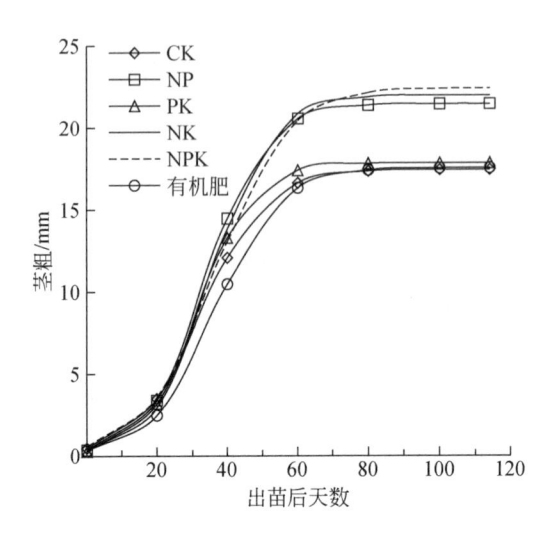

图 2-37　不同施肥处理下油葵茎粗变化

拟合系数为 0.9923 ~ 0.9977。NPK 处理干物质积累量最高，全生育期为 244.53g/株，PK 处理油葵植株干物质积累量为 111.93g/株。增施氮肥干物质量提高 118%，增施磷肥干物质量提高 8%，增施钾肥干物质量提高 11%。有机肥处理油葵植株干物质积累量为 99.84g/株，相对 CK 干物质量增加 30.2%。油葵植株不同器官干物质积累变化规律（图 2-39）表明，叶、茎、盘、根干物质积累量呈抛物线趋势，叶片干物质积累量在开花初期达到最大，占全株干物质的 44.37%，茎干物质积累量在灌浆初期达到峰值，占全株干物质的 34.07%，盘干物质积累量在乳熟期达到最大值，占全株干物质的 23.49%。根干物质积累量在灌浆期达到峰值，占全株干物质的 8%。籽粒的干物质积累量呈直线上升趋势。

4. 不同施肥处理对油籽粗蛋白和粗脂肪的影响

对不同施肥处理油葵籽仁中粗蛋白质含量和蛋白质产量做方差分析，得出籽仁中粗蛋白质含量和蛋白质产量在不同施肥处理下，处理之间存在极显著差异（表 2-36）。NP 处理粗蛋白质含量最高为 19.6%，有机肥处理粗蛋白质含量最低为 11.2%。各处理籽仁中粗蛋白质含量表现为 NP>PK>NK = NPK>CK>有机肥，与 CK 相比分别增加 55.6%、52.4%、49.2%、49.2%，有机肥处理下降 11.1%。结合产量因素，各施肥处理蛋白质产量表现为 NPK>NK>NP>PK>有机

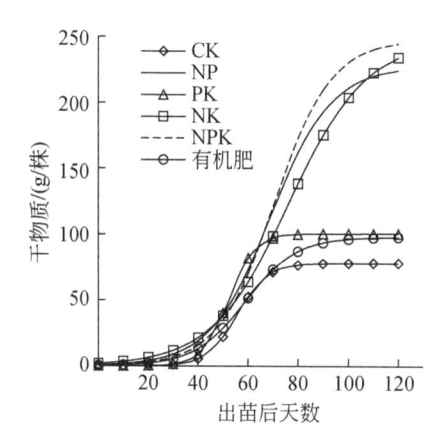

图 2-38　油葵生育期不同干物质积累模拟曲线

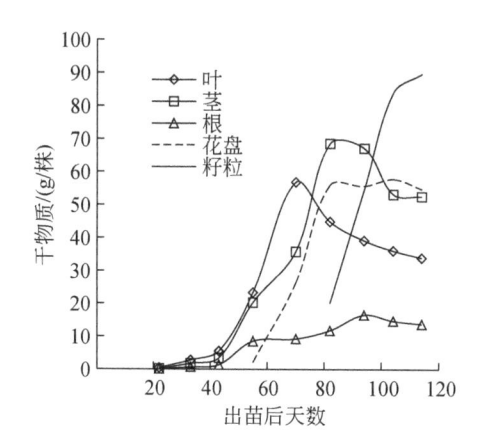

图 2-39　油葵不同生育时期各器官干物质积累量

肥>CK，NPK 处理蛋白质产量最高 43.53kg/666.7m^2，是 CK 处理的 3.3 倍，PK 处理蛋白质产量为 28.15kg/666.7m^2，在磷钾肥的基础上，增施氮肥蛋白质产量增加 54.6%；在氮磷肥的基础上，增施钾肥蛋白质产量增加 13.9%；在氮钾肥的基础上，增施磷肥蛋白质产量增产 9.6%。有机肥处理蛋白质产量是 13.41kg/666.7m^2，相对 CK 处理施用有机肥蛋白质产量增加 1.7%，表现为氮肥>钾肥>磷肥>有机肥。氮磷钾肥平衡施用粗蛋白质含量虽不是最高，但可以明显提高产量，因此粗蛋白质产量最高。

表 2-36 粗蛋白质和粗脂肪含量变化

处理	粗蛋白质含量/%	粗脂肪含量/%	蛋白质产量/（kg/667m²）	产油量/（kg/667m²）
CK	12.6dD	50.3cC	13.19fF	52.66fF
PK	19.2bB	45.3fF	28.15dD	66.41dD
NP	19.6aA	48.5dD	38.21cC	94.54cC
NK	18.8cC	45.7eE	39.71bB	96.52bB
NPK	18.8cC	55.3aA	43.53aA	128.03aA
有机肥	11.2eE	54.3bB	13.41eE	65.03eE

对不同施肥处理油葵籽仁中粗脂肪含量和产油量进行方差分析，得出不同施肥处理下，油葵籽仁中粗脂肪含量和产油量差异极显著（表2-36）。NPK处理粗脂肪含量最高55.3%，PK处理粗脂肪含量最低45.3%。各施肥处理粗脂肪含量变化表现为NPK>有机肥>CK>NP>NK>PK，NPK、有机肥处理与CK相比，分别增加9.94%和7.95%；NP、NK、PK与NPK处理相比，分别下降12.3%、17.4%、18.1%。NPK处理产油量最高128.03kg/667m²，PK处理产油量为66.41kg/667m²，在磷钾肥的基础上，增施氮肥产油量增加92.8%，在氮磷肥的基础上，增施钾肥产油量增加35.4%，在氮钾肥的基础上，增施磷肥产油量增加32.6%。有机肥处理产油量65.03kg/667m²，相对CK处理施用有机肥产油量增加23.5%，表现为氮肥>钾肥>磷肥>有机肥。说明氮磷钾平衡施用粗脂肪含量最高，结合产量因素，产油量也最高。

5. 不同施肥处理对油葵籽仁中脂肪酸组分的影响

从表2-37可以看出，不同施肥处理下亚油酸含量存在极显著差异。有机肥处理亚油酸含量最大，占总含油率的63.1%，PK处理亚油酸含量最小，占总含油率的51%，变化幅度达23.7%。相对CK处理，PK、NP、NK、NPK处理分别下降12.2%、10.8%、11%、8.4%，有机肥处理增加8.6%。可见施氮、磷、钾肥降低亚油酸的含量，施有机肥能提高亚油酸含量。

不同施肥处理下油酸含量存在极显著差异（表2-37）。受不同施肥处理的影响，油酸百分含量在有机肥处理中出现最小值，为25.8%，在PK处理中出现最大值，为37.7%，总体变化幅度46.1%。相对CK处理，PK、NP、NK、NPK处理分别增加22%、18.1%、19.7%、14.9%，有机肥处理下降16.5%。由此可以得出：氮、磷、钾肥提高油酸含量，效果表现为钾肥>磷肥>氮肥，有机肥降低油酸含量。

表 2-37 脂肪酸组分的变化

处理	亚油酸/%	油酸/%	亚麻酸/%	硬脂酸/%	棕榈酸/%
CK	58.1bB	30.9eE	0.1aA	3.2dD	6.3bB
PK	51fF	37.7aA	0bB	4.1cC	5.5cC
NP	51.8dD	36.5cC	0.1aA	4.5aA	5.4cC
NK	51.7eE	37bB	0bB	4.2Bb	5.4cC
NPK	53.2cC	35.5dD	0.1aA	4.1cC	5.5cC
有机肥	63.1aA	25.8fF	0.1aA	2.9eE	6.7aA

不同施肥处理下亚麻酸含量存在极显著差异。亚麻酸含量很少，仅占总含油率的 0.1%，PK 和 NK 处理亚麻酸含量为零，相对 CK，其他处理无变化。说明缺氮、磷肥降低亚麻酸的含量，钾肥和有机肥对亚麻酸无影响。

不同施肥处理下硬脂酸含量存在极显著差异。NP 处理硬脂酸含量最大，占总含油率的 4.5%，有机肥处理硬脂酸含量最小，占总含油率的 2.9%，两者变化幅度达 55.2%。相对 CK 处理，PK、NP、NK、NPK 处理分别增加 28.1%、40.6%、31.3%、28.1%，有机肥处理下降 9.4%，PK 与 NPK 处理无显著差异，其他处理达到极显著差异。可见氮、磷、钾肥能够提高硬脂酸含量，表现为氮肥>磷肥>钾肥，有机肥降低硬脂酸含量。

不同施肥处理下棕榈酸含量存在极显著差异。棕榈酸含量在有机肥处理时达到最大值，占总含油率的 6.7%，在 NP 和 NK 处理时出现最小值，占总含油率的 5.4%，变化幅度达 24.1%，相对 CK 处理，PK、NP、NK、NPK 处理下降 12.7%~14.3%，且处理之间无显著差异；有机肥处理增加 6.3%，与其他处理达到极显著差异。说明氮、磷、钾肥降低棕榈酸含量，有机肥提高棕榈酸含量。

另外，油葵籽仁中还含有花生一烯酸、花生酸、山嵛酸、木焦油酸、棕榈一烯酸等，这些脂肪酸组分的含量很少，占总脂肪酸的 0.1%~0.3%。一般情况下，大部分研究者分析油葵籽仁中亚油酸、油酸、亚麻酸、棕榈酸、硬脂酸等含量变化对葵花油品质的影响。

6. 油葵植株氮、磷、钾养分含量与油籽品质之间的关系

从表 2-38 可以看出，粗蛋白质含量受油葵植株氮、磷、钾养分影响的大小

顺序为 N>P$_2$O$_5$>K$_2$O，与 N 呈正相关，与 P$_2$O$_5$、K$_2$O 呈负相关；粗脂肪含量受油葵植株氮、磷、钾养分影响的大小顺序为 P$_2$O$_5$>N>K$_2$O，与 P$_2$O$_5$、K$_2$O 呈正相关，与 N 呈负相关，亚油酸含量受油葵植株氮、磷、钾养分影响的大小顺序为 N>P$_2$O$_5$>K$_2$O，与 P$_2$O$_5$、K$_2$O 呈正相关，与 N 呈负相关，油酸含量受油葵植株氮、磷、钾养分影响的大小顺序为 N>P$_2$O$_5$>K$_2$O，与 N 呈正相关，与 P$_2$O$_5$、K$_2$O 呈负相关；棕榈酸含量受油葵植株氮、磷、钾养分影响的大小顺序为 N>P$_2$O$_5$>K$_2$O，与 P$_2$O$_5$、K$_2$O 呈正相关，与 N 呈负相关，硬脂酸含量受油葵植株氮、磷、钾养分影响的大小顺序为 N>P$_2$O$_5$>K$_2$O，与 N 呈正相关，与 P$_2$O$_5$、K$_2$O 呈负相关。

表 2-38 油葵氮、磷、钾养分与品质指标回归方程建立

籽仁品质（y）	回归方程	方程 F 值
粗蛋白质含量/%	$y=17.35+21.82x_N-9.58x_{P_2O_5}-3.57x_{K_2O}$	23.41*
粗脂肪含量/%	$y=43.24-15.57x_N+19.46x_{P_2O_5}+1.01x_{K_2O}$	40.75*
亚油酸含量/%	$y=53.01-21.1x_N+11.69x_{P_2O_5}+3.09x_{K_2O}$	721.04*
油酸含量/%	$y=35.36+18.82x_N-10.75x_{P_2O_5}-2.66x_{K_2O}$	154.85*
棕榈酸含量/%	$y=5.7-2.88x_N+1.15x_{P_2O_5}+0.49x_{K_2O}$	7229.12**
硬脂酸/%	$y=4.19+4.20x_N-1.7x_{P_2O_5}-0.75x_{K_2O}$	46.59*

* $P<0.05$，** $P<0.01$，下同

7. 不同施肥处理对油葵产量经济效益的影响

从表 2-39 中可以看出，根据 2014 年油葵收购价格 4.5 元/kg，N 肥的价格为 3.9 元/kg，P$_2$O$_5$ 肥的价格为 7.1 元/kg，K$_2$O 肥的价格为 7.8 元/kg 计算。不同的施肥处理对油葵的产值具有增加作用，表现为 NPK>NK>NP>PK>有机肥>CK，相对 CK 处理，依次分别增加 570.7 元/667m^2、479.3 元/667m^2、406.1 元/667m^2、188.6 元/667m^2、67.9 元/667m^2。NPK 处理肥料经济效益最高达 442.3 元/667m^2，PK 处理肥料经济效益为 114.8 元/667m^2，这与 PK 处理油葵产量低有关，氮磷钾肥配合施用油葵产量最高，肥效效益最好。有机肥处理肥效经济效益为-92.1 元/667m^2，一方面是因为有机肥处理养分释放缓慢，油葵产量低下，另一方面是因为有机肥肥料普遍价格较高。

表 2-39　不同施肥处理下油葵产量经济效益（单位：元/667m²）

处理	产值	氮肥投入	磷肥投入	钾肥投入	有机肥投入	肥料效益
CK	471.1	0	0	0	0	—
NP	877.2	54.6	42.6	0	0	308.9
PK	659.7	0	42.6	31.2	0	114.8
NK	950.4	54.6	0	31.2	0	393.5
NPK	1041.8	54.6	42.6	31.2	0	442.3
有机肥	539.0	0	0	0	160	-92.1

注：油葵籽的价格为 4.5 元/kg，N 肥的价格为 3.9 元/kg，P_2O_5 肥的价格为 7.1 元/kg，K_2O 肥的价格为 7.8 元/kg

8. 土壤碱化对油葵生长及品质的影响研究

研究土壤碱化对油葵生长发育及品质的影响，探讨土壤 pH、碱化度等碱化因子与油葵生长发育指标及油脂组分的关系，配置不同碱化程度的土壤，以油葵为参试植物，研究土壤碱化度对油葵生理、光合作用及生长产量的影响。

试验区位于宁夏银川平原引黄灌区西大滩，106°13′～106°26′E，38°45′～38°55′N，地势相对较为平坦，海拔约 1100m，常年光照充足（日照 3125h），干旱少雨，昼夜温差较大，区域蒸发量与降水量严重失衡，约是全年总降水量的 10 倍之多，降水不足和蒸发量大等是造成该地区碱化土壤形成的重要气候因素。此地区存在我国典型的龟裂碱土，其面积约占全区总龟裂碱土的 90%。其主要特征是土壤胶体吸附有大量的 Na^+，其 ESP 普遍高于 10%，pH 大于 9.0，因其无水干裂、表面泛灰白色的龟裂状而得名龟裂碱土，也称为白僵土。

油葵供试品种为'T8221'。供试土壤选自宁夏银川平原西大滩前进农场重度碱化区，人工采集重度碱化层土壤带回试验站，机械粉碎后，过 2mm 筛备用；龟裂碱土的土壤剖面可自上而下划分为表层、碱化层、过渡层和母质层。碱化层是呈红棕色的棱块状结构层，质地紧实坚硬，厚约 50cm 或更深。母质层为湖底沉淀积聚物，呈灰色，ESP 很低。供试原始土壤 pH9.86，碱化度 72.5%，全盐 3.12g/kg，有机质 2.80g/kg，全氮 0.32g/kg，全磷 0.54g/kg，碱解氮 1.41mg/kg，速效磷 30.31mg/kg，速效钾 152mg/kg。

试验于 2014 年 4~9 月在宁夏大学盐碱地改良利用核心试验站进行；采用单因素随机区组设计，根据 Ca^{2+}-Na^+ 置换原理，以分析纯 $CaSO_4$ 为 Ca^{2+} 来源。$CaSO_4$ 施用量为 K_1，2.22t/667m²；K_2，1.81t/667m²；K_3，1.69t/667m²；K_4，

1.56t/667m²；K_5，1.41t/667m²；K_6，1.15t/667m²。土壤 ESP 为 K_1，16.1%；K_2，18.8%；K_3，20.1%；K_4，23.0%；K_5，26.6%；K_6，28.6%。花盆直径48cm，高32cm（$\pi r^2 = 0.18m^2$），土样过2mm筛与$CaSO_4$混合均匀，装土76kg/盆（花盆底部用三层滤纸封孔），之后灌水一次（以土壤完全浸透为准），待土壤表面泛白时，彻底破碎0~20cm土层；2014年5月2日，人工精量播种36粒/盆，2粒/穴，播种后覆膜，重复3次，共18盆；在幼苗均长出第一对真叶时去膜（5月25日），6月1日灌头水，灌水量为50m³/667m²，之后1次/20天，共灌水4次，总灌水量200m³/667m²，且整个生育期不施用化肥，其他均采用大田常规管理。

油葵叶片 MDA 和 Pro、可溶性蛋白质含量的测定：可溶性蛋白质采用紫外分光光度法；Pro、MDA 参见刘晓威等（2019）进行。油葵根系活力的测定采用氯化三苯基四氮唑（TTC）法。油葵地上部分 Na^+、K^+、Ca^{2+} 含量的测定：原子吸收光谱法。超氧化物歧化酶（SOD）：氮蓝四唑（NBT）光还原法。过氧化氢酶（CAT）：紫外吸收法。过氧化物酶（POD）：愈创木酚法。油葵 H_2O_2、O_2^- 含量的测定：H_2O_2 采用分光光度法；O_2^- 采用羟胺氧化法（刘晓威等，2019）。

油葵 P_n 与 P_n-PAR 曲线测定：P_n-PAR 曲线的测定参见刘晓威等（2019）方法进行；2014年7月29~30日（花期）8~18时，使用 LI-6400XT 便携式光合仪和 LI-6400-02B 红蓝光源测定油葵的 P_n-PAR 曲线，选择自上而下无机械损伤、无病虫害侵染的第4片完全展开的叶片，重复3遍。测定时，设定 CO_2 浓度为（400±1）μmol/mol，叶温为（25±2）℃，空气相对湿度为60%，于光合有效辐射（PAR）0、15μmol/(m²·s)、30μmol/(m²·s)、60μmol/(m²·s)、120μmol/(m²·s)、250μmol/(m²·s)、500μmol/(m²·s)、1000μmol/(m²·s)、1500μmol/(m²·s)、2000μmol/(m²·s)时测定油葵的净光合速率（P_n），再绘制各处理下油葵的 P_n-PAR 曲线。

土壤阳离子交换量测定：乙酸铵交换法，用1mol/L CH_3COONH_4 溶液反复处理土壤使其被 NH_4^+ 饱和，定氮蒸馏用硼酸溶液吸收，标准溶液滴定，根据 NH_4^+ 的量计算土壤阳离子交换量。

交换性 Na^+ 含量测定：乙酸铵–氢氧化铵火焰光度法，用乙醇和乙二醇–乙醇溶液洗去土壤可溶性盐，再以乙酸铵–氢氧化铵溶液提取土壤交换性 Na^+，用火焰光度计测定 Na^+ 含量（参见 NY/T 295—1995）。

$$碱化度（ESP）= \frac{交换性钠含量（cmol/kg）}{阳离子交换量（cmol/kg）} \times 100\%$$

土壤分盐离子含量测定。K^+、Na^+：火焰光度计法。Ca^{2+}、Mg^{2+}：EDTA络合滴定法。CO_3^{2-}、HCO_3^-：双指示剂-中和滴定法。Cl^-：$AgNO_3$滴定法。SO_4^{2-}：EDTA间接滴定法。

数据统计分析利用Excel 2007、SAS 8.0版、DPS v3.01对试验数据进行方差显著性差异分析；利用SPSS 19.0对油葵P_n-PAR实测数据进行模拟。

9. 土壤碱化对油葵MDA的影响

MDA为植物在逆境条件下细胞膜脂过氧化的重要产物，它的含量代表细胞质膜的受损状况，为判断植物抗逆性强弱的重要标志之一。由图2-40可知，油葵MDA含量随土壤ESP的增加呈先降低后上升的趋势，趋势线方程为$y=0.1577x^2-0.8215x+8.627$，$R^2=0.8713$；$K_3$（ESP 20.1%）下，油葵MDA含量最低，为7.21μmol/g，较K_1、K_2和K_4、K_5、K_6分别降低10.32%、5.13%和13.13%、13.96%、22.72%；说明尽管K_1、K_2条件下，土壤ESP较低（ESP分别为16.6%、18.8%），但硫酸钙毕竟是盐，其量过高亦会导致土壤次生盐渍化，促使膜脂过氧化程度加重，且土壤碱化对油葵质膜的破坏强度明显强于土壤盐化。

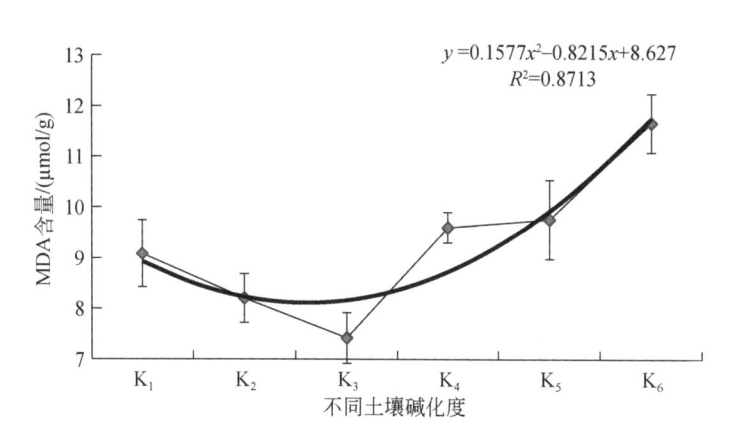

图2-40 不同土壤ESP下油葵MDA含量变化

10. 土壤碱化对油葵Pro、可溶性蛋白质含量的影响

Pro、可溶性蛋白质是绿色植物细胞内重要的可溶性有机渗透调节物质，其具有区隔化液泡内盐离子、维持液泡内外渗透平衡和细胞正常膨胀状态等生理功

能，可见，Pro、可溶性蛋白质的积累是植物响应非生物逆境（如盐碱、干旱等）的一种应激性保护措施。由图2-41可知，油葵Pro、可溶性蛋白质含量均随土壤ESP升高呈先降低后上升的趋势，趋势线方程分别为$y = 30.582x^2 - 171.96x + 597.99$，$R^2 = 0.7521$，$y = 1.1083x^2 - 5.989x + 20.378$，$R^2 = 0.9781$；实际$K_3$（ESP 20.1%）下，油葵Pro、可溶性蛋白质含量均最低，分别为248.98μg/g、11.22μg/g，较K_1、K_6分别下降约48.04%、60.67%和27.68%、53.54%，说明土壤高盐（硫酸盐）、碱（ESP）均可促进油葵Pro、可溶性蛋白质含量增加，平衡有毒害盐离子渗透胁迫，且土壤碱化对油葵损伤程度明显高于土壤盐化。不同土壤ESP梯度，油葵体内的Pro含量均较高（248.98～633.09μg/g），显著高于可溶性蛋白质（11.22～24.16μg/g），且油葵体内Na^+含量极低。脯氨酸（Pro）是油葵体内平衡外界高渗环境（细胞内外）的重要有机渗调物质之一，而非主要用于维持液泡内外Na^+渗透平衡（图2-41）。

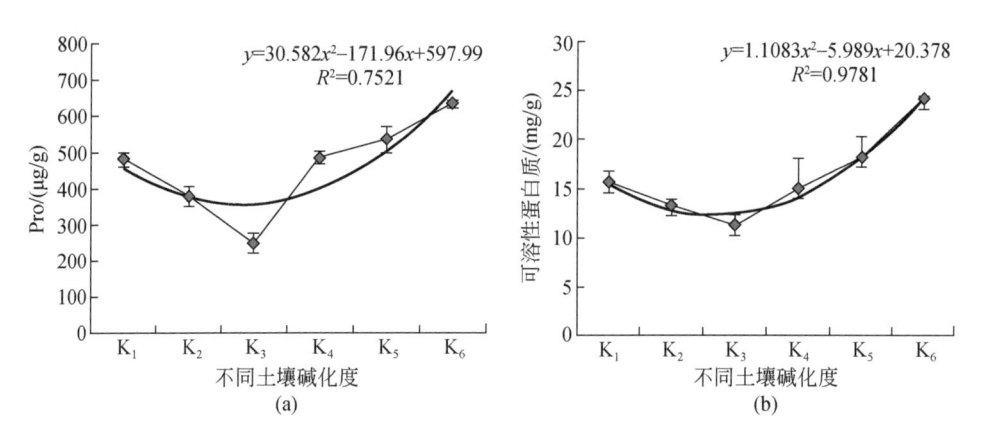

图2-41 不同土壤ESP下油葵Pro、可溶性蛋白质含量的变化

11. 土壤碱化对油葵根系活力的影响

根系活力主要是指植物根系的吸收、同化、氧化还原性能等，反映了细胞内与呼吸有关的琥珀酸脱氢酶SDH的含量，是衡量根系生理代谢功能强弱的一个重要指标。由图2-42可知，油葵根系活力随土壤ESP升高呈先增后降趋势，趋势线方程为$y = -42.157x^2 + 252.42x + 85.992$，$R^2 = 0.8141$；$K_3$（ESP 20.1%）下，油葵的根系活力最高，为570.58μg/(g·h)，较K_1（ESP 16.1%）、K_2（ESP 18.8%）分别提升约1.12倍、0.33倍，与K_1、K_2均达到显著差异水平（$P<$

0.05），而 K_6（ESP 28.6%）处理下，油葵根系活力最低，为 118.09μg/（g·h），仅为 K_3 的 20.70%，且与 K_3 处理下的根系活力均达到极显著差异水平（$P<0.01$）；可知，土壤高 ESP 可明显降低油葵根系活力，弱化根系的吸收、同化作用强度，进而影响油葵地上部生理代谢过程。

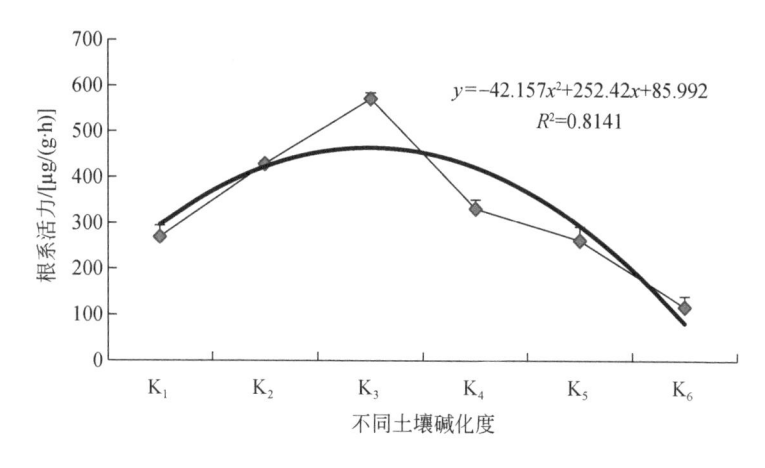

图 2-42　不同土壤 ESP 下油葵根系活力的变化

12. 土壤碱化对油葵 H_2O_2、O_2^- 含量的影响

由图 2-43 可知，油葵体内 H_2O_2 含量随土壤 ESP 增加呈显著先降后升趋势，趋势线方程为 $y=0.0548x^2-0.296x+1.573$，$R^2=0.7116$，表现为 $K_6>K_5>K_4>K_1>K_2>K_3$，K_3 处理下为 0.94μmol/g，较 K_1、K_2、K_4、K_5、K_6 分别下降了 30.88%、24.19%、35.63%、36.91%、45.35%。不同土壤 ESP 梯度下，油葵叶片 H_2O_2 含量变化范围较小（0.94~1.72μmol/g），在油葵体内含量相对较稳定，H_2O_2 是不能直接启动细胞膜脂过氧化反应的一种活性氧自由基，但其可以通过 Haber-Weiss 反应（$H_2O_2+O_2^- \longrightarrow \cdot OH+O_2$）和 Fenton 反应（$H_2O_2+Fe^{2+} \longrightarrow \cdot OH+OH^-+Fe^{3+}$）生成破坏作用极强的 ·OH，启动细胞膜脂过氧化反应，亦可借助特异性功能位点切断 DNA、蛋白质等生物大分子。不同土壤 ESP 梯度下，油葵叶片 O_2^- 含量与土壤 ESP 的关系类似于 H_2O_2，回归分析方程为 $y=0.69x^2-2.5788x+14.357$，$R^2=0.8423$，K_3 处理下，油葵 O_2^- 含量最低，仅为 K_1、K_6 的 75.89%、40.25%，且与 K_6 达到极显著差异（$P<0.01$），再次证明重度碱化土壤对油葵的损伤程度明显强于盐化土壤。

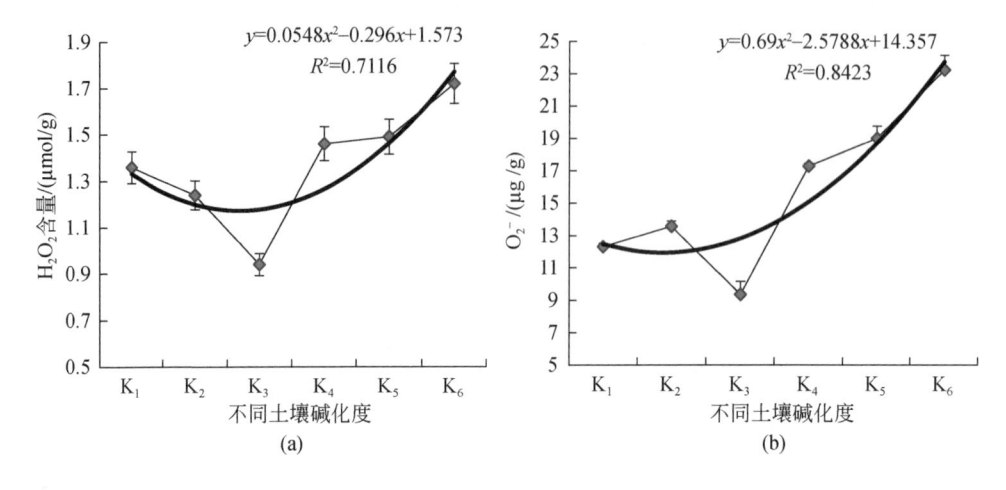

图 2-43　不同土壤 ESP 下油葵 H_2O_2、O_2^- 含量的变化

13. 土壤碱化对油葵抗氧化酶活性的影响

盐碱、干旱等非生物胁迫可破坏植物体内光合、呼吸等电子传递系统，促使电子传递给分子 O_2，O_2^- 再经一系列放大反应，转化为·OH、H_2O_2 等，为了避免体内过多的氧自由基（AOS）造成生物膜系统损伤及细胞内氧化磷酸化障碍，植物主要借助抗氧化酶清除 AOS。盐碱逆境下，植物最先以 SOD 将 O_2^- 还原为 O_2，反应式为 $2O_2^- + 2H^+ \rightarrow H_2O_2 + O_2\uparrow$，紧接着 POD、CAT 进一步将 H_2O_2 转化为 H_2O、O_2，反应式为 $2H_2O_2 \rightarrow 2H_2O + O_2\uparrow$。由图 2-44 可知，油葵 SOD、POD 活性随土壤 ESP 升高呈先增后降趋势，其与 H_2O_2、O_2^- 与土壤 ESP 关系正好相反，回归方程分别为 $y = -4.9511x^2 + 30.556x + 765.21$，$R^2 = 0.2898$，$y = -44.865x^2 + 268.97x + 805.9$，$R^2 = 0.7042$；数据分析可知，$K_3$（ESP 20.1%）处理下，油葵 SOD、POD 活性最高，分别为 854.30U/(g FW·h)、1324.68U/(g FW·min)，较 K_1、K_6 分别提升约 8.39%、9.76% 和 36.82%、49.59%；而油葵 CAT 活性随土壤 ESP 升高无规律性可言，但从其趋势线方程 $y = -2.8458x^2 + 16.95x + 20.107$，$R^2 = 0.1895$ 可知，K_3（ESP 20.1%）处理下，油葵 CAT 活性最高。前人普遍研究认为，植物抗氧化酶活性与盐碱胁迫强度为正相关，而本研究发现，高 ESP 下，油葵 SOD、POD、CAT 活性随土壤 ESP 升高呈下降趋势，导致油葵体内 O_2^-、H_2O_2 含量增加；由此可知，高 ESP 抑制油葵 SOD、POD、CAT 活性，而低 ESP 促进其活性。

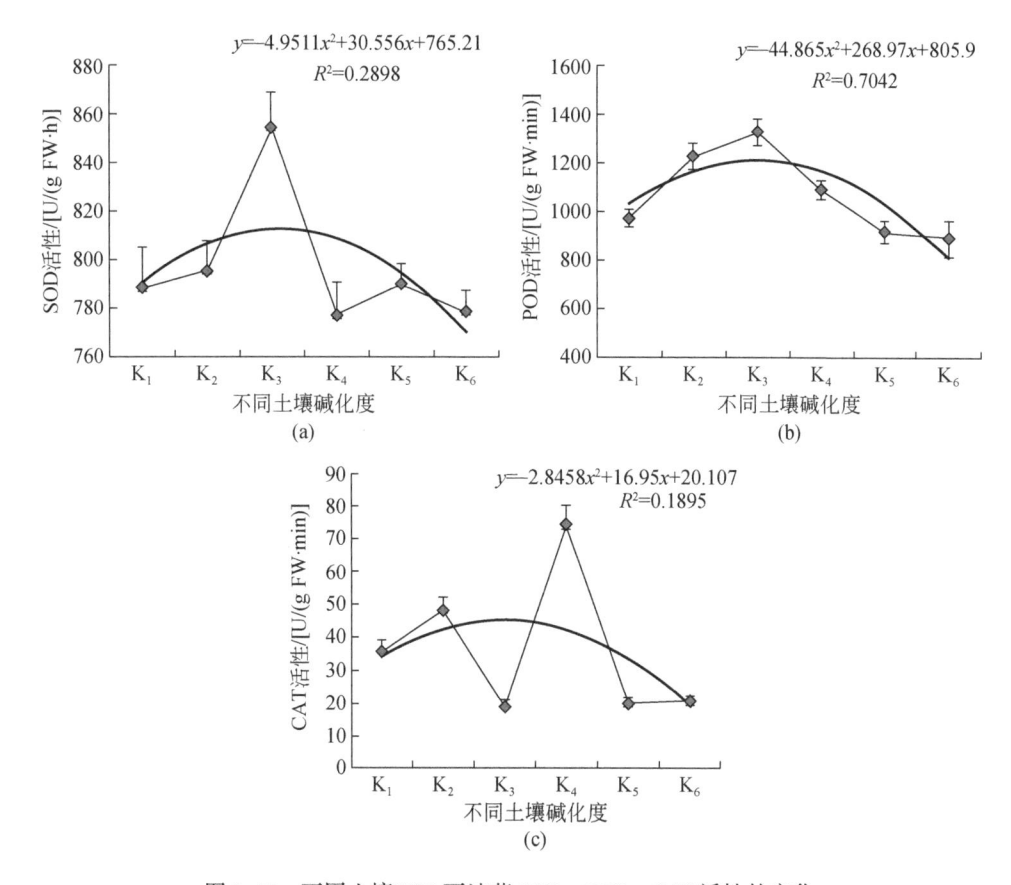

图 2-44　不同土壤 ESP 下油葵 SOD、POD、CAT 活性的变化

14. 土壤碱化对油葵 IAA、GA、ABA 含量的影响

图 2-45 为 K_3 处理下，油葵幼嫩叶片 GA（赤霉素）、IAA（吲哚乙酸，生长素）及 ABA（脱落酸）色谱图。通过标准品对比可知，GA、IAA、ABA 的峰值保留时间分别是 3.358min、8.061min、12.268min。油葵叶片 GA、IAA 及 ABA 含量与土壤 ESP 的关系：油葵叶片 GA、IAA 含量随 ESP 升高表现为先增后降趋势，趋势线方程为 $y_1=-1.0596x^2+4.8658x+13.541$，$R^2=0.6169$，$y_2=-0.4445x^2+1.5603x+10.515$，$R^2=0.7235$，$K_2$（ESP 18.8%）处理下，油葵 GA、IAA 含量最高，分别为 24.43μg/g、15.20μg/g，较 K_1、K_6 分别提升约 78.25%、51.43% 和 2.54 倍、2.71 倍，说明适当盐分促进 GA、IAA 合成，而高盐、高碱均会抑制其合成，加速其降解过程；油葵 ABA 含量随 ESP 升高总体表现为上升趋势，趋

势线方程为 $y=0.0286x^2-0.1261x+0.2561$，$R^2=0.9174$，低 ESP 下，$K_1$、$K_2$、$K_3$ 及 K_4 之间无显著差异水平（$P>0.05$），而高 ESP 迅速提升油葵 ABA 含量，K_5、K_6 较 K_1~K_4 分别提升 1.65~2.05 倍、2.31~2.81 倍，且均达到 0.01 差异水平。

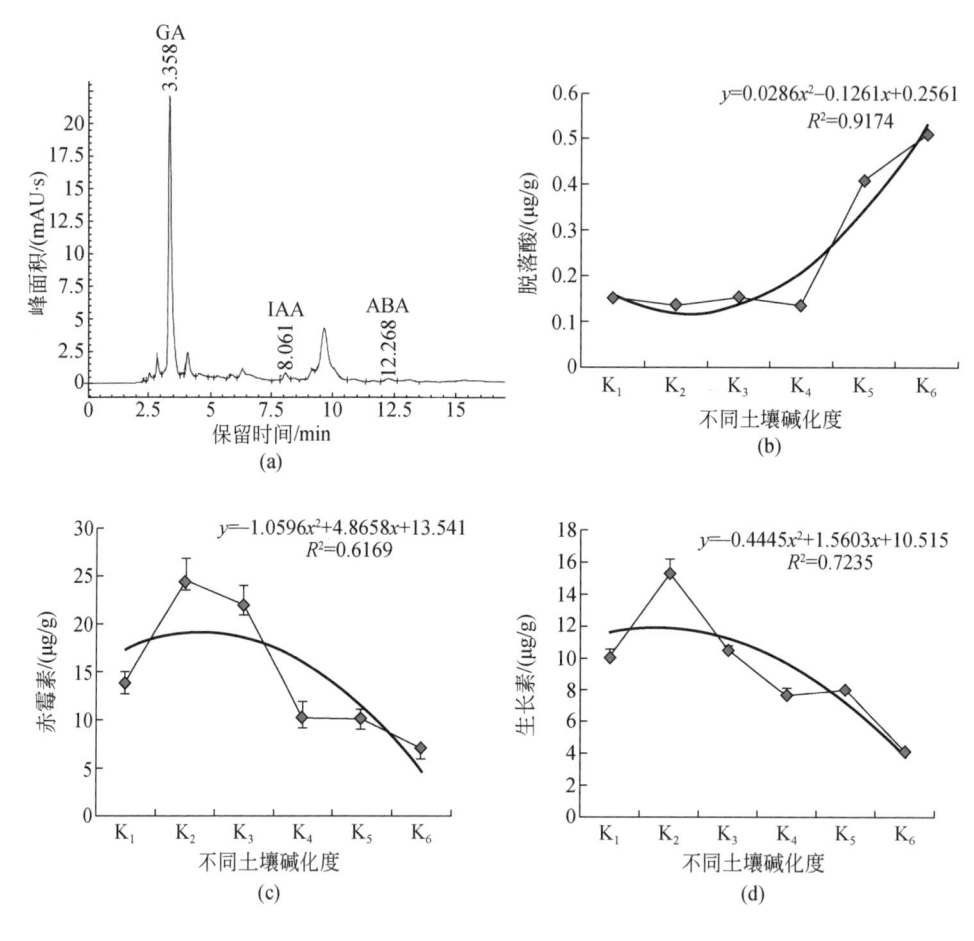

图 2-45　不同土壤 ESP 下油葵生长素、赤霉素、脱落酸含量的变化

15. 土壤碱化对油葵叶绿素和 P_n 的影响

由图 2-46 可知，苗期油葵叶绿素含量随土壤 ESP 增加逐渐降低，趋势线方程为 $y=-1.7542x+56.377$，$R^2=0.9269$，K_1（ESP 16.6%）处理下，油葵叶绿素含量最高（54.05），与 K_6 达到极显著差异水平（$P<0.01$）。一方面是因为适当盐离子浓度可活化或增强叶绿素合成酶活性合成叶绿素，捕获更多光能，这与杜

军华等（2000）研究结果一致；另一方面是因为轻碱胁迫提高了油葵体内 Na^+ 含量，适当的 Na^+ 有助于叶绿素的合成。

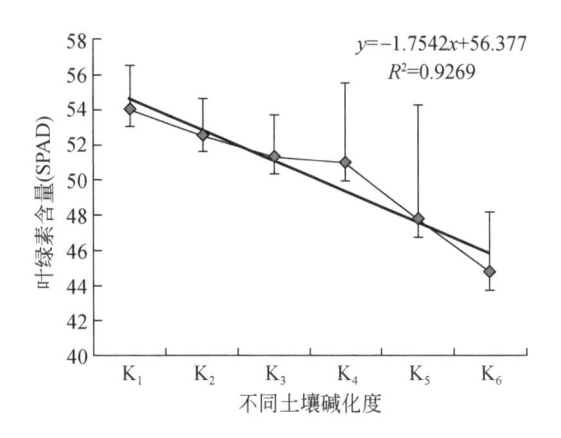

图 2-46　不同土壤 ESP 下叶绿素含量的变化图

光合作用是绿色植物生长所需的物质基础与能量来源，土壤盐、碱化可通过离子毒害、渗透胁迫及高 pH 抑制植物的 P_n；由图 2-47 可知，油葵的 P_n 随土壤 ESP 的增加呈先升后降的趋势，趋势线方程为 $y=-0.4425x^2+1.8257x+17.41$，$R^2=0.7041$，表现为 $K_2>K_3>K_1>K_4>K_5>K_6$，K_2（ESP 18.8%）较 K_1、K_6 分别提升约 27.50%、60.85%，油葵 P_n 除 K_2 与 K_3 处理达到显著性差异水平（$P<0.05$）外，与其他 ESP 下油葵 P_n 均达到极显著差异水平（$P<0.01$）；可知，土壤 ESP 越高对油葵 P_n 抑制作用越显著，且适当盐分促进油葵叶绿素增加，提升油葵 P_n，但过量亦会导致油葵 P_n 明显下降。

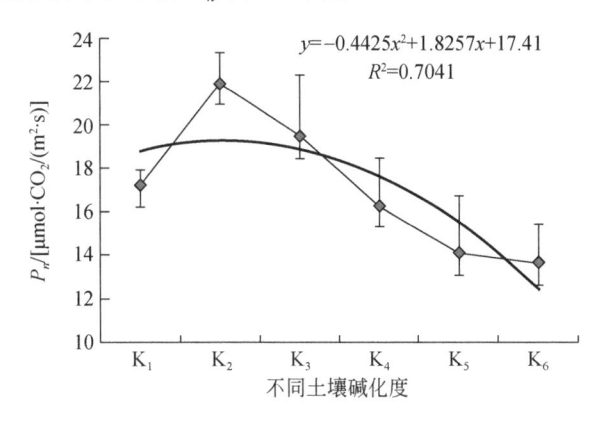

图 2-47　不同土壤 ESP 下油葵净光合速率的变化

16. 土壤碱化对油葵 P_n-PAR 曲线的影响

图 2-48 是不同土壤 ESP 梯度下油葵的 P_n-PAR 曲线；由图可知，不同 ESP 下，油葵的 P_n-PAR 曲线呈"S"形，即油葵的 P_n 随光照强度的增加呈缓慢增长—快递增长—平缓趋势；当 PAR 约为 60μmol/(m²·s) 时，油葵 P_n 趋于正值，说明此时油葵光合产物的合成速率近似于分解速率，即 LCP（光补偿点）；PAR 高于 120μmol/(m²·s) 时，油葵 P_n 快速上升，PAR 达到 1000μmol/(m²·s) 时，油葵 P_n 增速变缓；低 PAR 下，不同土壤 ESP 的油葵 P_n-PAR 曲线变化趋势相同，但随 PAR 逐渐增强，不同土壤 ESP 的油葵 P_n-PAR 曲线的差异逐渐增大，如 PAR 为 2000μmol/(m²·s) 时，不同土壤 ESP 下，油葵 P_n 总体表现为 K$_2$ [46.42μmol/(m²·s)]>K$_3$[45.95μmol/(m²·s)]>K$_1$[41.62μmol/(m²·s)]>K$_4$[40.42μmol/(m²·s)]>K$_5$[35.50μmol/(m²·s)]，K$_2$ 约为 K$_5$ 的 1.31 倍，且达到 0.01 极显著差异水平；说明土壤碱化可显著降低油葵对强光的利用率，土壤 ESP 越高，油葵对强光的利用率越低，其越早出现光抑制现象，显著降低 P_n。

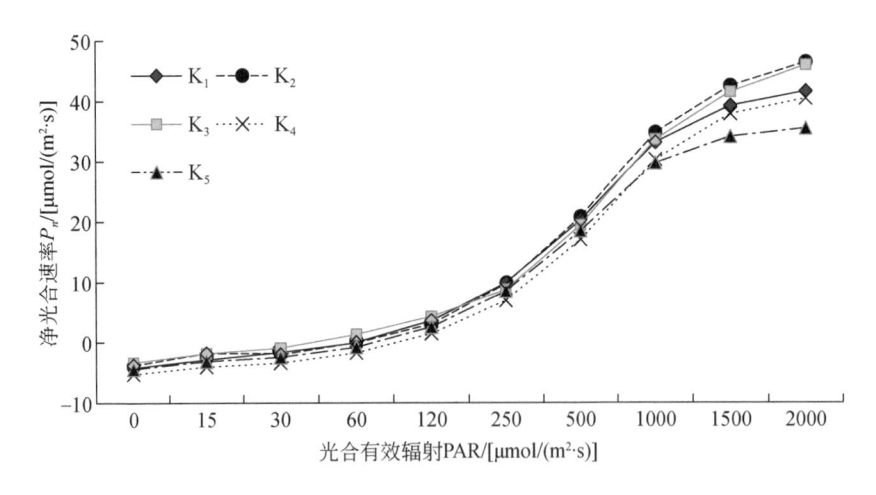

图 2-48 不同土壤 ESP 下油葵的光合-光响应曲线

17. 碱胁迫对油葵籽仁脂肪酸组分的影响

由表 2-40 可知，油葵籽粒粗蛋白质含量与土壤碱胁迫强度呈显著的正相关关系，且 K$_1$、K$_2$、K$_3$ 与 K$_4$、K$_5$ 处理均达到极显著差异水平（$P<0.01$），K$_4$、K$_5$ 较 K$_1$ 分别提升约 40.66%、51.10%；可能是重度碱胁迫导致油葵体内过氧自

由基（H_2O_2、O_2^- 及 · OH）含量增多，其裂解蛋白质、DNA 等生物大分子，致使非蛋白质含氮化合物（游离氨基酸、嘌呤及吡啶等）剧增，同时油葵为缓解胞质与外界高盐环境的渗透势差，合成大量可溶性蛋白质，维持细胞内外渗透平衡，进而使粗蛋白质含量剧增；通过不饱和脂肪酸与粗脂肪多元回归分析可知，油酸、亚油酸及花生-烯酸与油葵籽粒粗脂肪含量的相关系数达到显著水平（$R^2=0.8778$），而与亚麻酸无相关性，且油酸与粗脂肪含量均随土壤碱胁迫强度的增加呈先降后升的趋势，说明盐碱胁迫促使油葵籽粒粗脂肪、油酸含量增多，这可能是油葵响应盐碱胁迫的一种自我保护措施；亚油酸随土壤碱胁迫强度的增加表现为先升后降趋势，K_3 处理亚油酸最高，较 K_1、K_2、K_4 及 K_5 处理分别提升约 2.35%、1.56%、9.95% 及 14.8%，可知高盐、强碱均可促进脂肪动员，加速亚油酸转化，且碱胁迫作用强度远高于盐胁迫；由此推理得，盐碱胁迫可打破油葵体内不饱和脂肪酸代谢平衡，主要体现为油酸与亚油酸之间的动态平衡，即两者表现相反，共同维持油葵体内脂肪酸代谢平衡（表2-40）。

表2-40　不同碱胁迫处理对油葵籽粒脂肪酸组分的影响

处理	粗蛋白质/%	粗脂肪/(g/100g)	不饱和脂肪酸/%					饱和脂肪酸/%					其他
			油酸	亚油酸	亚麻酸	花生-烯酸	硬脂酸	棕榈酸	山嵛酸	花生酸	木焦油酸	棕榈一烯酸	
K_1	18.2	59.2	23.7	63.7	0.1	0.1	4.9	5.9	0.9	0.3	0.2	0.1	—
K_2	18.3	59.2	22.9	64.2	0.1	0.1	5.2	5.9	0.9	0.3	0.2	0.1	0.1
K_3	18.7	56.0	21.7	65.2	0.1	0.1	4.9	6.2	1.0	0.3	0.3	0.1	0.1
K_4	25.6	51.3	28.2	59.3	0.1	0.1	4.0	6.6	0.9	0.3	0.3	0.1	0.1
K_5	27.5	57.0	32.1	56.8	0.1	0.2	3.7	5.8	0.8	0.3	0.3	0.1	—

由表 2-40 数据分析得，油葵籽粒山嵛酸、花生酸、木焦油酸及棕榈一烯酸与土壤碱胁迫强度之间无相关性（$P>0.05$）；硬脂酸、棕榈酸均随土壤碱胁迫强度的增加呈先增后降趋势，K_1、K_2、K_3 处理下，硬脂酸含量无显著性差异（$P>0.05$），而与 K_4、K_5 处理均达到极显著差异水平（$P<0.01$），其较 K_2 处理分别下降约 23.08%、28.85%，说明盐胁迫对油葵硬脂酸含量影响较小，甚至适当盐离子浓度可促进硬脂酸的合成，强碱可显著降低油葵硬脂酸含量，再次证明土壤碱胁迫对植物的危害要远强于盐胁迫；K_3、K_4 处理下，油葵棕榈酸含量较高，

相对 K_5 处理提升了 6.90%、13.79%，且与 K_5 处理达到显著差异水平（$P<0.05$），根据油葵脂肪酸数据综合评比分析可知，K_3（$CaSO_4$ 施用量 1.69t/667m²、灌水量 40.7m³/667m²）对重度碱化土壤改良效果最优。

不同碱胁迫处理下，油葵籽粒不饱和脂肪酸占总脂肪酸含量为 87.1%~89.2%，而饱和脂肪酸含量不足 20%；说明葵花油主要以不饱和脂肪酸为主，且盐碱胁迫与不饱和脂肪酸所占比例无显著相关关系，即盐碱胁迫对油葵籽粒不饱和脂肪酸含量影响较小，仅表现为油酸与亚油酸之间的互相转化，响应盐碱胁迫（表 2-40）。

18. 不同土壤 ESP 下油葵光合生理特征参数与产量的关系

通过拟合 P_n-PAR 曲线可得到植物的各种光合生理参数，如植物的光饱和点（LSP，light staturation point）、最大净光合速率（P_{nmax}，maximum net photosynthetic rate）、光补偿点（LCP，light compensation point）、暗呼吸速率（R_d，dark respiration rate）和表观量子效率（α，apparent quantum efficiency）等。其中，光补偿点反映的是植物光合同化作用与呼吸消耗相当时的光照度，其值低说明植物可利用弱的光合有效辐射；光饱和点反映的是植物光合能力最大时的光照度，其值高说明植物不易受到光抑制；最大净光合速率反映了植物叶片在光饱和点时的最大光合能力；表观量子效率反映了植物在弱光条件下的光合能力（谭晓红等，2010）。由表 2-41 可知，油葵 LSP、P_{nmax} 和产量均随 ESP 增加呈先增后降趋势，而 LCP、R_d 与其相反；K_2 处理下，油葵 PAR 的利用范围最广 [48.406~2473.361μmol/（m²·s）]，P_{nmax} 最高 [47.274μmolCO₂/（m²·s）]，呼吸消耗最少，与此对应的油葵经济、生物产量最高，分别为 1709.40kg/hm²、4613.16kg/hm²，较 K_1、K_5 分别提升约 48.11%、1.55 倍和 13.81%、79.32%，且除 K_3 处理外，K_2 处理与各 ESP 下油葵的各光合参数、产量均达到极显著差异水平（$P<0.01$）；分析可知，土壤碱化通过提高油葵 LCP、R_d，降低油葵 LSP，缩小油葵的可利用光照范围，增加油葵暗呼吸消耗，这可能与盐、碱胁迫下，油葵启动多项抗盐碱机制消耗大量本应该用于其自身生理代谢、生长发育等过程的有效能量有关，最终导致油葵减产；K_1、K_2 土壤 ESP 较 K_3 处理下降约 19.90%、6.47%，但其土壤全盐较 K_3 处理却分别提升约 74.19%、30.10%，致使 K_2 油葵 LSP、P_{nmax} 较 K_3 处理提高 5.63%、2.64%，而 K_1 较 K_3 处理却下降 9.96%、9.68%，说明土壤适当的盐分可提升油葵 LSP、P_{nmax}，而过盐亦会降低油葵 LSP，导致光抑制提前。

由表 2-41 得油葵的生物产量（Z_1）、经济产量（Z_2）与 α（X_1）、LSP（X_2）、$P_{n\max}$（X_3）、LCP（X_4）及 R_d（X_5）的多元回归方程。

表 2-41　油葵的光合生理特征参数和产量

碱化度 (ESP)	α/(μmolCO$_2$/μmol)	LSP/[μmol/(m$^2\cdot$s)]	$P_{n\max}$/[μmolCO$_2$/(m$^2\cdot$s)]	LCP/[μmol/(m$^2\cdot$s)]	R_d/[μmolCO$_2$/(m$^2\cdot$s)]	经济产量/(kg/hm^2)	生物产量/(kg/hm^2)
K$_1$	0.063aA	2108.248aA	41.601aA	63.187aA	3.880aA	1154.13cC	4053.21cB
K$_2$	0.064aA	2473.361bB	47.274bB	48.406bB	2.570bB	1709.4aA	4613.16aA
K$_3$	0.054aA	2341.426bB	46.060bB	57.430cA	3.484aA	1431.33bB	4334.64bA
K$_4$	0.054aA	2024.045aA	40.533aA	72.489dD	4.967cC	1031.91cC	3932.85cB
K$_5$	0.062aA	1899.993cC	35.430cC	95.370eE	4.286cC	671.60dD	2572.53dC

$$Z_1 = -705.48937 + 14861X_1 + 0.45418X_2 + 66.19659X_3 + 2.04633X_4 \quad (2\text{-}1)$$
$$Z_2 = -4057.48541 + 21034X_1 + 0.20009X_2 + 77.98171X_3 + 3.88858X_4 \quad (2\text{-}2)$$

油葵的 α（X_1）与 Z_1、Z_2 的回归方程：

$$Z_1 = 4171.44226 + 844.51613X_1 \quad R^2 = 0.0001 \quad (2\text{-}3)$$
$$Z_2 = 922.44288 + 4667.35887X_1 \quad R^2 = 0.0035 \quad (2\text{-}4)$$

油葵的 LSP（X_2）与 Z_1、Z_2 的回归方程：

$$Z_1 = 546.97498 + 1.62217X_2 \quad R^2 = 0.9369 \quad (2\text{-}5)$$
$$Z_2 = -2115.77003 + 1.50469X_2 \quad R^2 = 0.8822 \quad (2\text{-}6)$$

油葵的 $P_{n\max}$（X_3）与 Z_1、Z_2 的回归方程：

$$Z_1 = 629.59376 + 82.39068X_3 \quad R^2 = 0.9780 \quad (2\text{-}7)$$
$$Z_2 = -2078.66225 + 77.35671X_3 \quad R^2 = 0.9436 \quad (2\text{-}8)$$

油葵的 LCP（X_4）与 Z_1、Z_2 的回归方程：

$$Z_1 = 4928.48034 - 11.98049X_4 \quad R^2 = 0.2709 \quad (2\text{-}9)$$
$$Z_2 = 1905.51015 - 10.47587X_4 \quad R^2 = 0.2267 \quad (2\text{-}10)$$

分析上述多元回归方程可知，油葵产量与 α、LSP、$P_{n\max}$ 及 LCP 有相关性，α、LSP 及 $P_{n\max}$ 与产量为正相关，且 LSP、$P_{n\max}$ 与油葵生物产量、经济产量的相关系数均达到显著水平（$R^2 = 0.9369$、$R^2 = 0.8822$ 和 $R^2 = 0.9780$、$R^2 = 0.9436$），而 LCP 与产量为负相关（$R^2 = 0.2709$、$R^2 = 0.2267$），即 LSP 越高，油葵越能有效利用强光，减少光照过强导致光抑制现象发生，$P_{n\max}$ 越高，油葵产量就越高。

因此，土壤碱化通过提高油葵 LCP，降低 LSP、$P_{n\max}$，导致光抑制现象提前，PAR 范围缩小，光合产物合成减少，产量下降。

参 考 文 献

苌豹. 2014. 多种解磷、解钾、固氮菌混合发酵制备菌糠菌肥的研究. 天津：天津大学硕士学位论文.

程淑芸. 2019. 盐碱地根际促生菌的筛选及其在小麦上的初步应用. 泰安：山东农业大学硕士学位论文.

淳于纬训. 2012. 两株盐生拟无枝菌酸菌次生代谢产物初步研究. 昆明：云南大学硕士学位论文.

代志. 2018. 兼具菌肥功能生防菌分离鉴定及其生物活性评价. 太原：山西农业大学硕士学位论文.

董春娟，王玲玲，李亮，等. 2018. 解淀粉芽孢杆菌 K103 对黄瓜穴盘苗的促生作用. 园艺学报，45（11）：132-141.

杜军华，冯桂莲，高榕. 2000. 盐胁迫对蚕豆（*Vicia faba* L.）叶绿素 a 和 b 含量的影响. 青海师范大学学报（自然科学版），(4)：36-38.

高桂凤，党博，蔡柯，等. 2020. 1 株解磷菌鉴定及影响其解磷能力因素. 东北林业大学学报，48（1）：102-104, 109.

黄文茂，易伦，彭思云，等. 2020. PGPR 复合菌剂对辣椒生长及根际土壤微生物结构的影响. 中国土壤与肥料，(1)：195-201.

吉艳玲，毛亮，周成松，等. 2019. BMC 复合菌剂在葡萄生产中的试验效果. 中国农技推广，35（5）：44-46.

金生英，黄佳敏，徐辉，等. 2017. 复合菌剂对攀缘植物生长发育及培养基质养分的影响研究. 中国园艺文摘，33（10）：28-30.

刘畅，黄文茂，韩丽珍. 2019. PGPR 复合菌系对花生生长及根际土壤微生物的影响. 西南农业学报，32（10）：2367-2372.

刘晓威，杨秀艳，吴海雯，等. 2019. NaCl 胁迫对红砂萌发的影响及萌发期耐盐性评价. 生物技术通讯，35（1）：27-34.

卢龙娣. 2010. 鸡源性益生芽孢杆菌的筛选鉴定、固体发酵的优化及其应用效果的研究. 福州：福建师范大学硕士学位论文.

马原松，黄志璞. 2017. 微生物肥料的研究进展. 山东工业技术，(11)：259-260.

马悦，赵辉，徐春燕，等. 2015. 宁夏贺兰山东麓贫营养土壤中细菌多样性. 北方园艺，(17)：157-160.

孟炯放. 2020. 功能内生菌的筛选及其对水稻幼苗生长的影响. 保定：河北农业大学硕士学位论文.

谭晓红，彭祚登，贾忠奎，等．2010．不同刺槐品种光合光响应曲线的温度效应研究．北京林业大学学报，32（2）：64-68.

王洪涛，丁晶，邵元虎，等．2022．4种蚯蚓肠道微生物对砷毒性的响应差异研究．生态学报，42（1）：379-389.

王其传，孙锦，束胜，等．2012．微生物菌剂对日光温室辣椒生长和光合特性的影响．南京农业大学学报，35（6）：7-12.

王艳霞，解志红，张蕾，等．2020．田菁根际促生菌的筛选及其促生耐盐效果．微生物学报，60（5）：1023-1035.

王占武，张翠绵，彭杰丽．2017．一种提高中重度盐碱地作物耐盐性的促生菌组合：中国，CN 106635903 A. 2017-05-10.

吴正肖．2017．复合微生物肥料研制与效果研究．贵阳：贵州大学硕士学位论文．

熊涛，廖良坤，黄涛，等．2015．植物乳杆菌 NCU116 菌剂的喷雾干燥制备．食品与发酵工业，41（8）：23-29.

徐忠山，杨彦明，陈晓晶，等．2018．菌肥对混播牧草土壤酶活性及微生物的影响．中国土壤与肥料，（6）：77-83.

袁亚宏，岳田利，高振鹏，等．2003．冻干高活力乳酸菌粉保护剂的研发．西北农林科技大学学报（自然科学版），31（1）：82-84，88.

岳明灿，王志国，陈秋实，等．2020．减施化肥配施微生物菌剂对番茄产质量和土壤肥力的影响．土壤，52（1）：68-73.

张丽娟，曲继松，郭文忠，等．2014．微生物菌肥对黄河上游地区设施土壤微生物及酶活性的影响．中国土壤与肥料，（5）：32-36，99.

张晓冰，杨星勇，杨永柱，等．2020．芽孢杆菌促进植物生长机制研究进展．江苏农业科学，48（3）：73-80.

张琇，杨国平，王华笑，等．2020．一种解淀粉芽孢杆菌、菌剂和应用：中国，CN 110684683 A. 2020-01-14.

张志鹏，蔡鹏飞，段继贤，等．2020．复合微生物菌剂在设施黄瓜上的应用效果研究．安徽农业科学，48（2）：168-170.

赵思崎，王敬敬，杨宗政，等．2020．微生物复合菌剂的制备．微生物学通报，47（5）：1492-1502.

Barua A, Gupta S D, Mridha M A U, et al. 2010. Effect of arbuscular mycorrhizal fungi on growth of *Gmelina arborea* in arsenic-contaminated soil. Journal of Forestry Research, 21（4）：423-432.

Kumar V, Sharma N, Maitra S S, et al. 2019. In vivo removal of profenofos in agricultural soil and plant growth promoting activity on *Vigna radiata* by efficient bacterial formulation. International Journal of Phytoremediation, 22（6）：1-9.

Li H, Lei P, Pang X, et al. 2017. Enhanced tolerance to salt stress in canola (*Brassica napus* L.)

seedings inoculated with the halotolerant *Enterobacter cloacae* HSNJ4. Applied Soil Ecology, 119: 26-34.

Moreira H, Pereira S I A, Vega A, et al. 2020. Synergistic effects of arbuscular mycorrhizal fungi and plant growth-promoting bacteria benefit maize growth under increasing soil salinity. Journal of Environmental Management, 257: 109982.

Rodríguez-Caballero G, Caravaca F, Fernández-González A J, et al. 2017. Arbuscular mycorrhizal fungi inoculation mediated changes in rhizosphere bacterial community structure while promoting revegetation in a semiarid ecosystem. Science of the Total Environment, 584 (1): 838-848.

Santos M S, Nogueira M A, Hungria M. 2019. Microbial inoculants: reviewing the past, discussing the present and previewing an outstanding future for the use of beneficial bacterial in agriculture. AMB Express, 9 (1): 205.

Verma P, Yadav A N, Kazy S K, et al. 2014. Evaluating the diversity and phylogeny of plant growth promoting bacteria associated with wheat (*Triticum aestivum*) growing in central zone of India. International Journal of Current Microbiology and Applied Sciences, 3 (5): 432-447.

第 3 章　盐碱地改良特色产业产品研发及加工研究

耐盐植物在生长过程中不仅可以降低土壤的盐碱度，还可以改善盐碱土壤的理化性质，促进土壤生物群落的恢复。耐盐碱植物具有聚盐性或泌盐性，耐盐植物直接摄取土壤中的盐分，植物根系的生长延伸改善土壤的通透性，然后通过水分淋洗滤去 Na^+ 或者通过植物吸收 Na^+ 从地上部分收获而除去。植物根系的生长可改善土壤性状，根系分泌的有机酸及植物残体经微生物分解产生的有机酸还能中和土壤碱性，植物的根、茎、叶返回土壤后又能改善土壤结构，增加有机质，提高肥力。国内盐生植物分属于 66 科 197 属，可以作为资源开发利用的有 200 多种，其中大部分有多种利用价值。经过国内北方盐渍土地区群众的长期实践，已筛选出向日葵、碱谷、糜子、大麦、高粱、甜菜、棉花、胡麻等适合在盐碱地上种植的作物和大米草、咸水草、芦苇、罗布麻、沙棘、沙枣、枸杞、酿酒葡萄（图 3-1）等耐盐经济植物。

图 3-1　宁夏贺兰山东麓葡萄产业

注：贺兰山东麓具有"国家地理标志"产品的葡萄与葡萄酒产区，素有"塞上江南"之美称，阳光格外充裕，日照时间年均超过 3000h；葡萄采收季节无雨，葡萄自然成熟，天然韵味融入果实；昼夜温差较大，赋予葡萄极高的糖度和芬芳的果香；半沙质土壤，排水性良好，有利于葡萄根系生长。自然灵秀的地域特质、得天独厚的优良条件，创造出优质的贺兰山葡萄酒。"七分原料，三分工艺"，贺兰山葡萄酒的独特魅力源于严格的品质要求与精湛的酿造技艺

3.1 盐碱地微生物治理特色产品研发

利用可以在盐碱地进行固氮、固碳等作用的微生物，了解其在盐渍化土壤中的作用机制，种植适宜的耐盐植物，开发相应的固氮、固碳等产品，可为盐碱地开发特色产品提供新思路。丛枝菌根真菌（arbuscular mycorrhizal fungi，AMF）是一种普遍存在的内共生真菌，AM 真菌已被国内外许多研究证实可增强植物的抗盐碱能力，从而达到较好的改良土壤的效果。AMF 与植物形成的共生体作为生态系统的有机组成部分，因其形成的广泛性，可增强植物抗盐碱胁迫的能力，具有不可忽视的生态调节作用。盐碱土壤中 AMF 与植物的共生更有利于双方在胁迫环境中的生存，在促进植物生长和调节生态环境方面发挥着重要作用。盐胁迫影响 AMF 孢子萌发和生长，AMF 孢子萌发率随着土壤盐浓度的增加而降低，且不同菌种表现出明显的差异性（Bothe，2012），盐碱土壤中存在大量的 AMF，其生长发育、数量和种类受土壤环境和宿主植物的影响。盐胁迫下 AMF 对植物生长影响显著，其促进了植物对矿质养分的吸收（Evelin et al.，2009）。有研究表明，丛枝菌根真菌（AMF）通过影响植物地上及地下离子吸收分配来增强植物耐盐碱能力。在盐碱胁迫下，AMF 能够通过抑制羊草吸收 Na^+，利用泡囊结构帮助其根系截留 Na^+，以及促进 K^+、Ca^{2+} 和 Mg^{2+} 的吸收来调节羊草体内地上和地下的离子分配，进而增强羊草的盐碱耐受性（王英逵等，2020）。赵攀等（2019）以欧亚种酿酒葡萄'赤霞珠'为试材，探讨使用适度中性盐和碱性盐直接处理葡萄果实对果实成熟启动及品质形成的影响，结果表明，盐碱处理通过抑制相关基因的表达而延缓花色苷的积累，总之，对果粒进行盐碱处理并不利于果实品质的改善，而且在一定程度上延缓了果实的成熟进程。沙枣能与弗兰克氏菌属（*Frankia*）的多种固氮放线菌共生进行固氮，沙枣能通过生物固氮作用，利用空气中的氮素，改良利用盐碱地的作用效果非常明显。弗兰克氏菌与沙棘共生可以形成根瘤，其主要功能是固氮，而且其固氮能力大，为沙棘在贫瘠土壤中生存提供了必需的氮素，提高了土壤的肥力。在我国农田土壤中，水稻土是有机碳含量水平较高、当前固碳趋势明显而且固碳潜力较大的特色耕作土壤。目前已经明确认识到，水稻土具有高的碳密度及显著的固碳能力。水稻作为中国乃至世界最为重要的粮食作物，稳产高产极为重要。通过在盐碱地种植水稻修复盐碱化土壤并开发相应的稻米产品，可推动发展盐碱地特色产业产品。盐碱化土壤具有巨大潜力，通过发展盐碱地特色产业产品，以修复和利用并重，可达到对盐碱地的高效利用，实现盐碱地农业的可持续发展。

3.1.1 固氮产品研发

盐碱土壤中无机盐含量丰富，有机质含量低，且由于盐离子的存在，会限制植物对氮、磷、钾等营养元素的吸收，并进一步造成盐碱土壤中植物可利用营养元素的缺失。因此，盐碱土壤中土壤微生物量碳、氮和基础呼吸都较普通农用土壤有大幅下降，严重影响盐碱地土壤的保肥供肥能力。耐盐固氮树种可以在一定的盐胁迫下正常生长，又可以通过生物固氮提供自身生长所需的氮素，还可以改善土壤养分状况，有利于其他植物及微生物的生存、生长，进而促进土壤物理性状的改善，促进营建一定的植物群落。1888 年，德国人 H. 黑里格尔和 H. 维尔法特证实了只有结瘤的豆类才能利用空气中的分子态氮。同年，荷兰人 M. W. 拜耶林克将从根瘤中分离出的根瘤菌进行了纯培养。1893 年，俄国人 C. H. 维诺格拉茨基分离出能固氮的梭菌。这些工作开创了研究生物固氮和固氮微生物的科学领域。由于研究手段的限制，在 20 世纪 40 年代以前，只证明了个别微生物的固氮能力；50 年代以来，由于同位素（^{13}N、^{15}N）标记技术和乙炔还原法的应用，证实了许多原核生物都能固氮，它们各自需要特定的生活条件。根据目前的资料可知，固氮生物都是个体微小的原核生物，包括微生物中的某些细菌、放线菌和蓝细菌。所以，固氮生物又称为固氮微生物。现在已发现固氮微生物包括 60 个以上的属，随着研究手段的不断进步，发现的固氮微生物种类会越来越多。

1. 固氮微生物特点及分类

根据固氮微生物的特点及与植物的关系，可将它们分为自生固氮微生物、共生固氮微生物和联合固氮微生物。放线菌是一类呈菌丝状生长，以孢子繁殖方式，具有高 DNA（G+C）含量的革兰氏阳性菌；是一种陆生性较强的原核生物。德国研究者 Cohn 是最早对放线菌进行描述的学者，他从人泪腺感染病灶中分离得到了链丝菌（*Streptothrix*）。链丝菌是一种丝状的病原菌。1961 年，Waksman 等首次把这些微小真菌或丝状的细菌称为放线菌。放线菌属于放线菌门放线菌目。放线菌目包括了 10 个亚目 40 科 170 属。在放线菌固氮的过程中，固氮酶在生物还原氮气催生氨的过程中起着决定性的作用。固氮酶是一种具有保守结构钼铁固氮酶系统和生物学特征的复合型金属酶，又称为钼铁蛋白。放线菌与人类的生活息息相关，绝大多数的放线菌是有益菌，其对人类的健康也有着极大的贡献。自放线菌中发现的活性物质超过了13 700种，占已发现的天然活性物质的40%以上，目前农业和临床医学上使用的抗生素有2/3都来自于放线菌。将放线菌产生的抗生素按照分子结构的不同，可分为糖类衍生物、脂肪衍生物和蛋白质衍生物，细化成分还可以分为寡肽、多肽、大环内酯、核苷杂环、糖苷和氨基酸衍生物类等种类。不同放线菌产生的不同抗生素，作用在病原菌的机理也有所不同，一般有使病原菌细胞膜发生损伤、阻碍病原菌的蛋白质合成和改变病原菌内部的代谢通路，从而在病原菌细胞上进行重寄生，最终破坏和杀灭病原菌。放线菌能够产生降解病原菌细胞壁的酶，破坏病原菌，从而引起病原菌质壁分离或细胞破裂。

放线菌在农业上的应用很多。首先放线菌可以防治植物的病害。由于放线菌可以产生抗生素和一系列的次生代谢产物。这些产物可以有效地防治虫、病、鼠和草等有害生物。很多研究都证明了，植物根系放线菌的分泌物对小菜蛾幼虫、朱砂叶螨等病虫害都有很强的触杀作用，并造成小菜蛾幼虫对植物的拒食。其机理是放线菌的抗生素能与Na^+、Ca^{2+}、K^+和Mg^{2+}等阳性离子形成复合物，从而影响害虫细胞的渗透平衡，最终导致害虫死亡。其次放线菌在农业上作为肥料添加剂。N、P、K元素是存在于土壤中的植物生长的必需元素，但是很多P在土壤中以金属螯合物存在，这些螯合物不能被植物有效地利用，影响植物的健康生长。有些放线菌能够分泌磷酸酶，加速溶解土壤中的P金属螯合物，促进了植物对P元素的吸收。空气中的氮经过微生物的转换作用，由气态氮转变为氨态氮，这种形式才可以被植物吸收利用。植物内生放线菌是通过侵染宿主植物根毛，其菌丝体降解宿主植物的细胞壁，使得根皮层细胞穿孔，从而进入宿主细胞质内，在宿主根系上形成根瘤，与植物形成共生体。这些能与植物形成根瘤的放线菌中，最主要的一个类群就是弗兰克氏菌。研究表明 *Frankia* 菌能够与25科的双子叶植物结瘤，如马桑科、木麻黄科、胡颓子科、打提斯科和杨梅科等。共生固氮微生物只有与植物互利共生时，才能固定空气中的分子态氮。它们彼此生活在一起，植物向微生物提供光合产物供微生物固氮需要，微生物则向植物提供氮素营养，双方互相有利。与自生固氮和联合固氮比较，共生固氮效率高，固氮量多，对于人类的意义和农牧业生产的作用也最大。有些非豆科植物也能与某种固氮微生物共生形成根瘤并固氮，如桤木属、杨梅属、沙棘属、木麻黄属等种类的根瘤内有弗兰克氏放线菌营共生固氮作用。据报道，与弗兰克氏放线菌共生结瘤固氮的非豆科木本双子叶植物有8科24属200多个种。弗兰克氏菌为好氧或兼性好氧微生物，生长缓慢，其形态特征在放线菌中是独特的，在无氮培养基中菌丝有分枝（直径1μm左右），无气丝，能形成纵横分隔的孢囊，孢囊多呈圆形、椭圆形或锥形。成熟的孢子由多层壁包裹着，孢子表面光滑，多呈圆形，不能运动。菌丝顶端还可形成直径为3~5μm的泡囊（固氮酶的位点）。

2. 固氮植物沙枣

沙枣（Elaeagnus angustifolia L.）为胡颓子科（Elaeagnaceae）胡颓子属（Elaeagnus）落叶乔木或小乔木，别名桂香柳、香柳、银柳，是重要的固氮盐土植物（图3-2）。在全世界分布广泛，可固氮，耐寒、耐旱、耐盐碱、耐瘠薄、适应性强，能在几乎所有类型的土壤上生长，多用于盐碱地或沙地的造林绿化，具有生态价值、经济价值、观赏价值、药用价值。沙枣根系可以与弗兰克氏菌共生形成根瘤共生体系，是木本非豆科放线菌共生固氮树种。在我国，沙枣是干旱、半干旱地区防风固沙、水土保持、植被恢复及困难立地造林的优良树种。近年来，随着对盐碱地改良树种的需求急剧上升，沙枣成为盐碱地生态修复和植被构建的重要树种。盐碱地区种植沙枣，不但能够持续有效地改善盐碱地生态环境，同等条件下还能取得高于胡杨和榆树的经济效益（Lamers et al.，2008）。沙枣主要分布于地中海沿岸、亚洲西部和印度等地，在我国主要分布在广大的西北地区，少量分布于华北北部、东北西部，大致在34°N以北地区。沙枣的天然林较少，分布在新疆的塔里木盆地与准噶尔盆地的边缘及甘肃河西走廊与内蒙古额济纳旗的黑河-弱水流域中下游两岸的河滩河谷，集中在新疆塔里木河和玛纳斯河、甘肃疏勒河、内蒙古的额济纳河两岸及内蒙古域内一些大三角洲地区（如李华中滩、大中滩）。沙枣形成的纯林较少，常与胡杨、灰杨等乔木树种或柽柳、梭梭等灌木树种伴生，形成柽柳-沙枣混交林、胡杨-沙枣-梭梭林等。人工沙枣林多分布于新疆、甘肃、宁夏、陕西和内蒙古等，尤其是新疆南部、甘肃河西走廊、宁夏中卫、内蒙古的巴彦淖尔市和阿拉善盟、陕西的榆林等地，都用沙枣作为农田防护林和防风固沙林；山西、河北、辽宁、黑龙江、山东、河南等地，为改良土壤，也在沙荒地和盐碱地大量引种栽培沙枣。

沙枣具有很强的耐盐碱性，能够在重度盐碱条件下生长。NaCl胁迫下，沙枣种子萌发、水分吸收与渗透调节、抗氧化防御等研究表明，沙枣具有良好的耐盐性。沙枣适应盐渍化土壤，在硫酸盐盐土上，全盐量1.3%以下尚能生长；在硫酸盐氯化物盐土上，全盐量0.6%以下时，才适于造林；在硫酸盐氯化物盐土上，全盐量0.4%以下，才适于生长。对沙枣盐碱地引种及造林试验表明，沙枣能在适度的盐碱胁迫下促进根瘤菌的形成。在盐渍土上种植沙枣，不但可增加土

图 3-2　宁夏河套灌区盐碱地沙枣

壤中的含水量，而且可增加土壤中的空气体积和有机质含量，提高营养元素含量，降低土壤 pH，对盐渍化土壤有很好的改良效果。在辽宁滨海盐碱地的研究显示，沙枣的最大固氮量为 5.88kg/($hm^2·a$)。在盐碱地区种植沙枣，无论是纯林还是混交林都能显著提高土壤养分，快速改善土壤肥力，对中、重度盐碱地有显著的改良作用。沙枣作为饲料已有悠久的历史，还有酿酒、制蜜等食用用途，其花、果、枝、叶又可入药治疗烧伤、支气管炎、消化不良、神经衰弱等。沙枣是优良的造林、绿化、薪炭、防风、固沙树种，具有良好的生态、经济、食用和药用价值。

　　沙枣具有较高的经济价值，是由于其叶片、果实、花朵、果核和树汁等在药用上具有广泛的用途。沙枣植株中谷甾醇、萜类化合物、黄酮、类黄酮、多糖、多酚、生物碱和花青素的含量很高，而沙枣的这些内含物对人体具有抗氧化、抑菌、消炎镇痛、免疫调节、抗肿瘤等作用。沙枣的药用价值和使用价值引起了国内外学者的广泛关注，主要集中在沙枣植株中黄酮、类黄酮、多糖和多酚化合物等物质的提取工艺相关研究上。黄酮类物质是一种常见的抗氧化剂，其酚羟基能够螯合金属，减少脂质的过氧化反应。罗丽等（2013）在单因素实验的基础上，运用超声波辅助法从沙枣果实中提取黄酮，并进行中心组合实验、全因子实验和最陡爬坡实验进行响应面分析。多糖能够降低血糖、血脂和血压，并且具有减慢心率和抗氧化的功效。杨晰等（2012）用响应面法从沙枣中提取了 3 种多糖，分别为 EAP-la、EAP-lb 和 EAP，研究发现三种多糖可以被巨噬细胞分解释放出

NO，并能够提高巨噬细胞的吞噬能力。多酚又称为植物单宁，大量研究表明单宁酸能够降低胆固醇，扩张心血管，抗炎、抗菌和抗癌，并有助于受损皮肤组织的愈合。查培和刘红（2012）利用超声波提取法分别用甲醇、丙酮和乙醇三种溶剂对沙枣果进行多酚类物质的提取，结果发现丙酮作为溶剂时，多酚的提取率最高，可达到95.7%。而国外的科学家主要研究的方向是沙枣的镇痛消炎和除菌等药用价值。2010年Beigom Taheri等就利用沙枣凝胶治疗口腔扁平苔藓，并发现被试者中75%的人疼痛明显得到缓解，口腔的创面缩小33%（Berg and Mcclaugherty，2013）。Okmen等（2014）从沙枣叶片中提取甲醇，并对甲醇提取物进行抗菌活性筛选，利用革兰氏阴性菌和革兰氏阳性菌进行抑菌实验，结果发现沙枣叶片的甲醇提取物可以抑制36%的叠氮化钠诱变剂，降低了鼠伤寒沙门氏菌诱变的可能。在沙枣用于镇痛的研究中，很多临床试验都证明了沙枣可以治疗膝盖关节炎（Sverdrup et al.，1992）。对比沙枣整个果实和沙枣粉末对女性膝盖关节炎的治疗功效，将90名女性分成3组进行8周的不同对照治疗，结果发现不论是整个沙枣果实还是沙枣粉末都可以有效地缓解膝盖关节炎造成的疼痛，但沙枣整个果实和沙枣粉末两组之间并无明显差异。由于沙枣的果肉富含多种维生素，如生育酚、胡萝卜素、维生素C、维生素B_1和硫胺素，并含有多种微量元素如钙、镁、钾、铁和锰，所以沙枣也常常被加工成饮料、花茶、糕点和沙枣粉。

树木的固氮和耐盐之间的关系非常密切，一般来说，豆科与非豆科固氮树种都有着一定的耐盐特性，如众所周知的木麻黄、合欢、沙枣、沙棘、刺槐、牧豆树、槐树等固氮树种。它们把空气中的氮固定到土壤中，进行土壤施肥，增加有机质和氮，改善土壤物理特性，减少地面蒸发，利于盐分下淋也抑制了土壤返盐，因此，树木表现出耐盐、易成活、良好生长的态势。沙枣因有固氮能力，改良盐碱地作用非常明显。沙枣根际存在着一种可以还原分子态氮为氨态氮的固氮微生物，同时也能够促进和保护植物生长的菌根真菌的联合共生体系。沙枣能通过生物固氮作用，利用空气中的氮素。与豆科植物-根瘤菌共生体系不同，沙枣是与弗兰克氏菌属（*Frankia*）的多种固氮放线菌共生进行固氮的植物。这种共生体系抗逆性强，对空气氮素的固定能力强，弥补了因盐碱土壤氮素不足而造成的养分亏缺，促进了植物的生长。沙枣的固氮能力来源于与之共生的弗兰克氏菌。弗兰克氏菌有一定的耐盐能力，其固氮酶活性随NaCl的浓度提高而降低（Srivastava and Mishra，2014）。Zhao和Harris（1992）研究发现，在土壤NaCl含量为0~15g/kg条件下，沙枣根瘤的数量和大小随着盐度升高而显著降低，根瘤的固氮酶活性则在高盐度下（15g/kg）显著下降。以上研究说明，沙枣在中、重度盐碱土中有氮自给的潜力，但是其固氮量因地域、环境条件、植株生长情况、测定方法等不同而有很大差别，其固氮能力受土壤盐碱程度影响。

根据研究发现，沙枣落叶能为土壤提供大量氮素。美国西部三角叶杨下的沙枣林，落叶量仅为混合林总落叶量的5%，而由其释放的氮占到土壤总氮投入量的20%，每100g落叶可释放氮素1.4g，无论是分解速率还是氮的释放量都远高于三角叶杨。沙枣落叶能够向土壤中输送大量氮素的主要原因是产量高、含氮量高、C/N低，易分解。不同研究中，盐碱地沙枣叶的含氮量为1.5%~3.5%，远高于当地的榆树、杨树等其他树种。因此，沙枣落叶相对于同等条件下的当地其他树种，富含氮素且更容易分解，能向土壤中释放更多养分。沙枣属浅根系植物，根系生物量占植株总生物量的近30%。魏琦和武海雯（2017）研究发现，沙枣根系含氮量为2.55%，根氮的分配比为36.3%，N/P为19.41，显著高于同等条件下的柽柳和白蜡。美国西部的研究表明，在4000株/hm²的密度下，沙枣细根的生物量为1.5~2.4t/hm²，细根的含氮量为2.53%，是三角叶杨和榆树的3.5倍和3.1倍。中亚地区重度盐碱地种植的沙枣细根含氮量为2.4%~3.0%，是当地杨树和榆树的3~6倍。这些结果说明，沙枣根系富含氮素，分解快、周转快，能够比同等条件下非固氮树种输出更多的养分。沙枣的生长发育时期、种植密度等因素会直接影响其改善土壤养分状况的效果。侯志强等（2017）在研究沙枣造林密度的影响时发现，随着造林密度的增大，土壤容重增大，毛管孔隙度、非毛管孔隙度及通气度下降，土壤肥力降低，中等造林密度在改善土壤含氮量方面效果最好。

3. 固氮植物沙棘

沙棘（*Hippophae* spp.）为胡颓子科灌木或亚乔木，其根系发达，可适应贫瘠干旱及高寒环境，具有重要的生态价值（图3-3）。沙棘属植物生态适应性很广，可能与其能够和弗兰克氏菌形成固氮根瘤有关。弗兰克氏菌与沙棘共生固氮，其固氮能力是大豆根瘤菌的2倍，能起到改良土壤，并给其他后来树种创造良好环境的作用，因此，沙棘常被作为改善生态环境的"先锋植物"。沙棘属植物包括7种11亚种，其地理分布为南起喜马拉雅山南坡，北至波罗的海沿岸的芬兰，东抵俄罗斯贝加尔湖以东地区，西到地中海沿岸的西班牙。我国境内分布的沙棘属植物主要有中国沙棘、西藏沙棘、肋果沙棘、棱果沙棘、云南沙棘、卧龙沙棘、柳叶沙棘、密毛肋果沙棘、理塘沙棘和江孜沙棘等，主要分布于横断山区至青藏高原及其边缘地区。中国沙棘从我国西南到东北，在海拔 400～3100m 均有分布，甚至在海拔 3700m 的地区也有分布，而且不同区域分布的中国沙棘既有栽培种又有野生种。

图 3-3　河套灌区盐碱地沙棘及制品

注：沙棘植物喜光、耐寒、耐酷热、耐风沙及干旱气候。对土壤适应性强，可以在盐碱化土地上生存，被广泛用于水土保持。全球研究开发沙棘产品势头很猛，中国在沙棘产品开发方面发展很快，内蒙古鄂尔多斯建成全国最大的沙棘种区，带动沙棘加工业产业的发展。沙棘是含有天然维生素种类最多的珍贵经济林树种。沙棘产品既可食用，又可药用。沙棘果实中维生素 C 含量高，素有维生素 C 之王的美称。沙棘果实除鲜食外，还可加工成果汁、果酒、果酱、果脯、果冻、饮料、保健品等

非豆科植物和弗兰克氏菌共生形成的根瘤在形态结构和发育特点方面均与豆科植物和根瘤菌形成的根瘤不同。非豆科植物根瘤是在弗兰克氏菌的刺激作用下形成的珊瑚状瘤簇，呈不规则球形或近球形。沙棘属植物的繁殖主要以分蘖为主，根生长迅速，在一个三年生的沙棘根系上可以看到一个结瘤非常多的庞大根瘤固氮体系。通常情况下，沙棘属植物的主根有弗兰克氏菌的菌丝侵入，但不形成根瘤，其菌丝主要在沙棘的侧根形成根瘤，1 级侧根结瘤最多且瘤体大；2～3 级侧根次之，虽有不少瘤块，但体积小、数量少。由弗兰克氏菌侵染非豆科植物形成的根瘤，在形态学上不同于豆科植物的根瘤。豆科植物的根瘤大致分为定型根瘤和不定型根瘤两种，前者的原基起始于外皮层细胞，后者则起始于内皮层细胞。沙棘属植物根瘤是以瘤瓣为基本单位，由粗短珊瑚状瘤瓣组成瘤块。研究发现，不同沙棘根瘤瘤瓣大小不同，西藏沙棘根瘤的瘤瓣最大，直径可达 4～5cm，肋果沙棘的根瘤较小，直径近 0.7cm；沙棘根瘤幼时较小，圆形，表面光滑，成熟时根瘤较大，表面粗糙，有的还发展为复合瘤；生长多年的沙棘根瘤，由于分叉增多，能形成球状瘤簇，有时可将根部环绕一圈。同一采样时间采集的不同种

沙棘根瘤还具有不同的颜色，中国沙棘随着生长期的逐渐增加，根瘤颜色从淡黄或乳白色，逐渐变为土黄色，甚至呈棕褐色；西藏沙棘根瘤颜色较中国沙棘要深一些。有研究发现，沙棘有效根瘤为褐色或肉色，无效根瘤为黑色或白色，而小根瘤尚未发育完全成熟，颜色为乳白色，但也是有效根瘤。

微生物-植物共生固氮体系在生态系统中具有重要的生态功能，不论是豆科植物-根瘤菌还是非豆科植物-弗兰克氏菌共生体系，都可以通过生物固氮提高土壤肥力，增强植物的生态适应性，促进生态系统的植被恢复（宋成军等，2009）。沙棘属植物根瘤中的弗兰克氏菌通过生物固氮作用将大气中的N_2固定，并转化为可供沙棘吸收的氮素，促进沙棘生长，因而沙棘属植物能够在干旱贫瘠的生境中生存，作为"先锋植物"改善生态环境。弗兰克氏菌与沙棘共生形成根瘤，其主要功能是固氮，而且其固氮能力强，为沙棘在贫瘠土壤中生存提供了必需的氮素，提高了土壤的肥力。根瘤是固氮必要的场所和生境条件，弗兰克氏菌固氮功能是由其特殊的"泡囊"结构来实现的。泡囊是弗兰克氏菌在共生和培养条件下存在的显著的细胞鉴别特征，是固氮过程中N_2转化形成NH_3的场所。泡囊中储存大量固氮有关的物质，包括固氮酶，弗兰克氏菌固氮作用的强弱受到固氮酶的直接影响；而且固氮酶遇氧气会失活，进而影响固氮过程，但泡囊壁中高含量的类何帕烷脂可以防止氧气对固氮酶造成伤害。因此，在弗兰克氏菌的固氮过程中，高效的固氮酶及完备的固氮条件既完成了N_2向NH_3的转化，也实现了沙棘对氮的吸收。沙棘具有耐干旱、耐盐碱、耐酸性、耐水湿等特性，能够在贫瘠的生境中生长，这与其共生的弗兰克氏菌能够抵抗多种形式的环境胁迫，而且能够在极端温度环境和氮饥饿的状态下生存的特性有关。有研究表明，弗兰克氏菌的细胞膜修饰作用可能是胁迫反应系统的一个重要组成部分，使得弗兰克氏菌能够在盐胁迫下生存。

土壤被誉为微生物的"天然培养基"，土壤中生活着种类繁多的微生物，包括弗兰克氏菌。土壤中的弗兰克氏菌不仅能够长期存活，而且还可以侵入沙棘等寄主植物的根部，形成根瘤。目前认为弗兰克氏菌侵染沙棘根部主要有两种方式，一种是从根毛侵染，另一种是从根皮层薄壁细胞间侵入。弗兰克氏菌从沙棘的根毛进行侵染时，由于根毛初生壁的外层覆盖着一层黏液层，当弗兰克氏菌菌丝遇到黏液层时，黏液层包裹在菌丝表面，使弗兰克氏菌释放纤维素酶等水解酶类，初生壁的微纤维结构被软化，加之弗兰克氏菌的侵入使沙棘内源性水解酶被激活，二者相互作用共同促进初生壁的分解，使得弗兰克氏菌的菌丝侵入根毛。根毛初生壁内侧迅速增厚，形成了很多不规则的内生壁，内生壁不断增生变粗，阻止根毛的进一步降解，从而使弗兰克氏菌的侵入更加有利。弗兰克氏菌侵染沙棘根部的另一种方式，是从沙棘根皮层薄壁细胞间侵入。弗兰克氏菌菌丝体在根表皮上生长时，接受到某些特定信号后，菌丝体开始侵入表皮细胞之间的胞间层。随着菌体进入胞间层中，沙棘分泌一种基质环绕在菌体周围，弗兰克氏菌菌体可消耗基质而生长，并在胞间层中继续向深部侵染；弗兰克氏菌侵染沙棘根部的两种方式中，从根毛侵染比从根皮层侵染在进化上更为先进，侵染的过程和条件也更为复杂，弗兰克氏菌侵染沙棘根部的方式主要是从沙棘的根毛进行侵染。

弗兰克氏菌与沙棘结瘤共生可以促进沙棘的生长。李元旦和丁鉴（1989）利用一株从中国沙棘根瘤中分离到的弗兰克氏菌，对水培中国沙棘小苗进行侵染结瘤试验发现，弗兰克氏菌的成功侵染结瘤能够明显地促进沙棘植株的生长，结瘤植株的总生物量约高于对照植株的2倍，而且弗兰克氏菌通过结瘤能够使沙棘的落叶延迟。李利坤（2018）将从大果沙棘根瘤中分离到的弗兰克氏菌进行回接试验，发现弗兰克氏菌不仅能够促进沙棘根部的结瘤，而且能够明显提高沙棘植株叶绿素等指标含量，进而促进沙棘植株的生长。也有研究表明，弗兰克氏菌能够产生水解酶、吲哚类、铁螯合性铁载体和苯并萘醌类代谢物，可见弗兰克氏菌能够促进沙棘的生长和发育，可能与其能够产生吲哚-3-乙酸（indole-3-acetic，IAA）、苯乙酸等植物激素及其他生物活性代谢物等有关，而且其所产生的IAA和苯乙酸的浓度能够维持在较高水平，对沙棘植株的生长具有显著的促进作用。沙棘属植物海拔分布范围广（0~5300m），不同海拔生长的沙棘中弗兰克氏菌丰度有所不同。采集不同海拔的中国沙棘、西藏沙棘、棱果沙棘和肋果沙棘根瘤，采用切片法，经分离培养发现，不同海拔可以分离到不同的弗兰克氏菌菌株。可见，海拔是影响与沙棘共生的弗兰克氏菌的主要因素之一。土壤-弗兰克氏菌-沙棘形成了一个特殊的生态系统，土壤性质会影响弗兰克氏菌的分布及沙棘的生长。研究表明，土壤类型、土壤营养因子和土层深度等都是影响沙棘与弗兰克氏菌共生的主要因子，它们不仅影响沙棘根瘤的颜色，还影响根瘤的数量。沙棘根瘤与弗兰克氏菌固氮作用的强弱还受季节变化的影响。弗兰克氏菌在沙棘根瘤中的分布也受到降水量及其他气候因素的影响。弗兰克氏菌的数量与其固氮酶活性高低有关，良好的水分供应有利于弗兰克氏菌对沙棘根系的侵染，进而提高其固氮能力。沙棘的树龄不同，导致根系的生长和发育各不相同，进而影响着与其共生的弗兰克氏菌的固氮作用。研究发现，树龄大的沙棘较树龄小的沙棘而言其固氮能力更高，主要原因是树龄大的沙棘新分生出的鲜瘤瓣绝对数量远多于树龄小的沙棘。

弗兰克氏菌具有极高的固氮效率，能够促进植物根系的生长，提高植物对矿质元素的吸收，增强植物对旱寒等逆境的适应性等，是自然界中一类具有开发潜力的放线菌资源。沙枣、沙棘都能与其共生在盐碱地进行固氮，达到对盐碱地的高效利用。国内外目前对弗兰克氏菌的研究有很大一部分工作还是集中在放线菌结瘤植物弗兰克氏菌菌株分离、种类鉴定和类群划分上，而且其属以下的分类至今还缺乏统一的指标。随着高通量测序技术在微生物多样性研究中的应用，结合其他分子生物学技术探索开展弗兰克氏菌种水平的研究，可能最终会解决弗兰克氏菌的定种问题。另外，可探索弗兰克氏菌与寄主植物共生结瘤固氮的机制，扩大其寄主植物范围，或者利用其高效的固氮能力，开发高效价廉的弗兰克氏菌菌肥，使其在农业生产中发挥更大的潜能。

3.1.2 固碳产品研发

土壤中所含的碳是大气中碳含量的3倍左右，因此土壤中的碳在碳循环中起着重要的作用，这对维持生态系统的结构至关重要。土壤盐碱化会显著改变土壤的理化性质，使得土壤具有高pH、高钠交换率、营养匮乏等特点，在这种营养贫瘠的土壤中，植物凋落物是土壤有机质的主要来源，凋落物作为地上植被和地下土壤之间的纽带，通过其分解和循环，在植物-土壤系统的养分代谢和循环中起着重要的作用。超过50%的净初级生产力都是通过分解植物凋落物而返回土壤当中的，因此，凋落物的分解是碳循环中一个非常关键的步骤。植物凋落物中的有机碳可以在土壤中通过腐殖化和矿化两个过程进一步分解和转化，两者都是由土壤微生物驱动的（Grimston et al., 2001）。在腐殖化过程中，植物凋落物首先被转化成以碳水化合物、有机磷化合物和含氮有机物等为主的中间产物，然后被浓缩成稳定的腐殖质基质，这是土壤有机碳形成的主要途径。在矿化过程中，凋落物中的有机碳通过土壤呼吸，逐渐转化为更简单的含碳基质，最终转化为CO_2，这是有机碳从植物凋落物再循环到大气中的主要途径。

1. 土壤有机碳与活性有机碳

土壤有机碳（SOC）是全球碳预算的重要组成部分，对农业生产力的影响至关重要。在土壤碳库中，超过60%的有机碳对宏观环境条件和微观土壤条件均敏感，土壤有机碳受人为因素和自然因素的影响明显，如植被类型、气候条件、土壤特性、耕作和施肥方法。人类活动对土壤碳储量和碳通量的影响远超过自然变化影响的速率和程度，主要包括土地利用、覆盖变化和农田管理措施。土地利用方式改变会导致土地植被覆盖发生相应的变化，从而改变土壤有机物的输入，改变小气候和土壤条件，从而改变土壤有机碳的分解速率和储量。耕作会对土壤产生物理干扰，影响土壤温度、水分及透气性，破坏土壤团聚体对有机质的保护。有研究显示，连续耕作将导致土壤有机碳含量下降。也有研究表明，通过合理的耕作方式和增加农田土壤碳输入，可以在 5 年内提高土壤有机碳含量 $0.44mg/hm^2$。合理施用有机物料可以显著提高土壤有机碳含量，同时还可以增加土壤微生物的多样性，提升土壤的固碳潜力。

活性有机碳（ASOC）概念的提出始于 20 世纪 70~80 年代，土壤中移动快、稳定性差、易氧化、易矿化的有机碳被认为是土壤活性有机碳，是土壤的重要组成部分，可以为植物提供养分，稳定土壤团聚体结构。虽然农业土壤中活性有机碳含量只占土壤总有机碳含量的 7%~32%，但由于其具有很高的灵敏度，可以在土壤全碳变化之前反映土壤微小变化，又直接参与土壤生物化学转化过程，所以能够作为土壤潜在生产力及土壤管理措施引起的土壤有机质变化的指标。土壤水溶性有机碳（WSOC）是土壤活性有机碳组分之一，它可溶于水，在土壤中不稳定，易于氧化和分解，可被微生物用作能源和碳源，其主要来源是植物残渣、腐殖质化的有机质、作物根系分泌物和微生物代谢产物，它们参与并影响土地和水的生产力及元素循环。不同土地利用对土壤水溶性有机碳影响显著，耕作方式、生态环境变化等是影响土壤水溶有机碳变化的重要因素。有研究表明，频繁耕作带来的土壤扰动，会降低土壤团聚体的稳定性，增加土壤有机碳的降解速率，从而降低土壤水溶性有机碳的含量，而免耕或秸秆还田可以提高土壤水溶性有机碳的含量。土壤水溶性有机碳与土壤水盐平衡关系密切，较高的含水率和盐分的平衡可增加土壤可溶性有机碳的含量。微生物生物量碳（MBC）在土壤中占比较少，却是非常活跃的组分，是易于获得的养分库和有机物分解的驱动力，其大小和活性控制着土壤有机物的转化物，对土壤含水量、气温、耕作习惯等环境变化响应明显。有研究表明，长期保护性耕作，如免耕或深耕等，稻草或秸秆直接还田充当碳源，可显著增加土壤中微生物生物量碳的含量，也有研究显示有机肥料的施用也会有效地增加土壤中微生物生物量碳的含量。此外，土壤理化性质，如含水率、孔隙度、容重等与土壤微生物生物量关系密切，降低土壤的容重和增加土壤的团聚体的稳定性，都能促进土壤微生物的生长和增加土壤微生物的生物碳。温度、湿度等可在一定程度上影响根系分泌物，对土壤微生物碳产生间歇的影响。土壤易氧化有机碳（ROOC）是指可被高锰酸钾氧化的碳，可分为高活性、中活性、低活性和无活性有机碳。虽然易氧化有机碳的类型不尽相同,但它们都能有效地反映土壤活性。研究表明,长期免耕能显著提高土壤表层易氧化碳含量,显著提高深层土层低活性组分含量,降低高活性组分含量。水稻种植可以提高土壤中低活性组分含量,降低中高活性组分含量,耕作与稻草还田相结合,可以使稻草与土壤充分混合,提供充足的能量和碳源,从而加速水稻秸秆的分解,提高有机碳活性,显著增加土壤各层高活性组分含量。

2. 土壤腐殖质与植物凋落物

腐殖质是土壤的重要组成部分,其组成和结构的变化与土壤肥力性质的变化直接相关。根据腐殖质在酸和碱溶液中的不同溶解度,可分为富里酸、胡敏酸和胡敏素,并认为腐殖质难以分解,是土壤中的惰性物质。土壤腐殖质碳占土壤全碳含量的60%~70%,土壤腐殖质的组成和特点在很大程度上反映了气候、植被、母质、年龄、农业措施和水热状况等生态环境条件的变化,同时也是土壤中养分的来源,是表征土壤肥力的主要指标。在土壤生物中,土壤微生物是有机质动态和养分有效性的主要调节者,其中细菌和真菌占土壤微生物数量的90%以上,因此微生物对土壤有机碳的影响主要受真菌和细菌控制。研究表明,由于微生物对有机质的利用程度和代谢产物的差异,真菌占优势的微生物群落比细菌占优势的微生物群落更有利于有机碳积累和其稳定性提高。

植物凋落物的分解是陆地生态系统物质循环和能量转化的主要过程之一,是一个基本的土壤活动过程,也是土壤生态系统中最完整的过程之一,因为它涉及土壤微生物和动物活动与土壤化学环境的相互作用。干扰或抑制凋落物的分解可能会导致土壤养分的损失和土壤肥力的下降,这可能会对生态系统的可持续性产生负面影响。1929年Tenney和Waksman提出,土壤有机物的分解速率受到4个方面因素的影响:基质的化学成分、分解者能利用的养分、参与分解过程的微生物的性质及环境条件,尤其是温度和水分。目前,普遍认为,凋落物分解主要受气候、凋落物质量、紫外线强度及土壤分解者群落组成影响。有研究表明,在气候干旱、降水量较低的气候条件下,植物凋落物的降解速率及质量损失明显下降,温度和降水也可通过其对凋落物叶质量的影响而间接地影响腐烂速率。Day等(1994)通过试验发现,遮阴处理后的凋落物的质量损失(44%)显著小于直接光照下的凋落物的质量损失(59%);由于木质素能吸收紫外线,凋落物暴露于紫外线辐射下能增加其木质素的损失,从而加快凋落物的分解;紫外线辐射的光降解可以促进干旱和半干旱陆地生态系统中凋落物的分解。凋落物的质量,如含氮量、C/N 值和木质素含量等对凋落物的分解速率也有一定影响。有研究表明，凋落物初始 N 和 P 浓度通常与凋落物分解速率呈正相关，而凋落物初始木质素含量和 C/N 值与凋落物分解速率呈负相关。除此之外，土壤分解者群落的组成也是影响凋落物分解的重要因素，包括细菌、真菌、微观和宏观动物群。此前，凋落物的分解被认为主要是由真菌完成的，但越来越多的研究发现，细菌也能够降解木质素并分解由真菌不完全降解产生的副产物，如在分解后期最常见的细菌类群是布氏杆菌、伯克霍尔德菌和链霉菌等。在正常土壤中除了真菌外，细菌是植物凋落物分解过程中有机质矿化过程的主要参与者，占土壤微生物总生物量的 25%~30%。

植物凋落物中的多糖主要由纤维素、半纤维素和木质素组成，它们也是组成植物细胞细胞壁的重要成分。纤维素是植物凋落物中最丰富的聚合物，占植物界中碳含量的 50% 以上，它是一种能被降解的生物大分子，其组成单位为葡萄糖，通过 β-1,4 糖苷键连接而成，不溶于水和一般的有机试剂，其水解过程需要纤维素酶的参与。纤维素酶是指一系列能够降解天然纤维素并产生葡萄糖的酶的总称，主要由外切葡聚糖酶（C_1 酶）、内切葡聚糖酶（Cx 酶）和 β-葡萄糖苷酶 3 种水解酶组成。C_1 酶是对纤维素最先起作用的酶，其作用区域为纤维素的结晶区，先破坏纤维素链的结晶结构，将天然纤维素水解成无定形纤维素，无定形纤维素再在 Cx 酶水解 β-1,4 糖苷键的作用下继续水解形成纤维寡糖，而 β-葡萄糖苷酶的作用则是将纤维寡糖彻底水解为葡萄糖。纤维素酶是一种蛋白质分子，因此纤维素酶酶活不仅受温度、pH、底物浓度及有机物质化学结构的影响，还与土壤环境中植被类型和土壤发生层次有关。半纤维素是植物细胞细胞壁结构中的第二大类碳水化合物多聚体，其含量仅次于纤维素，是由不同类型的单糖组成的多糖，不同植物中的半纤维素含量、结构都各不相同。近年来，随着环境问题的日益严重，半纤维素逐渐被认为是一种最廉价、最丰富的可再生能源之一。目前，木聚糖是半纤维素中含量最为丰富的，其水解过程需要一系列木聚糖酶的参与。微生物降解纤维素是自然界中降解纤维素最常见的方法，因此普遍认为，在土壤中能降解纤维素的微生物才是分解凋落物的主要驱动力。在土壤中，能够产生纤维素酶和木聚糖酶的微生物是普遍存在的。细菌和真菌通常被认为是纤维素分解的主要微生物，迄今为止，研究最多的一类纤维素降解微生物是真菌，其特点是具有多组分协同的纤维素分解酶系统，但目前发现，分解纤维素最有效的微生物是中温好氧微生物。从系统发育角度看，土壤中的好氧纤维素分解菌群是多种多样的，包括厚壁菌、放线菌、拟杆菌和蛋白菌等，众所周知能够分解纤维素的好氧菌属有芽孢杆菌、纤维素单胞菌、链霉菌、细胞弧菌和假单胞菌等。纤维素降解细菌可以通过其不同的纤维素酶系统聚集或结合在细胞壁上分解纤维素，而丝状放线菌似乎以与真菌类似的方式降解纤维素。这些土壤中的纤维素降解菌通过产生纤维素酶能将纤维素生物质有效地分解为可发酵糖，与化学转化相比，纤维素酶所介导的生物转化被认为是一种绿色环保的转化过程。而土壤中纤维素降解菌的种群密度及其种类和分布，往往受到其所在土壤的理化性质控制。

3. 微生物自养固碳

微生物自养的固碳量每年约占陆地生态系统固定 CO_2 总量的4%，目前研究的可以固定 CO_2 的微生物多以自养菌为主，它们存在于许多原核生物群中，广泛分布在如火山口、海洋深处、湖泊盆地等植物无法生存的多种环境中，其生物类群主要以古细菌、蓝细菌、光合细菌及一些混合培养的菌群为主，而以上大多数都是兼性厌氧菌。另外，土壤中也存在大量的自养微生物。根据能源获得途径的不同，可以将固定 CO_2 的自养微生物分为光能自养和化能自养两大类。光能自养微生物以光为能源，蓝藻和光合细菌是其主要类群；而化能自养生物则以 CO_2 为能源，主要包括严格化能自养菌和兼性化能自养菌两大类。微生物与其他生物相比，具有生长周期短且生长迅速、环境适应性强、繁殖快等特点，因此成为目前固定 CO_2 的研究热点，微生物固定 CO_2 在环境、能源和资源方面具有极其重要的意义。

CO_2 的固定是最重要的生物过程之一，因为所有生态系统都直接或间接依赖于植物或自养微生物通过 CO_2 固定获得的有机碳。在植物中，CO_2 的固定是通过卡尔文循环（Calvin cycle）进行的，而在自养微生物中，除了卡尔文循环外，还能通过还原性三羧酸循环途径、厌氧乙酰辅酶 A 途径、3-羟基丙酸途径和琥珀酰辅酶 A 途径固定 CO_2（Yuan et al., 2012），但卡尔文循环仍是微生物固定 CO_2 的主要途径。卡尔文循环包括三个主要过程：羧化反应、还原反应及 CO_2 受体的再生。在卡尔文循环中，负责实际固定 CO_2 的关键酶是 1,5-二磷酸核酮糖羧化酶，即 Rubp 羧化酶（Rubis CO），它能催化 1,5-二磷酸核酮糖和 CO_2 生成二分子-3-磷酸甘油酸反应。这一途径是光能自养生物和化能自养生物固定 CO_2 的主要途径，可在土壤营养匮乏的情况下，为土壤微生物及地面植物提供可利用碳源。而对于自养生物而言，CO_2 是唯一的碳源。根据 Rubis CO 大亚基氨基酸序列同源性、空间结构多样性、催化性能及对 O_2 的敏感程度，可将其分为 Form Ⅰ、Form

Ⅱ、FormⅢ和FormⅣ4种类型。其中，FormⅠ存在于藻类、蓝细菌、全部陆地植物和绝大多数好氧光能及化能自养微生物中，FormⅡ存在于数种鞭毛藻类、光合细菌和好氧及兼性厌氧化能自养细菌中，FormⅢ仅存在于古菌中，FormⅣ在氨基酸序列和三级结构上与其他RubisCO相似，但对1,5-二磷酸核酮糖的羧化或氧化过程并无催化作用。*cbbL*和*cbbM*分别是Rubis CO FormⅠ和FormⅡ的编码基因，由于其具有高度保守性，常作为研究不同环境中卡尔文循环自养固碳微生物群落多样性的标记物。Rubis CO在土壤碳固定过程中发挥重要的作用。通过研究发现，通过功能基因*cbbL*分子标记技术，发现水稻土壤*cbbL*具有很高的多样性，细菌*cbbL*丰度与碳同化速率呈显著正相关关系（$r=0.903$）。此外，大量研究表明，碳同化微生物对土壤特性和环境因子变化比较敏感，植被类型、土壤有机质含量、土壤质地、施肥方式、根际效应、光照和深度等因素对土壤*cbbL*和*cbbM*的多样性和丰度均有显著影响。

4. 水稻盐碱土固碳与减排

水稻土是我国特有的人为土壤类型，而稻作农业被国内农学家和土壤学家认为是生产能力高、土壤质量相对较好的我国特色农业资源的利用方式。第二次全国土壤普查时水稻土面积近$3\times10^7 hm^2$。稻田农业仍然是保证我国粮食安全的主要支撑。在我国农田土壤中，水稻土是有机碳含量较高、当前固碳趋势明显而固碳潜力较大的特色耕作土壤。因此，稻田农业固碳与碳循环研究不仅关系到我国农业应对气候变化的能力建设，而且与我国未来粮食安全和整个农业体系的可持续发展有关。目前对水稻土碳库与有机碳固定潜力已有充分的研究和积累。有许多学者利用第二次土壤普查资料研究和估计了我国水稻土（稻田土壤）的有机碳密度与储量，并且已经明确认识到，水稻土具有高的碳密度及显著的固碳能力。水稻土是我国耕地十大土类中面积最大，而且唯一一个耕层有机质平均值高达25g/kg的耕作土壤，平均表土碳密度为（46.91±25.73）t/hm^2，而全国耕作土壤的平均表土碳密度为（38.41±31.15）t/hm^2，旱地为（35.87±32.77）t/hm^2，水稻土高出旱地耕作土壤约11t/hm^2。近20年来，水稻土中普遍存在固碳趋势，且南方大于北方。同时，施肥、土壤类型、耕作制度和其他农田管理均可以很大程度上影响和调控水稻土的固碳强度，且可以调控的幅度高于旱地，因此，水稻土固碳与减排较旱地农田土壤具有更大的潜力。

在团聚体水平上对水稻土固碳机理进行了多方面探讨。近几年来，对南方红壤性水稻土、太湖地区水稻土、四川紫色盆地水稻土在不同施肥和耕作轮作下的有机碳积累与团聚体分布有很多的研究。稻田有机碳积累伴随着粗团聚体的形成和增多，而细团聚体（粒径<250μm）相应减少，新积累的碳主要赋存于粒径>250μm 的团聚体，特别是活性较高的颗粒态有机碳（POM）主要存在于较粗的团聚体上。进一步进行团聚体中有机碳结合形态的研究发现，粗团聚体中积累的有机碳化学活泼性较高［LOC（活性有机碳）/TOC（有机碳）］，而较细的团聚体中则较低。不同土壤对比，同样是粗团聚体中，红壤水稻土中铁铝氧化物结合态占优势，而紫色水稻土中以钙结合态明显较高，它们分别与 LOC/TOC 值呈负的和正的相关关系。而良好管理下积累的新碳以氧化铁结合态较多。这些结果使我们认识到，作物根系输入新碳首先通过粗团聚体的物理保护而积累，进而经受团聚体内不同的化学保护作用使积累有机碳得到稳定，水稻土中活跃的氧化铁在键合和稳定新碳中可能有重要的作用。这种作用在不同土壤中的差异会表现为利用不同团聚体有机碳的微生物区系的差异及相应微生物矿化潜力的差异。

目前，对稻田土壤积累新碳的生物可利用性与矿化稳定性积累了初步认识。积累新碳的生物学可利用性关系到稻田土壤的生物活性与固碳减排的实效。水稻土积累有机碳矿化稳定性较高，还从其呼吸和 CO_2 释放与相应的湿地土壤的对比中得到旁证。湿地土壤排水或开垦后呼吸释放强度强烈升高。长江中下游湖泊湿地的有机碳矿化潜力数倍于其开垦后数十年的稻田，这可能是湿地土壤在开垦 10 年内有机碳快速损失和湿地土壤排水后土壤呼吸强烈而产生很高的 CO_2 通量的原因。另外，无论是好气还是厌气培养下，稻田土壤有机碳矿化的动力学表现为一个极短的、速率递增的高矿化阶段，继之是一个较长的、速率递降的强矿化阶段和一个持续稳定的低矿化阶段；通常，第一个阶段持续 1～3 天，其矿化量与 DOC、易氧化碳（LOC）有关，而其他阶段与活性有机碳关系不密切。对于红壤性水稻土的好气矿化而言，不是总有机碳而是有机碳的活性分数（LOC/TOC）与总矿化速率有关。

在水稻土固碳与生物区系、多样性的发育和演变及生态系统服务功能的变化等方面的探索日益增多。近年来越来越关注固碳过程中生物特别是微生物区系的变化及其生态系统功能的演变。较多的研究注意到土壤的微生物活性、微生物商（微生物碳/有机碳）的变化，以及土壤中酶活性的变化。不同施肥、耕作的长期试验均表明，良好的管理实践，特别是有机无机配合施肥下微生物量、土壤酶活性均表现为明显的提高，这是土壤肥力和质量提高的基础。刘守龙等（2006）比较了中亚热带不同地域和不同长期试验的有机碳与微生物量碳的关系，稻田土壤的微生物量商（微生物量碳 SMBC/总有机碳 TOC）显著高于旱地和其他利用方式，因此提出稻田土壤具有较高微生物量维持能力。

水稻（*Oryza sativa* L.）是世界上最重要的农作物之一，也是亚洲最重要的主食，为超过30亿人即超过世界一半的人口提供35%~60%的膳食热量。此外，水稻对盐分和碱度具有一定的耐受性，是一种对盐胁迫中度敏感的作物，其浅根系统能降低植株对土壤中高交换性钠含量的敏感性，还可通过无机离子渗透平衡、有机物质渗透平衡、活性氧清除、转运蛋白及跨膜运输等调节机制应对盐胁迫。因此，水稻在盐碱土的定植过程中被认为是一种很有前途的作物。通过研究发现，可以在水稻土中检测出高丰度的 *cbbL* 基因及较低丰度的 *cbbM* 基因，说明水稻土壤中的确存在相当数量的自养微生物。水稻土壤含有各自特有的 *cbbL* 和 *cbbM* 优势种群。碳同化自养微生物有光能自养微生物和化能自养微生物两种，克隆文库分析结果显示 *cbbL* 的阳性克隆子多为化能自养菌，主要与变形菌的慢生根瘤菌、维氏硝酸杆菌、亚硝化螺菌和硫杆菌等的序列相似，也有一部分与固氮红细菌等一些不产氧光合细菌聚类；*cbbM* 的阳性克隆子与变形菌门的硫化菌等专性化能自养菌的相似度较高。袁红朝等（2011）的研究发现，水稻土壤碳同化细菌主要是不产氧兼性自养菌，如变形菌门的红假单胞菌、慢生根瘤菌和固氮红螺菌等。通过研究发现，SOC 和 CEC 是导致水稻土壤 *cbbL* 和 *cbbM* 群落结构存在差异的显著影响因素。袁红朝等（2011）对不同施肥条件下固碳细菌的研究发现，SOC 也对固碳细菌丰度和群落结构有显著影响，这可能是由于其降解能为微生物提供各类无机元素等营养物质和能量。此外，pH 可以通过 H^+ 浓度改变土壤中营养元素的形态从而影响自养微生物类群。水稻室内实验表明，在没有其他外来干扰的条件下，碳同化微生物数量会随着时间延长而增加，卡尔文循环关键酶 Rubis CO 的2种编码基因（*cbbL* 和 *cbbM*）丰度范围（干土中）为 $10^5 \sim 10^8$ 拷贝数/g，*cbbL* 丰度比 *cbbM* 高3个数量级，且多样性高于 *cbbM*。水稻土壤具有各自特有的优势种群，这些微生物多为变形菌和放线菌。同时，土壤性质的不同会导致固碳微生物功能基因丰度和多样性的变化，SOC 和 CEC 是编码 *cbbL* 和 *cbbM* 基因的功能微生物群落结构的显著影响因子。

3.1.3　富钙产品研发

钙是人体生命活动必需的矿物质元素。钙不仅是骨骼和牙齿的重要组成部分，而且在人体中参与骨骼肌和心肌的收缩、神经反应、免疫吞噬等重要的生理功能，维持着人体各器官的有效运行，充当着人体内多种酶激活剂的角色。钙参与人体的新陈代谢作用,因此人体必须每天补充所需钙量以维持体内新陈代谢的平衡。全球约35亿人缺钙,其中90%的缺钙人群在非洲和亚洲,缺钙已成为影响人类健康的世界性重大问题。2012年我国居民人均钙摄入量为366.1mg/d,不到中国营养学会推荐钙摄入量的一半,且低于2002年的388.8mg。缺钙可引起骨质疏松症、骨关节病、小儿佝偻病等。另外,饮食中低钙摄入量与肾结石和结肠癌的风险增加有关。目前,我国已经进入老龄化时代,而在"未富先老"的现状下,骨质疏松等钙缺乏症将很可能成为未来医疗界面临的重大问题之一,因此钙的补充迫在眉睫。人体中的钙随身体的新陈代谢不断被消耗,需不断通过进食等方式补充以保持新陈代谢的正常运行。我国钙源食物较多,如奶制品、海产品、豆制品等,但我国仍存在缺钙现象的一个原因是国人对饮食的喜好偏于口感而不重视营养,其次是钙的吸收率较低,因此研究开发大众喜好的且为大家在日常生活中即可食用的富钙食品、研究有效促进钙吸收的机理与方法具有重要的意义。

1. 土壤中钙的存在形态

土壤中钙有4种存在形态,即有机物中的钙、矿物态钙、代换态钙和水溶性钙。有机物中的钙主要存在于动植物残体中,占全钙量的0.1%~1.0%。矿物态钙占全钙量的40%~90%,是主要钙形态。土壤中所含钙矿物主要是碳酸钙、硫酸钙等,这些矿物易于风化或具有一定的溶解度,并以钙离子形态进入溶液。其中,大部分被淋失,一部分被土壤胶体吸附成为代换态钙,因而矿物态钙是土壤钙的主要来源。代换态钙占全钙量的20%~30%,占盐基总量的大部分,对作物有效性好。代换态钙的含量是有效钙丰足与否的重要指标,一般认为,对于大多数作物与土壤来说,土壤中代换态钙含量在20~30mg/kg时,即不至于缺钙。水溶性钙是指存在于土壤溶液中的钙,含量为每千克几毫克到几百毫克,是植物可直接利用的有效态钙。在盐渍化条件下,尽管土壤交换钙含量充足,但有效性小,必须通过增补外源钙确保土壤供钙水平,以防止缺钙现象发生。脱硫石膏溶解产生Ca^{2+}置换土壤胶体上的交换性Na^+,在水的作用下将被置换的钠盐从土壤中淋洗从而降低了pH、土壤碱化度并改善了土壤理化性质,同时脱硫石膏可增强土壤的离子吸附能力,提高土壤持水性。

钙是二价碱土金属元素,在地壳中是第五位丰富的元素,平均含量为3.64%。土壤钙来源于土壤岩石中,钙长石($CaAl_2Si_2O_8$)是钙最主要的原生矿物。其他一些矿物也提供少量钙,包括钠长石、辉石、闪石、黑云母、磷灰石和一些硼硅酸盐。方解石（$CaCO_3$）常是半干旱、干旱地区土壤的主要钙源。土壤中含钙量取决于土壤母质、风化程度、pH、气候及其他成土因素。在成土过程中，降水是影响土壤钙的主要因素，其次是母岩和生物作用。含钙量大于3%时一般表示土壤中存在碳酸钙，含游离碳酸钙的土壤被称为石灰性土壤。石灰岩和浅海沉积母岩发育的石灰性土壤含钙比较丰富。尤其在北方干旱和半干旱地区的石灰性土壤，钙的含量在1%以上，含量相对富集。此外，浅海沉积物发育的土壤及河湖相母质发育的黏性土一般含钙量较高。质地轻、有机质贫乏或淋失严重的土壤，有效钙供应不足。在湿润地区的土壤，由于受强淋溶作用的影响，土壤中的钙含量多在1%以下，有时低于0.1%。由酸性火成岩或硅质砂岩发育的土壤，以及强酸性泥炭土和蒙脱石黏土，含钙量也相对较低。我国南方土壤属高温多雨湿润地区的热带亚热带酸性土壤，主要包括赤红壤、砖红壤、红壤。由于风化和淋溶作用强烈，含钙的硅酸盐矿物已经遭到强烈分解，盐基也受到淋失，因此其含钙量较低，代换性钙平均含量仅为10~20mg/kg。此外，南方一些由花岗岩、正长岩发育的土壤和硅质砂岩发育的土壤，其全钙含量有些也是很低的，南方酸性红壤交换性钙含量更低，果树等作物容易缺钙，必须施用钙肥。可见，我国南方热带亚热带土壤中钙的供应量相对不足。

土壤颗粒带有电荷和有机物质，对土壤钙有吸附和固定的作用。土壤有机质残体含有氨基酸和羧基，除少量钙被螯合外，大部分钙则作为交换性离子被羧基吸附，小部分被氧化物专性吸附。钙的吸附属于离子与表面电性吸引所产生的交换吸附，既被黏粒矿物、有机质和土壤交换吸附，又可被氧化物专性吸附。土壤胶体上所吸附的钙与土壤溶液中的钙保持着一定的平衡，在平衡条件下，土壤交换性钙与土壤溶液中的钙呈良好的线性关系。土壤中钙的解吸就是指吸附在土壤中的Ca^{2+}，由于环境或其他原因从土壤中被代换或溶解下来的过程。一价代换性K^+和Na^+存在时可显著抑制代换Ca^{2+}的解吸，而二价Mg^{2+}的抑制作用则不明显。因而在盐渍化条件下，尽管土壤交换钙含量充足，但有效性小，必须通过增补外源钙确保土壤供钙水平，以防止缺钙现象发生。以氢离子和铝离子为陪衬离子的强酸性土壤，当钙饱和度高时，氢离子对钙离子活度有抑制作用，而钙饱和度低时，氢离子可促进钙离子的释放。以卤离子为陪衬离子时，其有利于钙离子的解吸，但过多的卤离子对植物有毒害作用，从而抑制钙的吸收。此外，钙还具有缓解重金属污染的作用，它可与镍离子和钴离子在土壤中发生代换吸附，还可减轻铜离子的毒害作用。

2. 钙在植物代谢中的作用

对钙的研究表明，多种刺激因子作用于细胞，大多为首先引发胞内钙离子浓度的变化。随着钙调蛋白（Calmodulin，CaM）的研究发现，Ca^{2+}对于植物的重要意义是作为信使将不同的胞外刺激转化为钙信号向胞内传递，达到调节生物学反应的目的，因此为植物代谢不可或缺的物质。种子萌发需要一定的水分、温度等多重因素的作用，而细胞内的钙离子则与萌发过程的酶活性等具有重要关系。蒋振晖（2003）研究表明Ca^{2+}对种子萌发具有调节与促进的作用，这与糙米在浸泡过程中Ca^{2+}进入糊粉层、胚乳细胞等进行累积密切相关，使得Ca^{2+}结合的调节蛋白活化，激活了促进萌发与代谢的关键酶有重大关系。钙对于维持细胞壁、细胞膜及膜结合蛋白的稳定性，调节无机离子运输，作为细胞内生理生化反应的第二信使——偶联胞外信号具有重要作用。当植物受到逆境胁迫时，细胞质游离Ca^{2+}浓度明显上升，启动基因表达，引起一系列生理变化，从而提高植物对逆境的适应性，同时Ca在阻止膜脂过氧化反应及保护膜的完整性方面具有重要作用，它能增加膜的流动性，从而提高植物的抗逆能力。目前，已经发现多种刺激因素，包括机械刺激、低温、盐胁迫、水分胁迫等，都以细胞内钙离子作为第二信使来介导生物学反应，钙离子在细胞内信号传递中的作用是明显的。近年来，对Ca^{2+}与植物抗逆性进行了研究，以探讨Ca^{2+}信使系统在抗逆性中的作用。外源Ca^{2+}处理能提高植物的抗旱性、抗盐性和抗冷性。在植物细胞内，钙离子作为第二信使通过钙调蛋白调节酶的活性，其作用机理是，在未受到刺激的细胞内，胞质游离Ca^{2+}浓度太低，不足以激活Ca^{2+}与CaM结合的K值，反应"开启"。此时Ca^{2+}与CaM结合为Ca^{2+}-CaM，Ca^{2+}-CaM起活性构象体的作用，某些依赖于钙调蛋白的酶与Ca^{2+}-CaM结合后，构象发生变化而形成另一构象的酶来表达生化功能。

在盐胁迫下，种子用钙处理过的植物的脯氨酸累积比未经钙处理的要明显。汪良驹等（1990）研究无花果时发现细胞中游离脯氨酸含量随盐胁迫强度的增加而增加，且对钙浓度的依赖性也越强，通过使用Ca^{2+}螯合剂及阻塞剂能够抑制脯氨酸的积累，提出脯氨酸积累是Na^+和Ca^{2+}相互作用的结果，且涉及Ca^{2+}-CaM。钙对植物体内许多种关键酶起活化作用，并对细胞代谢有调节作用。在有丝分裂中，将染色体分开的纺锤体是由微管构成的，而钙调蛋白复合体能影响微管的解聚。因此，缺钙就会妨碍纺锤体的增长，从而抑制细胞的分裂。钙离子能提高α淀粉酶和磷脂酶的活性，也能抑制蛋白激酶和丙酮酸激酶的活性。Ca^{2+}-CaM复合物有两种作用方式,一种是直接作用于效应物系统而引起生理反应,另一种是间接作用于调节系统。

活性氧(ROS),主要包括超氧阴离子(O_2^-)、羟自由基($-OH$)、单线态氧($^1O_2$)和过氧化氢(H_2O_2)等。植物生长和发育的能量来源于呼吸作用,有氧呼吸将氧气还原成水,把有机物彻底氧化分解为二氧化碳和水,同时释放出能量。在这一过程中就会产生一类化学性质非常活泼、氧化能力极强的含氧物质。在正常的情况下,植物体内的活性氧浓度很低,对植物细胞的损伤不大,这是因为植物体内的活性氧清除系统会将其不断地清除,而且还可以参与植物的一些防卫反应。当植物在逆境条件下,还原过程就变得不完全,植物体内活性氧浓度就会升高,高浓度时对植物细胞有很强的毒害作用,会氧化生物大分子,破坏细胞膜的结构与功能,其中O_2^-的氧化能力特别强,它能迅速地攻击所有的生物大分子,包括 DNA、RNA 等,引起细胞的死亡。同时高浓度的氧、含氮氧化物、臭氧等也能在植物体内产生活性氧。已知 Ca^{2+} 信使系统参与植物多种生理生化过程及酶活性的调控,有初步证据表明活性氧、抗氧化酶系统及钙信使系统之间是相互作用的。在逆境胁迫下,植物体内活性氧代谢系统的平衡受到影响,活性氧(如 O_2^-、H_2O_2)的产生量增加从而引起非酶促膜脂过氧化作用。另外,植物体内重要的活性氧清除系统,包括 SOD、POD、CAT、APX 和 GR 的活性,以及其他抗氧化物质如抗坏血酸(ASA)、谷胱甘肽(GSH)和类胡萝卜素(CAR)等的含量降低。研究发现,在盐胁迫初期,植物细胞中 Ca^{2+} 水平迅速增加数倍至数十倍,而且逆境胁迫也可同时诱导抗氧化酶系统活性的迅速增加以抵御逆境诱导的氧化胁迫,在这种胁迫过程中细胞 Ca^{2+} 水平变化与抗氧化酶活性变化在时间上的顺序性及在空间上具有一致性,暗示着环境胁迫诱导的细胞 Ca^{2+} 水平的上升可能会调控部分抗氧化酶的活力。许多研究现已证明,施钙能够提高 SOD、POD 等细胞保护酶的活性,减少活性氧物质的积累量从而降低植物细胞内活性氧自由基对质膜和膜脂过氧化作用的伤害,维持细胞膜的稳定性和完整性。Ca^{2+} 对水稻幼苗的保护作用可能是通过与 CaM 结合,活化 SOD、POD 等酶的活性,减少膜脂过氧化来完成的。Ca^{2+} 作为细胞内功能调节第二信使,在与 CaM 结合后调节细胞内多种重要酶的活性和生理过程。

3. 糙米的营养价值与保健功效

糙米作为粮食谷物中重要的原料之一,因其具有的营养价值,吸引着越来越多消费者的关注。目前在加工过程中去除了稻米的表皮糠层和胚芽,成为日常所食用的精白米，这种加工技术造成稻米可食用资源浪费达到10%~20%。目前利用糙米营养成分，怎样在不损失营养成分的基础上激活其有益于健康的营养物质，如何利用新技术、新工艺等途径加工生产发芽糙米制品，进而改善其口感与品质等，是稻米深加工的重要课题内容。糙米的发芽过程是高效生物转化的过程，可将其富含的无机钙转化为对身体有益的有机活性钙，以既安全又价格低廉的方式有效避免了人体无法吸收利用无机钙的弊端，能够为解决我国目前食品钙源不足与膳食结构不合理的问题做出重大贡献。利用糙米的生物转化能力生产出富钙发芽糙米，为富钙发芽糙米的应用提供了新思路。

糙米是稻谷经一系列加工程序后保留胚芽、糠层的精白米全米粒。因其保留了胚芽，在适宜温度、水分等条件下可促进其发芽。有学者研究表明：大米中的营养成分如氨基酸、矿物质和膳食纤维等，大多留存在稻谷的胚芽与外表组织中，而所食的部分即精白米，是由90%以上的淀粉与约1%的蛋白质组成。据此，糙米的营养成分较为齐全，与精白米相比较，糙米富含膳食纤维、维生素等营养元素，为人体提供了大量的营养成分。目前，日常所食用的精白米被碾磨精细，用以满足消费者的口感需求，但也导致一部分人缺乏营养素，如B族维生素，而B族维生素为体内碳水化合物转化为能量不可或缺的因子，对维持体内正常生理功能意义重大，缺乏会引起脚气病、神经炎、伤口愈合难等。糙米所含维生素E可达到精白米的3倍以上，维生素E可防止皮肤干燥、血管老化及具有抗氧化作用。糙米中叶酸、钙、锌等营养元素含量均高于精白米。分析其原因，糙米在加工过程中很好地保留了果皮、种皮、糊粉层等结构，而以上所述营养物质和活性成分均富集于糙米的这些结构中。因此，糙米的食用既可避免浪费，又可为人体提供营养，一举两得。糙米中富含膳食纤维，膳食纤维分为可溶性与不溶性，其中不溶性膳食纤维是难以被人体消化的一类碳水化合物。膳食纤维是很好的生理保健因子，与人体健康息息相关，它既可以降低胆固醇含量，还可清除体内有害物质，促进营养物质的合成。此外，膳食纤维可有效阻止脂肪等的吸收，起到减肥等功效，能够保护胃肠道黏膜，降低结肠癌发生概率，控制胰岛素分泌，有效预防血糖上升。

虽然糙米的营养价值较高，但在食用方面存在需克服的因素。糙米的糠皮部分含较多的植酸盐、表层纤维，使得糙米蒸煮所需要的时间长，且咀嚼性差，不仅影响口感，而且营养物质的吸收也受到阻碍。主要原因分析如下：①米粒外层蜡质表面阻碍了淀粉的糊化，使得糙米碱消值小，而粗纤维导致其吸水性、膨胀性相对较差，需更高的糊化温度，导致蒸煮所需时间长、食品色值差等缺点；

②糙米外表层的纤维组织物理磨碎困难,有糟糠气味,使口感下降,人体消化吸收难度加大。目前,糙米的开发与应用的难点在于两个方面:首先是如何在加工的同时提高、保持生物活性物质;其次是克服其本身所含有的影响口感和淀粉糊化因子(如纤维素)的影响,改善其食味品质。糙米经过发芽,其胚芽萌发、酶系统活化,不仅会保持良好的营养成分,有效活性成分含量大大增加,其口感也得到提高。同时,糙米发芽过程中会有新的有益活性成分的累积与合成。也正因如此,发芽糙米又被称为"活性米"。糙米的发芽从本质上讲是整个酶促反应的激活与启动过程,酶是高效的生物催化剂。发芽时,糙米内的淀粉酶活化,淀粉酶活性提高,使得直链淀粉含量下降,淀粉凝胶化能力显著降低,从而产生糙米理化特性的变化。有专家在进行糙米蛋白酶活力、氨基酸组成等组分变化研究时,发现发芽对其有较大的影响。适宜条件的发芽处理可降低甚至消除谷物中抗营养物质如植酸盐的含量,产生肌醇,大大提高人体对其的消化能力,增加谷物中限制性氨基酸和小分子营养成分、维生素等营养素的含量,改善糙米的食味特性,可有效累积生物活性成分,如 γ-氨基丁酸(GABA)、黄酮类物质等,达到保留营养、累积活性成分、加工过程健康安全的目的。当前,发芽糙米研究的一个热点为其中富含的 GABA 等生理活性物质。脑循环生理活动中 GABA 是必不可少的活性物质,它可以改善脑部血液循环与氧气的供给,具有安神、促记忆、降血压、改善心律失常等功效。

发芽处理是有效改善谷物食用品质的方法之一。糙米经过发芽处理后其口感得到明显改善,是因为在发芽过程中,纤维素含量有所改善,淀粉含量变化明显,而纤维素含量与淀粉的结构组成是评价蒸煮食用品质的重要参数之一。糙米发芽过程中淀粉含量的变化提高了米饭的蒸煮品质与质构特性。目前,日本已经对发芽糙米及其营养食品进行大力开发并趋于完善,其研发、生产和消费程度处于世界领先水平。据了解,韩国、中国台湾和香港等地区也已逐渐接受发芽糙米制品并得到广泛食用。目前,市场上有以下几种主要发芽糙米制品。①发芽糙米饮料:饮料中较为常见的为糙米茶和糙米饮料。糙米茶加工工艺较为简单,冲泡即可饮用,糙米的好处也在商家的大力宣传下被更多消费者所认知。袁辉等(2009)将发芽糙米和牛奶以发酵的方式研发出新型谷物发酵饮料,刘崑等(2013)研发出类似产品;在日本有以发芽糙米为原料的清酒和蒸馏酒,其味道香醇、风味独特;以糙米芽为原料进行糖化发酵处理后,研发出具有良好保健功效的糙米芽低醇酿造酒,拓宽了产品开发思路。②发芽糙米焙烤类食品:糙米粉可以通过与面粉按照不同比例配比制成焙烤类食品,如面包等,与普通的面包相比其营养价值与口感都有所提高。制作焙烤类食品需面团具有非筋蛋白提供的良好韧性和弹性，从而提高其疏松性，而糙米中存在的米粉蛋白恰好属于非筋蛋白。烘烤过程中发生的美拉德反应能让烘烤制品具有更香甜的气味，为其增添风味。

有试验研究表明糙米浸泡液中 Ca^{2+} 浓度适宜时，可以有效促进糙米的萌发，淀粉酶活力提高（Sverdrup et al.，1992），因此 Ca^{2+} 对相关酶水解活性具有较大影响；但当 Ca^{2+} 浓度超出适宜浓度时，与磷酸反应后产生的磷酸盐会对体内能量代谢水平起到干扰作用，也因此可能对淀粉酶的活性产生抑制作用。钙离子能够激活米胚中谷氨酸脱羧酶（GAD）的活性，而 GAD 可有效提高米粒中 Glu 含量，从而促进 GABA 的积累。周艳华等（2018）发现，在一定浓度范围内，GABA 累积量会随钙浓度的增加而增加，而较高浓度则会对 GABA 的生成产生抑制作用；郑艺梅（2006）分别研究了蒸馏水、$CaCl_2$ 与壳聚糖处理对发芽糙米 GABA 累积量的影响，发现 $CaCl_2$ 低浓度促进、高浓度抑制 GABA 含量的趋势；辛建华等（2008）研究发现，一定浓度的外源钙对干物质的积累起到促进作用；江湖等（2010）在对 GABA 累积量考察时发现，当 $CaCl_2$ 浓度为 0.2% 时，糙米中 GABA 的含量积累达到高峰，而发芽率大于 80%；张继武等（2005）发现发芽糙米有机钙含量随钙浓度增大而增加，但浓度过高会导致发芽率下降。

稻米是我国多数人的主食之一。根据营养学的观点，在主食中强化钙会有利于人体吸收钙，而且便于人们在一日三餐中定量地摄入钙。我国卫生部推荐每人每天钙摄入量为 0.8g，而实际上我国国民平均每日摄入钙在 0.5g 以下，老年人则更低。如果食用这种富含钙的发芽糙米，其钙含量为 3.124mg/g，按每人每天摄入钙的量计算，每人每天需进食糙米 256g，而我国人群每日食用大米的量完全可以超过这个量，也就是说，如果人们按正常生活习惯食用这种富钙发芽糙米，就可以满足正常钙需要。水稻植株在整个生育后期不断从土壤中吸收 Ca^{2+}，吸收累积量随生育期进程而增加。外源钙处理对水稻根系活力及富集 Ca^{2+} 能力的影响与对地上部植株各器官 Ca^{2+} 浓度和分布的影响相类似，适量钙肥（450kg/hm^2）可以增强根系活力及促进 Ca^{2+} 的吸收和运转。同时，糙米钙含量随土壤交换性钙含量增加呈上升趋势，而与土壤的 $CaCO_3$、总钙含量关系不明显。糙米钙含量与土壤交换性钙含量的相关性分析表明，二者之间呈极显著正相关，相关系数为 0.9698。富钙发芽糙米食用性接近精白米，营养成分却大大超过精白米，其富钙量是糙米的 11.15 倍、发芽糙米的 8.61 倍。富钙发芽糙米的研发，既提高了糙米的营养价值，增加了适口性，也为盐碱地的高效利用、发展富钙产品提供了新指南。

3.2 盐碱地优质枸杞分级利用研究

宁夏枸杞现行的商品等级分级是根据5个验级标准划分的：贡果（180～200粒/50g）、枸杞王（220粒/50g）、特级（280粒/50g）、甲级（370粒/50g），乙级（580粒/50g）。传统枸杞分级方法是用人工计量出50g枸杞后再逐粒数，在每次枸杞交易时这一环节必不可少，且费时费工，增加枸杞生产成本。为了进一步提高生产效率和节约成本，农民和商家迫切需要一种快速精确、稳定可靠、使用简单、价格便宜的枸杞色选机和分离机进行去杂与等级分级。

3.2.1 盐碱地优质枸杞分级技术

净化枸杞干果工艺流程为原料验收→碱液浸泡脱蜡质层→铺栈→入烘→烘干→出烘→除柄→振动分级→熏蒸→拣选→静电毛发除尘→金属探测→装箱入库。

净化枸杞干果具体过程步骤和控制措施：根据鲜果收购要求，在统防统治无公害枸杞基地收购合格鲜果枸杞原料用专用塑料周转筐运输到枸杞加工公司生产厂区，由质检部质检员和车间原料验收员共同验收，原料应颗粒饱满、均匀，且色泽鲜红，成熟度在8～9成熟，果叶、果柄、霉烂果严格控制。验收合格后，经原料入口进入净化烘干室。

碱液浸泡：进入烘干室的新鲜枸杞立即用碱水（纯碱7kg，小苏打2.3kg，加水0.37t溶解）浸泡3～5s，取出后静止10～15min（破坏枸杞表皮蜡质层，利于果内水分散发）。

铺栈、入烘：果栈应干净无污物，果实厚度应保持在1.5～2cm，与果栈沿边齐平。将铺好的果栈，用烘车拉入烘道，进入下道工序。

鲜果烘干：鲜果烘道内烘干共分3个环节。前期：鲜果进入烘道后，开风机通冷风2～3h，然后缓慢升温至45～50℃，保持8h，并开轴流风机全力排潮，后门关闭，形成负压。中期：继续升温烘干，温度升至55～60℃，保持2～4h。后期：继续升温，温度升至65～68℃，最高不超过70℃，保持6～8h，当果实色泽鲜红，水分≤13%，即可出烘道自然降温。

人工除柄、除叶：将干果放至室温后，用人工搓至果柄、果叶脱落，用风机吹去果柄、果叶，进入下道工序。

枸杞分级：经除柄、除叶的枸杞干果，通过加料口进入不锈钢圆振动筛分选为4个等级，特优级（280～370粒/50g）、特级（370～580粒/50g）、甲级（580～900粒/50g）、乙级（900粒/50g以下）。

灭菌：分级后的枸杞干果投入防虫药剂、熏蒸药剂、氧化铝原剂熏蒸72h灭菌。

色选机拣选：将分级灭菌后的净化枸杞送入捡房，用色选机进行机械去杂，经检验员验收合格后送打包工。

静电毛发分离和金属探测：将拣选合格后的枸杞干果通过静电毛发分离机将色选机拣选未清理彻底的毛发进行静电毛发分离，然后再用金属探测仪检测，避免金属异物在产品包装前掺入产品中。

包装：将经过静电毛发分离和金属探测及灭菌后的净化枸杞干果，称重后用专用无菌铝箔袋包装封口。

3.2.2 盐碱地药用枸杞质量评价研究

以不同商品等级的枸杞为材料，分别测定枸杞中非酶促抗氧化物质（枸杞总糖、枸杞多糖、黄酮、甜菜碱和维生素C）和酶促抗氧化物质（SOD、POD、GSH）的含量（或活性），同时采用Folin-Ciocalteu法、DPPH法和Fenton法对不同商品等级枸杞的水和50%乙醇提取液的抗氧化活性进行测定。采用隶属函数法对测定结果进行综合分析。

2014年分别从宁夏枸杞企业（集团）公司收集两批次枸杞夏果（4个等级6个样品）和秋果（4个等级4个样品）及宁夏育新枸杞种业有限公司5个商品等级的枸杞干果，共计15个枸杞样品（表3-1）。

表3-1 不同商品等级枸杞

编号	样品名	等级	百粒重/g
1	南梁第一茬	特优级	20.993
2	南梁第一茬	特级	17.137
3	南梁第一茬	甲级	10.017
4	南梁第二茬	特优级	18.987
5	南梁第二茬	甲级	12.863

续表

编号	样品名	等级	百粒重/g
6	南梁第二茬	乙级	7.513
7	南梁秋果	特优级	20.710
8	南梁秋果	特级	15.170
9	南梁秋果	甲级	12.947
10	南梁小红果（秋果）	乙级	7.077
11	育新150	特优级	28.723
12	育新220	特优级	23.187
13	育新380	甲级	11.893
14	育新520	甲级	9.947
15	育新小红果	乙级	8.220

注：根据2014年枸杞等级标准，百粒重≥17.8g为特优级，百粒重≥13.5g为特级，百粒重≥8.6g为甲级，百粒重≥5.6g为乙级

不同商品等级枸杞中总糖含量如图3-4所示，第一茬枸杞中总糖含量是特级最高，甲级次之，特优级最低；第二茬是甲级最高，特优级次之，乙级最低；秋果是甲级最高，特优级次之，特级较高，乙级最低；育新枸杞是特优级（编号11、编号12）最高，甲级（编号13、编号14）次之，乙级（编号15）最低。

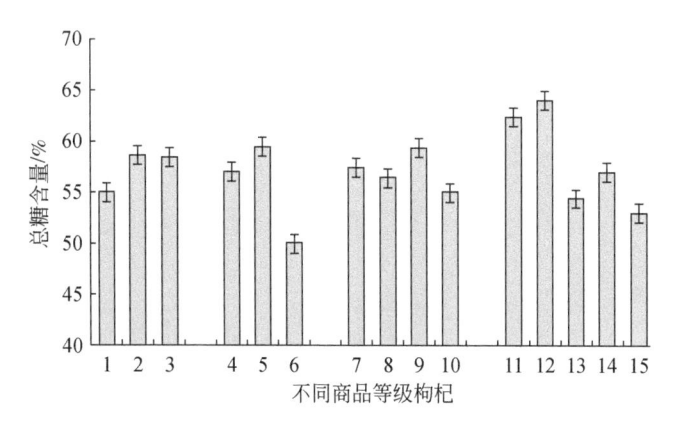

图3-4 不同商品等级枸杞总糖含量

不同商品等级枸杞中多糖含量变化如图3-5所示，第一茬（编号1、编号2、编号3）枸杞中的枸杞多糖含量变化趋势是甲级最高，特优级次之，特级较低；

第二茬（编号4、编号5、编号6）是乙级最高，甲级次之，特优级较低；秋果（编号7、编号8、编号9、编号10）和育新是乙级最高，特优级最低，即枸杞商品等级越高果实中多糖含量越低。

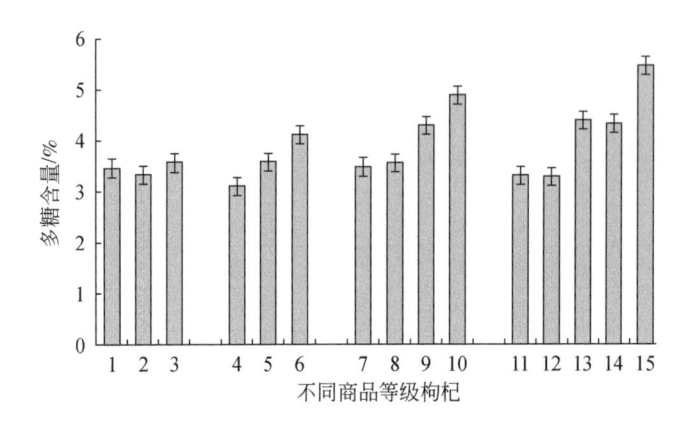

图 3-5　不同商品等级枸杞多糖含量

不同商品等级枸杞中黄酮含量变化如图 3-6 所示，第一茬（编号1、编号2、编号3）枸杞中的黄酮含量变化趋势是甲级最高，特级次之，特优级较低；第二茬（编号4、编号5、编号6）是乙级最高，甲级次之，特优级较低；秋果（编号7、编号8、编号9、编号10）是特级和乙级较高，特优级最低；育新枸杞中是乙级最高，特优级最低，即枸杞商品等级越高果实中黄酮含量越低。

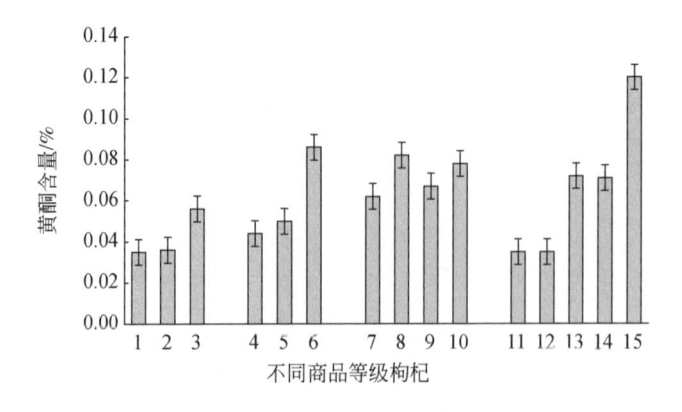

图 3-6　不同商品等级枸杞黄酮含量

不同商品等级枸杞中甜菜碱含量变化如图 3-7 所示，第一茬（编号1、编号

2、编号 3）枸杞中的甜菜碱含量变化趋势是甲级最高，特级次之，特优级较低；第二茬（编号 4、编号 5、编号 6）是乙级最高，特优级次之，甲级最低；秋果（编号 7、编号 8、编号 9、编号 10）是特优级级最高，乙级最低；育新枸杞中是乙级最高，特优级最低。第一茬和育新枸杞商品等级越高果实中甜菜碱含量越低，秋果相反，而第二茬是甲级最低。

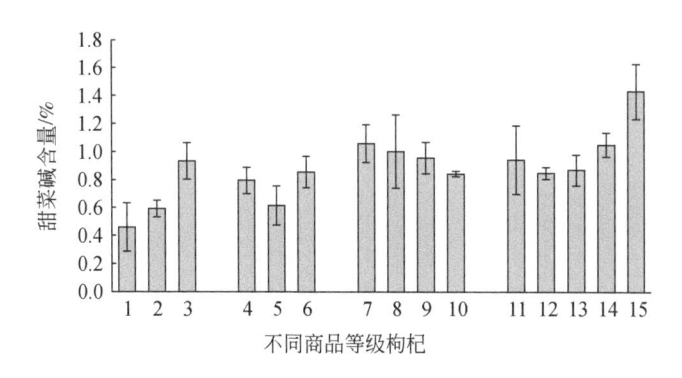

图 3-7　不同商品等级枸杞甜菜碱含量

不同商品等级枸杞中维生素 C 含量变化如图 3-8 所示，第一茬（编号 1、编号 2、编号 3）枸杞中维生素 C 含量变化趋势是甲级最高，特优级次之，特级较低；第二茬（编号 4、编号 5、编号 6）是乙级最高，甲级次之，特优级最低；秋果（编号 7、编号 8、编号 9、编号 10）是乙级最高，特优级最低；育新枸杞中是甲级最高，特优级次之，乙级最低。

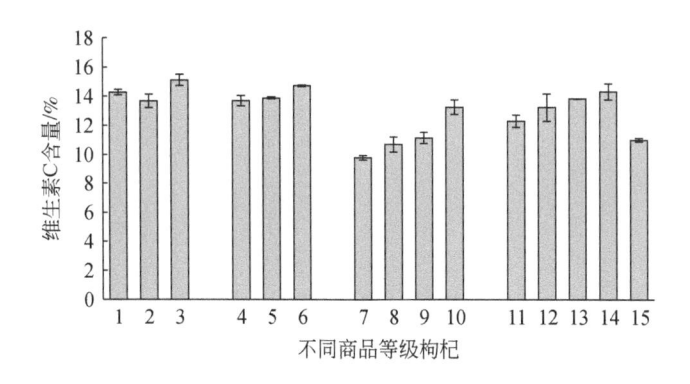

图 3-8　不同商品等级枸杞维生素 C 含量

不同商品等级枸杞中 SOD 活力变化如图 3-9 所示，第一茬（编号 1、编号 2、编号 3）枸杞中 SOD 活力变化趋势是特级和甲级较高，特优级较低；第二茬（编号 4、编号 5、编号 6）是乙级和甲级较高，特优级较低；秋果（编号 7、编号 8、编号 9、编号 10）是甲级和特级较高，乙级次之，特优级最低；育新枸杞中是乙级最高，甲级次之，特优级最低。

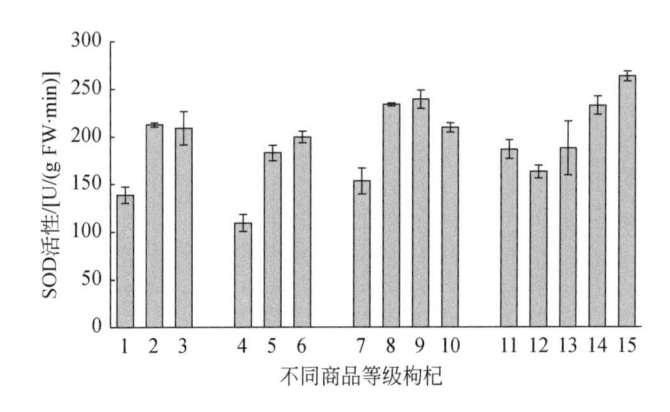

图 3-9 不同商品等级枸杞超氧化物歧化酶活性

不同商品等级枸杞 POD 含量变化如图 3-10 所示，第一茬（编号 1、编号 2、编号 3）枸杞中 POD 活力变化趋势是甲级较高，特级和特优级较低；第二茬（编号 4、编号 5、编号 6）是乙级较高，甲级和特优级较低；秋果（编号 7、编号 8、编号 9、编号 10）是甲级较高，特级和乙级次之，特优级最低；育新枸杞中是乙级最高，甲级次之，特优级最低。

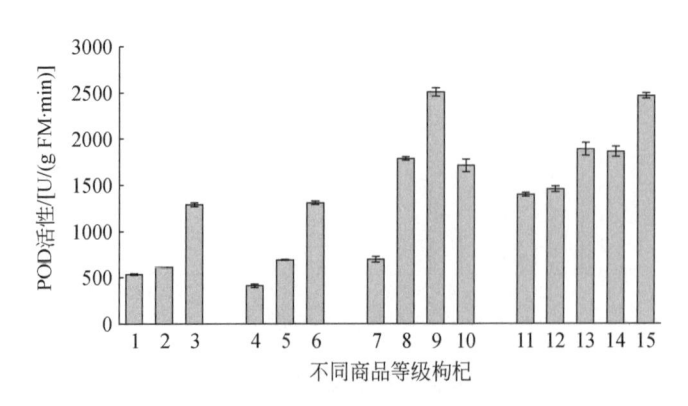

图 3-10 不同商品等级枸杞过氧化物酶活性

不同商品等级枸杞GSH含量变化如图3-11所示，第一茬（编号1、编号2、编号3）枸杞中GSH含量变化趋势是甲级和特优级较高，特级较低；第二茬（编号4、编号5、编号6）是甲级较高，特优级和乙级较低；秋果（编号7、编号8、编号9、编号10）是特级和特优级较高，乙级次之，甲级最低；育新枸杞中GSH含量没有统一规律，编号11（特优级）、编号13（甲级）、编号15（乙级）较高，编号12（特优级）、编号14（甲级）较低。

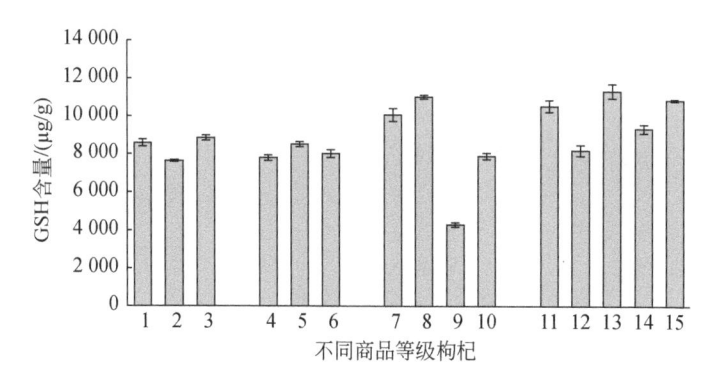

图3-11 不同商品等级枸杞谷胱甘肽含量

不同商品等级枸杞对DPPH自由基的清除率如图3-12所示，枸杞对DPPH自由基的清除率均是50%乙醇提取液高于水提取液，说明枸杞的50%乙醇提取液清除DPPH自由基的能力高于水提取液。第一茬（编号1、编号2、编号3）枸杞对DPPH自由基的清除率变化趋势是特优级较高，甲级次之，特级较低；第二茬（编号4、编号5、编号6）是特优级较高，乙级次之，甲级较低；秋果（编号7、编号8、编号9、编号10）是特优级较高，特级、乙级和甲级较低；育新枸杞对DPPH自由基的清除率各等级间差异不大。

不同商品等级枸杞对·OH自由基的清除率如图3-13所示，枸杞对·OH自由基的清除率是50%乙醇提取液基本高于水提取液，说明枸杞的50%乙醇提取液抗·OH自由基的能力高于水提取液。第一茬（编号1、编号2、编号3）枸杞对·OH自由基的清除率变化趋势是水提的商品等级越高清除率越低，50%乙醇提的特优级和甲级较高、特级较低；第二茬（编号4、编号5、编号6）是水提的商品等级越高清除率越低，50%乙醇提的特优级和乙级较高、甲级较低；秋果（编号7、编号8、编号9、编号10）水提的和50%乙醇提的趋势均是商品等级越高清除率越低；育新枸杞50%乙醇提的对·OH自由基的清除率各等级间差异不

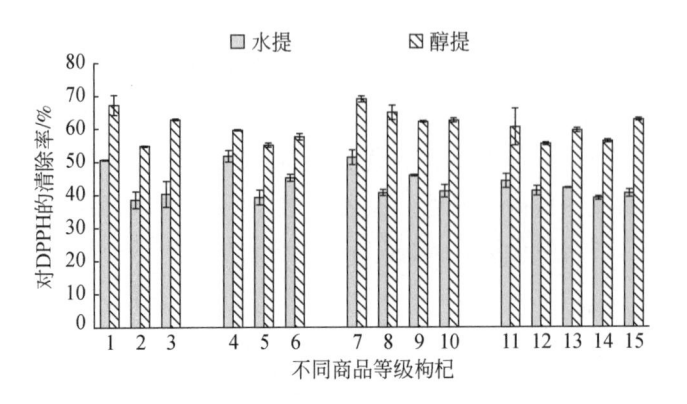

图 3-12　不同商品等级枸杞对 DPPH 的清除率

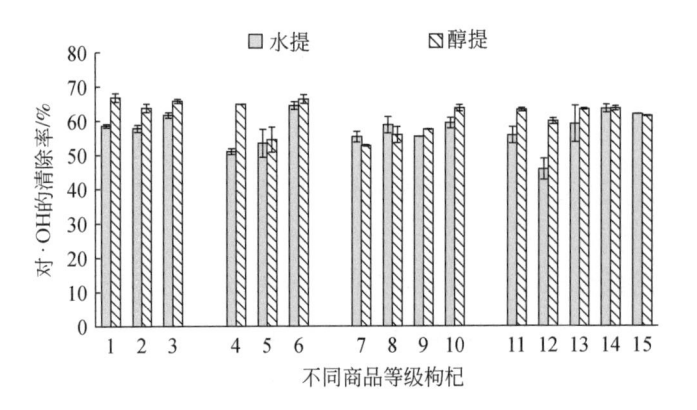

图 3-13　不同商品等级枸杞对·OH 的清除率

大，水提的甲级和乙级较高，特优级较低。

不同商品等级枸杞中多酚的含量如图 3-14 所示，枸杞中多酚的含量是 50% 乙醇提取液高于水提取液，说明枸杞的 50% 乙醇提取液中多酚的含量高于水提取液。第一茬（编号 1、编号 2、编号 3）枸杞中多酚含量的变化趋势是水提和 50% 乙醇提均是特优级和甲级较高、特级较低；第二茬（编号 4、编号 5、编号 6）是水提和 50% 乙醇提呈现商品等级越高清除率越低的趋势；秋果（编号 7、编号 8、编号 9、编号 10）水提的多酚含量随商品等级降低有升高的趋势，50% 乙醇提的随商品等级降低有下降的趋势；育新枸杞 50% 乙醇提的多酚含量随等级降低有上升的趋势。

为了有效地比较 15 个不同商品等级枸杞抗氧化能力的强弱，本研究采用了

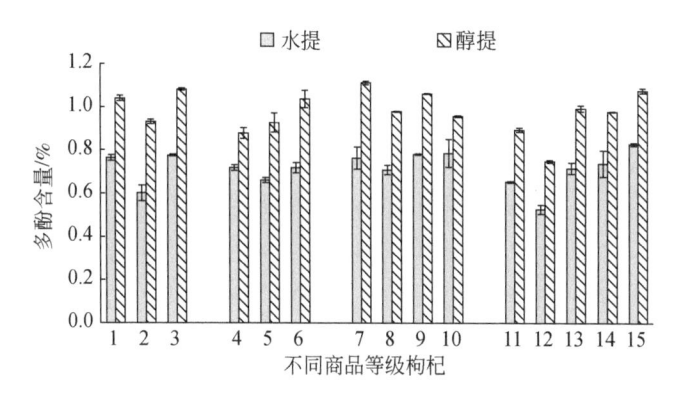

第 3 章 | 盐碱地改良特色产业产品研发及加工研究

图 3-14 不同商品等级枸杞多酚含量

模糊数学中的隶属函数分析法，其特点是可以对不同商品等级各个样品的多个抗氧化指标进行综合分析，进而对不同商品等级枸杞的抗氧化能力作出全面评价。不同商品等级枸杞的非酶促抗氧化物质含量、酶促抗氧化物质活性及抗氧化活性的 14 个指标的平均隶属函数值列于表 3-2。

表 3-2 不同商品等级枸杞抗氧化指标隶属函数值及排名

编号	样品名称	商品等级	平均隶属函数值	排序
1	南梁第一茬	特优级	0.381	12
2	南梁第一茬	特级	0.358	13
3	南梁第一茬	甲级	0.599	4
4	南梁第二茬	特优级	0.318	15
5	南梁第二茬	甲级	0.413	11
6	南梁第二茬	乙级	0.534	8
7	南梁秋果	特优级	0.466	9
8	南梁秋果	特级	0.560	7
9	南梁秋果	甲级	0.586	6
10	南梁小红果（秋果）	乙级	0.588	5
11	育新 150	特优级	0.462	10
12	育新 220	特优级	0.353	14
13	育新 380	甲级	0.600	3
14	育新 520	甲级	0.645	2
15	育新小红果	乙级	0.826	1

由表3-2可知：按照枸杞抗氧化指标的平均隶属函数大小进行排序，育新小红果（乙级）枸杞的平均隶属值最大，说明它的抗氧化能力较强。南梁第二茬、秋果和育新枸杞的商品等级越高，平均隶属值排序越靠后；反之越靠前，即商品等级越低其抗氧化能力越强。南梁第一茬枸杞平均隶属值排序是甲级最靠前，特优级和特级靠后，即南梁第一茬枸杞果实最低商品等级的抗氧化能力最强，特优级和特级较弱。排名前五名的商品等级均是甲级或乙级，排名后五名的除了11名为甲级，其余均是特优级或特级，由此可知，商品等级越高的枸杞其抗氧化能力并非越强，商品等级低的反而有较强的抗氧化能力。

为了进一步确定影响枸杞果实抗氧化活性的关键指标，对已测定的10个抗氧化指标进行主成分分析，结果表明，前3个主成分累计方差贡献率达78.645%，可以用这3个主成分较好地代替10个品质特性来评价枸杞的抗氧化活性。决定第一主成分的主要是黄酮、多糖、甜菜碱等性状（POD、SOD和多酚载荷值也较大），第一主成分反映原始数据信息量的49.707%。决定第二主成分大小的主要是总糖、POD等，其贡献率为17.025%，其中以总糖的载荷值最大。决定第三主成分的是维生素C、SOD、POD等，其贡献率为11.914%。第一主成分基本能反映原始数据信息的一半，可以作为评价枸杞抗氧化活性的主要成分，其中，单种非酶促抗氧化物质的载荷值大于单种酶促抗氧化物质，非酶促抗氧化物质中黄酮的载荷值最大。由此可知，对枸杞抗氧化活性起主要作用的是黄酮、多糖和甜菜碱等非酶促抗氧化物质（图3-15）。

图3-15 宁夏河套灌区盐碱地枸杞

注：宁夏枸杞，中国国家地理标志产品，是"宁夏五宝"之首的"红宝"。宁夏枸杞已有500多年的历史，是全国唯一的药用枸杞产地。中宁枸杞则是宁夏枸杞中的上品。中宁枸杞之所以名甲天下，得益于当地适于枸杞生长的土壤和昼夜温差大的气候条件。中宁枸杞色艳、粒大、皮薄、肉厚、籽少、甘甜，是唯一被载入《中国药典》的枸杞品种。《本草纲目》将宁夏枸杞列为本经上品，称"全国入药杞子，皆宁产也"

以上研究结果表明，商品等级越高的枸杞其抗氧化能力并非越强，商品等级低的反而有较强的抗氧化能力，即百粒重较小的枸杞中含有较多的非酶促抗氧化物质，具有较高的抗氧化能力。因此，本研究结果对现行枸杞商品等级划分标准的完善和当前枸杞销售市场的规范具有重要的理论与实践指导意义。

3.2.3 盐碱地食用枸杞特色产品研发

本研究针对河套地区盐碱地土壤理化性状，采用脱硫石膏改良盐碱地对枸杞果实品质的影响，尤其是利用枸杞果实钙离子含量及分钙组成中果胶酸钙和有机钙含量大幅增加的特性，与宁夏正阳健康食品发展有限公司合作开发了"高钙枸杞"产品，并对产品包装进行了研发（图3-16）。

图3-16 宁夏河套灌区盐碱地高钙枸杞

利用脱硫石膏改良碱化土壤是从20世纪90年代后期开始的，许多研究表明，利用脱硫石膏改良盐碱地是可行的、低成本的方法。在盐渍化土壤中可通过施用石膏、磷酸、矿渣等改良剂，增加可溶性钙（Ca^{2+}）含量，从而利用离子代换作用将土壤中的钠（Na^+）代换出来，降低土壤中的盐碱含量，结合灌溉使之淋洗，达到改良盐碱土的目的。在土壤中，粒径较小的黏土与腐殖质形成了土壤胶体，当土壤胶体与盐碱土中的 Na_2CO_3、$NaHCO_3$、$NaCl$ 等接触，就形成了含 Na^+ 的土壤胶体。含 Na^+ 的土壤胶体在土壤溶液中具有较好的分散性，能散布在土壤孔隙中，形成不透水的结土层。因此，盐碱土土壤通透性差，在失水过程中易形成土层龟裂，不利于植物生长。传统的灌水很难去掉土壤中的 Na^+。盐碱地施用脱硫石膏，经土壤中水溶解后可形成 Ca^{2+}，而 Ca^{2+} 能够替换土壤胶体上的 Na^+，不易吸附水分子，可使胶体微粒间形成微粒团。当水分子渗入微粒之间时会使微粒团膨胀，当失水时微粒团则龟裂。这一过程的反复则使土壤疏松，透水性增强，利于植物根系扩展，吸水吸肥能力增强。脱硫石膏成分主要为硫酸钙（$CaSO_4 \cdot 2H_2O$），含量为90%~95%，含水率一般为10%~15%，富含S、Ca、Si等矿质元素，较天然石膏颗粒小、易溶于水，是较好的盐碱土改良剂。脱硫石膏改良碱土的有效部分是脱硫石膏溶解部分。只有溶解的脱硫石膏才能与碱土发生作用。

土壤pH、碱化度、全盐等指标是研究土壤盐渍化常用的理化指标。施用脱硫石膏可降低土壤中碳酸根、重碳酸根离子，Na^+、K^+含量也降低；而 SO_4^{2-}、Cl^- 含量上升，钙、镁含量增加；土壤pH、全盐含量和碱化度降低，土壤有机质含量增加。据刘师敏等（2013）试验：施用脱硫石膏处理较对照土壤的碱化度下降23.05%，pH下降3.19%，全盐含量下降28.32%，土壤盐分的下降可改善土壤结构，提高土壤微生物活性，增加土壤有机质含量，提高作物出苗率，促进生长，增产效果显著。微生物活性是土壤理化性质改善的主要监测指标之一。采用Biolog Eco-plate技术对宁夏西大滩前进农场碱化土壤微生物群落进行分析，得出：随脱硫石膏施用量的增加，土壤pH下降0.06~0.29；土壤全盐质量比降低0.72~1.35g/kg；土壤微生物活性及微生物群落对碳源的利用水平提高；在碱化土壤环境下，微生物对碳水化合物、羧酸类、聚合物类、氨基酸类化合物的利用效率较高，而对胺类和酚类化合物的利用率较低；在适量施用脱硫石膏的条件下，土壤微生物活性提高，各类多样性得以改善；脱硫石膏施用量为2.5~7.5g/kg土时，改善土壤微生物活性的效果最强。土壤酶主要来源于动植物残体、根系及土壤微生物的分泌物，酶活性是土壤肥力评价、植物有效养分获取的主要指标。施用适量脱硫石膏可改善土壤颗粒组成，降低土壤中碳酸根、碳酸氢根、氯、钾离子含量。随着脱硫石膏用量的增加，土壤全盐含量增加，钙、镁离子和土壤电导率增加；表层土壤容重下降，土壤三相比中气相率增加，固相率降低，孔隙度增加，土壤硬度降低；可活化根际土壤养分，使植物吸收养分的环境得到改善，土壤养分活性增强，植物吸收养分的能力提高，土壤微生物活性增强，土壤蔗糖酶、脲酶、磷酸酶、过氧化氢酶活性提高；作物生长环境得到改善，从而提高作物产量。脱硫石膏可提高枸杞幼苗成活率，促进新生枝条生长，可提高枸杞叶绿素含量和净光合速率，促进枸杞光合产物积累和增加果实总糖含量。在宁夏西大滩碱化土条件下种植枸杞，脱硫石膏施用量为 24 000kg/hm², 施入深度为 60cm，有利于提高枸杞红果体积、红果鲜质量和产量。脱硫石膏+天然有机物混合改良剂对改善土壤结构、降低土壤容重、增加土壤孔隙度有明显效果；可使土壤中盐分离子组成比例发生变化，随着改良剂施用量增加，土壤碱化度和钾、钠、氯离子含量降低。

大量研究表明，施用脱硫石膏改良盐碱地大幅度降低土壤 pH、容重、碱化度（ESP）和可溶性 Na^+ 含量，一定程度提高土壤孔隙度、大颗粒团聚体含量和作物的产量。研究结果证实，由于脱硫石膏具有提高土壤孔隙度、激活离子、增加养分和增强酶生物学活性等作用，施用后改善土壤性质，促进了枸杞生长，提高了枸杞产量。然而，脱硫石膏虽然可以减轻交换性 Na^+ 对作物的危害，但不能完全解决碱化土壤"黏、板、瘦"等理化性质问题。因此，如果在施用脱硫石膏的同时，添加一些可以改善以上理化特性的专用改良剂，可能会取得更有效的改良效果。脱硫石膏和结构改良剂的配合施用在一定程度上提高了枸杞地土壤有机碳、全氮、速效磷和速效钾的含量，降低了 pH、全盐和容重，改变了土壤团粒结构，增加了枸杞产量。这是由于结构改良剂 3 种主要成分为生化黄腐酸、硝酸铵钙和微生物菌剂，生化黄腐酸含有许多有益微生物，可促进作物根系发育、提高多种酶活性及作物的产量和品质；硝酸铵钙可以改良盐碱土壤，促进土壤中有益微生物的活动，提高土壤孔隙度，同时又是一种复合肥料，可以直接被植物吸收利用；微生物菌剂是一种新型生物抗病菌肥，可以活化土壤中的有机与无机养分，改善土壤的团粒结构，提高土壤的保水保肥能力。

脱硫石膏改良碱土的影响因素很多。脱硫石膏的使用方法、施用量及灌水量都会影响脱硫石膏改良碱土的效果。施用方法一般分为表施、上部混匀、全部混匀。表施即为将脱硫石膏全部施用于碱土表层；上部混匀是将脱硫石膏与地表一定厚度范围内的碱土混匀；全部混匀就是将脱硫石膏与全部深度的碱土混匀。无论采取何种施用方法，都需要大量的水进行浇灌，才能取得效果。但是，定量石膏表施，仅靠上部灌溉水分淋洗溶解，长时间的改良效果也比较理想。石膏改良碱土的效果与灌水量有很大关系。如果只施用石膏不灌水或灌少量的水，那么都不能有效改良碱土。大量灌水虽然能够取得显著的效果，但是水资源浪费严重。为了有效改良碱土，前人进行了大量灌水量的研究。定额水量分次淋洗碱土，第一次淋洗即可取得明显的效果。改良碱土需要的水量与石膏的施用方式有很大关系。全部混匀处理需水最少，石膏表施处理用水淋洗需水最多。石膏与土混匀的处理最佳灌水量为 134.47m³/hm²，而定量石膏中部分石膏与表层土壤混匀，剩余部分石膏表施再灌水的方式比较经济。根据石膏改良碱化土壤的基本原理，确定脱硫石膏的施用量：碱化盐土 0.2~0.4t/667m^2；轻碱化土壤 0.8~1.0t/667m^2；中碱化土壤 1.2~1.4t/667m^2；重碱化土壤 1.6~1.8t/667m^2（肖国举等，2010）。

盐碱地的盐分含量高时，土壤中溶液的渗透压高于植物细胞液的渗透压，会引起根毛细胞脱水，造成植物的"生理干旱"，出现枯萎或"烧苗"现象。高浓度的盐分干扰作物对养分的吸收，会破坏作物对其他离子的吸收，造成作物营养紊乱。例如，土壤溶液中钠离子过高，会妨碍作物对钙、镁、钾的吸收。盐碱地过高的碱性盐，使养分难以被作物吸收，土壤中含有大量的 Na_2CO_3 时，除其本身对作物的毒性外，还由于碳酸钠水解产生强碱性反应，从而使磷酸盐及铁、锌、锰等许多营养元素在土壤中被固定，使作物产生缺钙、缺镁、缺磷等现象。钙是植物生长的必需营养元素之一，而且是许多重要的生理生化过程的调控者。钙离子主要通过质流转移到根表面，再经过质外体途径短距离运输到达木质部，由于根内皮层细胞壁上木栓化的凯氏带可阻止 Ca^{2+} 的质外体运输，钙的吸收主要发生在凯氏带尚未形成的根尖和侧根形成部位。植物钙的长距离运输主要发生在木质部，一般认为钙难以在韧皮部运输，其运输的动力主要是蒸腾作用。钙由蒸腾液流从木质部到达旺盛生长的树梢、幼叶、花、果及顶端分生组织。钙到达这些组织和器官后，多数变得相对稳定，几乎不发生再分配与运输。蒸腾强度越大和生长时间越长的器官，经木质部运入的 Ca^{2+} 就越多。钙在植物中的分布，一般根部占总钙量的 18%，木质部占 40%，树枝内占 11%，叶占 13%，果实占 15%。一般在新陈代谢旺盛的顶端分生组织中具有多量的钙。果实生长初期，钙在果实中均匀分布，随季节推移则出现浓度差异，果皮最高，果肉最低，种子与果心居中。

脱硫石膏含有丰富的钙元素。对于植物来说，钙可以稳定细胞壁，果胶酸钙组成细胞壁的胞间层；钙可以稳定细胞膜结构，保持细胞的稳定性；钙可以促进细胞伸长和细胞分裂；钙可以参与第二信使传递，能结合在钙调蛋白上，对植物体内许多种关键酶起活化作用，并对细胞代谢有调节作用；钙具有调节渗透和酶促的作用。钙元素对植物的生命过程起很大作用，是植物生长发育不可或缺的元素。脱硫石膏施用于土壤中，会提高土壤中钙离子的含量，对农业生产具有促进作用。在 Cd 污染的土壤上施用石膏，可提高在此地种植的小麦的产量并且能降低小麦对 Cd 的吸收量。施用一定剂量的脱硫石膏可以提高大豆的产量。李玉波等（2015）发现，在重度苏打盐碱地上施用脱硫石膏与对照相比，土壤的 pH 会降低，紫花苜蓿的出苗率、干生物量、含水量会增加。王彬等（2017）发现，在碱化的土壤中施用脱硫石膏，紫花苜蓿会减少对 Na^+ 的吸收，同时会增加对 Ca^{2+} 和 K^+ 等营养离子的吸收，这样就减少了离子毒害作用，同时也改善了植物体内营养亏缺的状况，增加了植物的抗逆性，提高了出苗率和产量，促进了植物的生长。脱硫石膏在盐碱地改良中，有改变土壤理化性质的作用，直接或间接地影响土壤中的微生物活动及植物的生长。研究表明，脱硫石膏中大量元素含量较低，而其中微量元素含量较为丰富，其中，钙平均含量达到了 81 560mg/kg、铁平均含量达到了 8063mg/kg、锌平均含量达到了 15 388mg/kg、锰平均含量达到了 1026mg/kg 等，可参与植物体的各项生理活动。施用适量的脱硫石膏能够提高土壤含水量，以及土壤中微量元素的含量，从而提高了苗木的水分利用效率和根系活力，也提高了叶绿素含量，更利于光合作用。

很多研究结果表明，脱硫石膏微溶于水，故脱硫石膏中的 Ca^{2+} 浓度能在短时间内增加，从而缓解 Al^{3+} 的毒害作用。同时由于脱硫石膏中含有一定量的未完全反应的 $CaCO_3$，可以中和土壤中的 H^+，从而提高土壤的 pH。脱硫石膏在生产过程中与飞灰混合后，会含有某些微量元素（如硼），对缺乏此类微量元素的土壤具有改良作用。但是，脱硫石膏可能会产生一些副作用，如重金属的溶出。重金属在土壤中的移动性很小，不易随水淋滤，不为微生物降解，通过食物链进入人体后，潜在危害性极大。加入脱硫石膏、磷石灰、沸石等的物理化学修复法，就是通过对重金属离子的吸附或（共）沉淀作用，改变重金属离子在土壤中的存在形态，从而降低其生物有效性和迁移性。脱硫石膏的掺杂降低了沉积物中 Cd 的释放量，有利于重金属污染沉积物中 Cd 的稳定固化，改良后碱化度下降。近年来的研究试验发现，脱硫石膏及其他一些固体废弃物（如城市污泥）可以作为土壤改良剂和植物生长介质。

枸杞为多年生落叶灌木，其果实具有补肾养肝、润肺明目等功效，是一种产品附加值很高的灌木型经济树种。同时，枸杞对盐渍化土壤具有较强的适应能力和改良作用，在我国新疆、宁夏、甘肃和青海等地的干旱荒漠地区广泛栽培，成为农民致富的主要经济来源。根据文献记载，枸杞于 1930 年被引种到英国，目前在英国、美国、澳大利亚等国家均有种植，但是均未进行大面积人工栽培。枸杞作为传统药用植物，国内外相关研究大量集中在其药用价值、功能性成分和保健作用等方面；同时，国内学者围绕枸杞人工栽培和开发利用，开展了枸杞扦插育苗、种植、施肥管理、病虫害防治及深加工和产品开发等方面的大量研究。

在盐碱地种植枸杞并施用脱硫石膏，由于土壤胶体表面的 Na^+、K^+、Mg^{2+} 等

阳离子被 Ca^{2+} 置换，在灌水条件下向下淋洗或排出，致使土壤溶液中 Na^+、K^+、Mg^{2+} 等离子含量减少，Ca^{2+} 和 SO_4^{2-} 含量增加。脱硫石膏还可提高枸杞幼苗成活率，促进新生枝条生长，可提高枸杞叶绿素含量和净光合速率，促进枸杞光合产物积累和果实总糖含量增加。种植枸杞施用脱硫石膏后对重金属含量进行监测，结果表明土壤重金属含量符合土壤环境质量标准（GB15618—2018）；枸杞果和叶的重金属含量符合国家食品标准（食品中污染物限量，GB2762—2017）。根据盐碱地特性，施用脱硫石膏改良盐碱地种植枸杞必须坚持与合理灌溉、排水相结合；坚持与合理施用有机肥和无机肥相结合。

3.2.4 枸杞多糖研发技术研究

枸杞药食两用，关于其化学成分的研究已有大量的文献报道，枸杞化学成分主要包括多糖、黄酮类、色素类、生物碱、维生素、氨基酸类、无机盐及酶类，其中枸杞多糖（LBP）是枸杞的主要化学成分，也是枸杞主要的有效成分。枸杞具有提高免疫力、抗氧化、抗肿瘤、调节血糖、降血脂等药理作用。LBP 属于高分子糖蛋白的一种，依靠"—O—"进行连接，且有水溶性特征。

免疫是指机体免疫系统识别自身与异己物质，并通过免疫应答排除抗原性异物，以维持机体生理平衡的功能。当人体免疫处于低下状态时，机体较容易受到微生物等各种生物入侵，或者自身产生损伤细胞而致病。另外，处于疾病状态的机体，如胃癌、肝损伤等患者，免疫功能进一步降低，其对化疗的耐受力减弱，影响治疗效果。因此，人体自身免疫的提高是防病治病的首道防线。大量研究表明，LBP 对特异性免疫、非特异性免疫等均具有显著的调节作用，且大多通过免疫系统相关因子如自然杀伤（NK）细胞或者促进免疫器官发育等进行调节，LBP 的免疫调节功能已成为研究热点。黄振华等（2018）以阿霉素化疗复制小鼠免疫抑制模型，研究 LBP 对模型小鼠红细胞免疫功能的影响，发现 LBP 使其免疫系统中的 NK 细胞杀伤活性提高，并进一步推测 LBP 提高免疫作用与 Band-3 蛋白（与维持正常红细胞形态和功能有关）表达水平的恢复相关；LBP 通过与免疫细胞表面高亲和力的受体结合，促进免疫细胞增殖分化来加速免疫器官发育，进而提高机体主动免疫能力。另有研究表明，LBP 通过调节肠道微生物菌群来增强先天免疫，肠道菌群可以通过直接或间接的方式来阻止外源病原微生物侵染机体，LBP 又能对肠道菌群起到一定的保护和调节作用，进而提高有益菌水平。

随着人们生活水平的提高，人们对美容、养生、保健方面的关注度越来越高，抗氧化、抗衰老的应用研究近年来成为热点，LBP 作为天然抗氧化剂拥有很高的药用价值及应用前景。研究表明，LBP 可以通过清除自由基、增强酶活性、激活抗氧化应激通道等多个途径起到抗氧化作用。LBP 可以有效清除阿尔茨海默病模型小鼠体内自由基，进而达到减少小鼠黑质多巴胺能神经元损伤的功效，进一步对小鼠起到保护神经的作用。王明等（2016）研究表明，质量浓度为 2.0mg/mL 的 LBP 对超氧阴离子的清除率达 50% 左右，比同浓度的抗氧化物维生素 C 的清除能力高出 15%；研究还发现，三氯化铁与 LBP 结合所得多糖铁络合物可增强 LBP 清除自由基的能力，较单纯清除自由基的能力增加约 10%，为发展生物多糖型补铁剂提供了新的思路。多糖抗氧化的作用机制更多体现在增强酶活性方面，研究中常通过测定不同环境下的抗氧化物酶如超氧化物歧化酶（SOD）、过氧化物酶、谷胱甘肽过氧化物酶（GSH-Px）等的活性来探讨 LBP 的抗氧化能力。研究表明，衰老模型雄性大鼠口服 LBP 30 天后，皮肤中丙二醛（MDA）含量明显降低，抗氧化酶活性明显升高，表明 LBP 具有抗氧化活性，对皮肤氧化损伤具有保护作用。研究表明，LBP 可增强血管内皮细胞 SOD 活性，减缓质膜流动，减弱自由基对抗氧化酶所造成的损伤，从而起到有效抗氧化的作用；另外，LBP 可通过激活抗氧化防御系统而提高 SOD 及一氧化氮（NO）水平，降低 MDA 含量，且 LBP 干预后可使由氧化应激导致降低的 Bcl-2/Bax 蛋白值升高，从而发挥对过氧化氢致主动脉血管内皮细胞损伤的保护作用。

随着经济的发展，人民的健康水平和生活质量稳步提高，人群疾病构成发生了重大变化，恶性肿瘤的流行和分布出现了新趋势。因此，寻找高效、低毒、低副作用的天然抗肿瘤药物具有重要意义。大量的研究表明，LBP 在抗肝癌、婴儿血管瘤、卵巢癌、宫颈癌、结肠癌、胃癌、肺腺癌、白血病、脑胶质瘤、膀胱癌、人舌鳞状癌等方面有较好的生物活性，LBP 可能成为治疗或者辅助治疗这些肿瘤的良好天然化合物。LBP 在抗肿瘤方面的研究主要集中在诱导肿瘤细胞凋亡及通过提高免疫抑制肿瘤细胞等方面。研究发现，LBP 可抑制 SMMC-7721 肝癌细胞增殖并诱导其凋亡，初步推测其作用机制可能与 LBP 通过抑制血管内皮生长因子（VEGF），改变微生物环境来影响内皮细胞功能有关。LBP 对正常肝细胞无抑制作用。推测 LBP-I-3 可能通过诱导细胞周期阻滞和凋亡来抑制癌细胞的生长。研究表明，LBP 可以时间依赖性地抑制乳腺炎模型小鼠肥大细胞肿瘤坏死因子（TNF）的合成，进而降低炎症介质的释放，提高机体免疫而达到抑制肿瘤细胞的目的；LBP 可延长胶质瘤模型大鼠的存活时间，并可抑制胶质瘤体积的增大，其作用机制一方面与促进机体免疫有关，另一方面与可以同时调节血脑屏障有关。

  LBP对生殖系统的保护作用主要体现在调节激素、控制氧化应激及抑制细胞凋亡等几个方面。研究表明，LBP可升高腺嘌呤诱导的肾阳虚不育模型大鼠卵泡刺激素（FSH）、黄体生成素（LH）、睾酮（T）和雌二醇（E_2）等性激素水平。刘波等（2017）从前列腺癌及其他盆腔手术患者术后勃起功能障碍（ED）的角度出发，研究LBP对钳夹损伤模型小鼠的海绵体神经（CN）修复的作用，发现LBP对CN损伤后的神经再生及勃起功能的恢复具有促进作用。LBP可以降低H_2O_2诱导所致人子宫内膜间质细胞及上皮细胞的衰亡率，使得MDA含量下降、SOD水平升高。Liu等（2020）研究表明，LBP可降低小鼠卵巢中8-羟基脱氧鸟苷（8-OHdG）和过氧化脂质（LPO）的氧化产物含量，修复重复超排卵引起的卵巢损伤，提高卵巢储备能力、卵母细胞质量和卵巢功能。LBP可对高温所致睾丸组织的损伤起到保护作用，其作用机制可能是通过促进Bcl-2的活化来抑制细胞色素C（Cytc）在胞质中的释放，进一步抑制Caspase-3的活化来实现的。因此，LBP不仅能维持细胞的正常形态和结构，还能修复受损细胞的形态，抑制氧化损伤诱导的细胞活力下降和凋亡。

  随着我国居民生活水平的提高及步入老龄化社会，慢性非传染性疾病患病率迅速上升，高血压、糖尿病、肥胖、血脂异常等疾病患者表现出明显的上升趋势，"三高症"人群也呈现出较大幅度的增加。LBP调节血糖的作用在临床应用中较为广泛，如介入2型糖尿病的治疗等，其作用机制主要包括改善胰岛素抵抗、增加胰岛素敏感性及提高胰岛细胞存活率等。许拓等（2017）研究表明，LBP可能通过降低HepG2细胞氧化应激水平及提高胰岛素信号传导通路中的蛋白质表达来改善细胞胰岛素抵抗。LBP通过提高胰岛β细胞存活率，进而达到降血糖的效果。此外，LBP对糖尿病引起的并发症有一定的改善作用，如对视网膜病变、心肌病、肾病及勃起功能障碍等均具有防治作用。流行病学研究表明，高脂肪饮食摄入与许多退行性疾病如动脉粥样硬化等有关，LBP作为一类新型的天然降脂成分，在治疗高血脂引起的心脑血管疾病方面存在潜在价值。

  LBP具有良好的抗炎活性，其能减轻高氧诱导的急性肺损伤、乙醇诱导的肝细胞损伤、软骨损伤、小鼠急性胰腺炎等。LBP抗炎作用的主要机制有抑制炎症反应转录因子κB（nuclear factor-kappa B，NF-κB）活化、抑制NOD样受体热蛋白结构域相关蛋白3（NOD-like receptor thermal protein domain associated protein 3，NLRP3）炎症体等途径。炎症是基本且重要的常见病理过程，多种疾病致病时均能产生炎症因子，出现红肿热痛的现象。LBP具有很好的消炎止痛作用，且具有不良反应小、药物依赖性弱等优势。研究表明，在小鼠福尔马林炎症疼痛模型中，通过小鼠热板试验及对小鼠血清和脊髓组织中炎症因子进行检测，结果表明，LBP 可以起到有效镇痛的作用，并且能降低外周及神经中枢内炎症因子释放，发挥抗炎功效。蔡松涛等（2018）用 LBP 处理骨性关节炎（OA）软骨细胞后，细胞活力呈下降趋势，1L-1β 等炎症因子含量降低，表明 LBP 可以抑制 OA 软骨细胞炎症反应。

多糖保护神经首先体现在视神经及视网膜的保护方面。曹茜等（2018）研究表明，LBP 可抑制由 H_2O_2 诱导所致人视网膜色素上皮细胞 Beclin-1 和 Lc3B 蛋白质的表达，表明 LBP 对视网膜有一定的保护作用，为防治年龄相关性黄斑变性提供了参考依据。LBP 可对糖尿病所致视神经损伤模型大鼠的视网膜神经元起到保护作用，可调节视网膜氧化应激状态，此作用可能通过激活 NH_2/HO-1 信号通路对视神经细胞进行保护。此外，LBP 能保护中枢神经系统，对各类神经退行性疾病具有一定的防治作用，如减轻神经元凋亡，修复癫痫引起的神经元损伤，有效保护大脑内神经细胞。

综合几年来的研究发现，LBP 在提高免疫、抗衰老、降血糖、降血脂等多个方面都具有显著的调节作用，对现在普遍威胁人类健康的 AD、动脉粥样硬化、糖尿病、紫外线辐射及生殖相关疾病均具有一定的防治价值，根据 LBP 相关药理作用，并结合其天然无公害的优势，可以开发盐碱地多糖枸杞产品，不仅达到盐碱地的高效利用，发展盐碱地特色产品，同时推动枸杞产业链的发展（图 3-17）。

LBP 对特殊环境具有抗应激作用。LBP 对高温环境抗应激的作用：热休克蛋白 70（heat shock protein 70，HSP70）是应激反应过程中产生的蛋白质，具有神经保护作用。杨翠婵等（2010）发现，高温环境中 LBP 在给药大鼠血浆中的 HSP70 水平远高于单纯高温环境组和对照组。同时，高温环境中 LBP 在给药大鼠中的神经肽 mRNA 表达水平也高于单纯高温环境组。LBP 对高寒环境抗应激的作用：高寒环境有较多因素不利于人体，空气稀薄、寒冷、干燥、紫外线辐射强、风速大。其中，对人体影响最大的是空气稀薄造成的缺氧，缺氧不仅对人体的功能代谢有一定影响，对劳动能力也有一定影响。研究报道，LBP 可以显著抑制脑缺氧造成的氧化应激反应，降低脑梗死的发生率，保护脑组织。LBP 可通过抑制氧化应激实现在高寒缺氧环境下对神经系统的保护。LBP 对沙漠环境抗应激的作用：高热环境一般分为高温强辐射（干热环境）、高温高湿（湿热环境）等。干热环境主要是指沙漠地区，受伤后体液丧失较其他环境快，极端环境带来的心理

图 3-17　盐碱地多糖枸杞鲜果与干果

障碍备受重视。有文献报道高温干热下的大鼠日常饮食 LBP，对紫外线诱导的脂质过氧化作用及自由基对细胞色素 C 的还原作用有抑制作用，从而使 LBP 发挥热环境下抗应激的作用。

LBP 含量与生态因子之间的关系模型如下：

$$Y = 19.671\ 414\ 94 - 0.085\ 981\ 57X \tag{3-1}$$

式中，Y 为 LBP 含量；X 为昼夜温差月平均。对模型进行显著性检验：查 F 表有 $F_{0.05}(1,69) = 2.737 < F = 7.926$，$P = 0.006 < 0.05$，$r = 0.321$，$R^2 = 0.103$，说明方程因变量与自变量间线性关系明显，可以投入使用。基于式（3-1）用昼夜温差月平均值，可以估算各地区 LBP 含量的空间分布情况。

基于 LBP 与生态环境因子之间的关系模型、生态环境数据，利用 ArcGIS 空间计算功能，估算全国各地 LBP 的含量。再以 LBP 估算结果与宁夏枸杞概率分布结果进行叠加，得到宁夏枸杞分布范围内枸杞中 LBP 含量的空间分布情况。依据 2015 年版《中国药典》规定枸杞中 LBP 含量不得少于 1.8%，《枸杞》（GB/T 18672—2014）中规定枸杞中 LBP 含量不得少于 3%，将 LBP 含量小于 1.8% 的区域归为不符合枸杞作为中药材要求的区域，将 LBP 含量小于 3% 的区域作为枸杞不符合食品要求的区域，其余区域按 LBP 含量等差间距划分多个梯度，进行含量差异性效果展示。张晓煜等（2005）研究发现，LBP 含量与枸杞成熟前 1 个月的平均相对湿度呈正相关，LBP 含量与温度的关系则不明显。有研究表明，不同等级的枸杞果实多糖含量与百粒重有密切关系，即果实百粒重越大，多糖含量越高，药材品质越好。通过对银川、白银和德令哈三产地宁夏枸杞不同发育时期的

LBP 含量进行测定，结果表明，在整个发育过程中，三产地的枸杞果实多糖含量均呈现出逐渐增加的趋势，并且三产地 LBP 含量始终为银川>白银>德令哈。各地枸杞果实多糖含量的变化可分为两个阶段，即缓慢增加阶段与快速增加阶段。其中，银川地区 LBP 含量在花后 0~24 天缓慢增加，花后 24~35 天快速增加；白银产区 LBP 含量在 0~28 天缓慢增加，花后 28~40 天快速增加；德令哈产区 LBP 在花后 0~32 天缓慢增加，花后 32~52 天快速增加。比较可知，LBP 的积累与粒重的增加基本处于同一时期。研究发现，银川地区枸杞果实多糖含量与平均气温、白天平均气温、平均温差、平均相对空气湿度和平均光照强度均呈正相关，与夜晚平均温度呈负相关；其中，LBP 含量与平均温差呈极显著正相关（$P<0.01$）。白银产区枸杞果实多糖含量除了与平均空气相对湿度呈负相关外，与其他气象指标均呈正相关，其中 LBP 含量与平均温差呈极显著正相关（$P<0.01$），与平均光照呈显著正相关（$P<0.05$）。德令哈产区枸杞果实多糖含量变化除与平均空气相对湿度呈负相关外，与其余气象因子均呈正相关。其中，LBP 含量与平均温度呈显著正相关（$P<0.05$），与平均温差呈极显著正相关（$P<0.01$）。气象因子对枸杞果实多糖的影响是相互响应且相互制约的。

LBP 含量受土壤、气象因子的共同影响，但土壤因子的影响要大于气象因子的影响。LBP 对枸杞的抗盐性具有很大的贡献。不同生境土壤含盐量对枸杞果实多糖含量具有一定的影响，过高与过低的土壤盐分浓度下枸杞果实积累的多糖含量均低于含中等土壤盐分下枸杞果实多糖含量的累积。通过研究发现，枸杞果实多糖含量与土壤盐分有一定的相关性。另外，对 LBP 与土壤盐分主要构成离子 Na^+、Ca^{2+}、Cl^-、SO_4^{2-} 分别做相关性统计，其中，多糖与 Na^+ 和 Cl^- 相关性显著，而 Ca^{2+} 和 SO_4^{2-} 虽有一定相关性但不显著。说明一定浓度的 NaCl 对多糖的积累有一定的促进作用。一定浓度范围的土壤盐分对 LBP 的积累有一定的促进作用，可能与盐分对多糖合成相关酶的活性影响有关。

3.3 盐碱地优质水稻产品及加工研究

3.3.1 盐碱地优质水稻产品加工技术

盐碱地优质水稻加工技术体系为原粮清理→砻谷→谷糙混合物分离→分离出糙米中的未熟粒→碾米→白米分级→抛光→色选→白米分级→成品包装。加工技术流程具体如下。

原粮清理：选用盐碱地上收获的籽粒饱满、成熟度高、角质度高的优质新鲜稻谷，进行原粮清理。经过筛选、去石和磁选等工序，清除稻谷中的瘪谷、土、砂石、稗子及铁屑等杂质。

砻谷：利用砻谷机脱去稻谷上的颖壳，形成净糙米和稻壳的混合物，以便分离出净糙米。

谷糙混合物分离：利用谷糙分离筛将谷糙混合物中的糙米和未脱壳稻谷分别选出，净糙米便于进入碾米工序碾米，稻谷再次进入砻谷机脱壳。

分离出糙米中的未熟粒：对谷糙混合物中分离出的糙米，再次进行分离，分离并剔除糙米中的未成熟粒和破碎粒。

碾米：采用三机碾白，经过多道碾制工序，碾去糙米表面的部分或全部皮层，使米粒保持完整，碎米少，出米率高，保证成品米质量。

白米分级：白米磨成后，为使其达到优质米标准，将白米放入精选机中进行分级筛选，去掉不完整粒和部分碎米。

抛光：大米的抛光是精制米加工与生产优质大米的必要工序，通过抛光处理，既可以清除米粒表面浮糠，还可以使米粒表面光洁发亮，提高稻米食用品质。

色选：色选是精制米品质保证的最终工序，通过色选处理去除变色米和杂质，提高大米纯度和外观品质。

白米分级：根据精制米的质量要求，对白米再次进行分级，将超过标准的碎米分离出来，同时除去少量糠粉、米糈，以保证精制米的质量。

成品包装：成品包装先用真空小袋定量包装，然后再装箱，这样可以保证大米品质。在包装上，应注明产品名称、商标、重量、质量、等级和产地。包装物一定要做到牢固可靠，并注明出厂日期。

3.3.2 盐碱地优质大米产品研发

根据宁夏河套地区独特的资源，以及盐碱地优质稻谷的碾米品质、外观品质和营养品质的特点，开发出盐碱地特色大米产品2个。

本研究利用盐碱地水稻规模化优质高产种植技术，在获得优质高产水稻的基础上，与宁夏日月新米业有限公司合作，开发盐碱地优质特色大米产品。

1. 高钙大米研发

钙是植物体内重要的必需矿质营养元素之一，其需要量仅次于氮、磷、钾，是代谢和发育的主要调控者。植物体内钙以离子态、盐形式和有机态等形态存在。钙作为细胞的结构物质，在植物必需营养元素中具有极其特殊的作用。自1976年钙调素（CaM）被发现以来，钙在生物学中的研究日趋活跃。钙元素在维持植物细胞壁、细胞膜及膜结合蛋白的稳定性，调节无机离子运输，且作为细胞内生理生化反应的第二信使偶联胞外信号，调控多种酶活性和诱导基因表达等方面起着重要作用。水稻是世界上最重要的粮食作物之一，中国是世界上最大的水稻生产国，目前生产总量约占世界的35%，主要产自长江流域及其以南地区。我国大部分地区以稻米为主食，而稻米属低钙食物。因此，提高稻米含钙量亦具有重大现实意义。

钙是一种二价阳离子，它是人体内最重要、含量最多的矿物质之一，为体重的 1.5%~2.0%，广泛分布于全身各组织器官中。其中99%的钙以轻基磷灰石盐的形式存在于骨骼和牙齿中，并维持它们的正常生理功能。骨骼不仅是人体的重要支柱，而且可以作为钙的储库，在钙代谢与维持人体内钙稳定方面有一定作用。正常情况下，钙在血浆中的浓度恒定在 2.1~2.6mg/L，对体内的生理和生化反应起重要的调节作用。血浆中的钙，35%与蛋白质结合；60%以离子状态存在，其余5%与柠檬酸、重碳酸或磷酸络合。一旦离子态钙浓度在血浆中明显下降，则神经肌肉的兴奋性会大大增加，出现手足抽搐症。相反，因输液等原因所致的血钙浓度过高可引起心脏呼吸衰竭。人体所有细胞的正常生理状态的维持，都依赖于钙的存在。

钙同时参与多种酶的活化。钙可以激活许多水解酶，可以与这些酶的谷氨酸或天冬氨酸残基发生作用，从而使酶激活。主要包括淀粉酶、磷脂酶和蛋白酶。钙可以与钙结合蛋白结合从而参与生物大分子间的相互作用。钙结合蛋白也包括某些细胞骨架成分。细胞骨架包括两种结构，一种结构存在于细胞的细胞质膜侧，用于维持细胞形态，参与细胞移动（如巨噬细胞）及实现细胞的吞噬功能（如白细胞）。另一种细胞骨架结构交叉排列于细胞内。它可控制分泌小泡和细胞器的移动，并参与有丝分裂时同源染色体的分离。可以说，人体大多数的系统都与钙有关，钙代谢平衡对于维持生命和健康起到至关重要的作用。

人体对钙的需求量因年龄不同而各异，1岁以内的小儿每日需钙500mg左右，而13岁以上则需钙1200mg，其中孕妇、乳母和老人的需要量应相应增加。

乳和乳制品含钙丰富、吸收率高，是理想的补钙食品。水产品中虾皮含钙也很多，其次是海带。干果、豆类、豆制品及绿色蔬菜含钙量也很高。谷物、肉类、禽类含钙不多。目前，人们的补钙意识在逐渐增强。市场上钙补品、药品花样翻新、层出不穷，但这类产品中的钙实际上很难被人体有效吸收与利用，也不能从根本上解决国人普遍缺钙的问题。我国有60%以上的人口，亚洲有80%以上的人口以稻米为主食。我国稻米生产占世界总量的35%，居世界第一。1992年，联合国粮食及农业组织（FAO）和世界卫生组织（WHO）开始关注东南亚地区水稻主食人群的营养缺乏症状，并在亚洲开发银行（ADB）与联合国儿童基金会（UNICEF）资助下开展相关研究。1994年起，在国际农业研究咨询磋商组织（CGIAR）和国际粮食政策研究所（IFPRI）的倡导与主持下，在世界银行及亚洲开发银行等资助下，国际水稻研究所等开展了富铁、富钙稻米遗传育种研究。

人体缺钙容易导致多种疾病。佝偻病是一种以骨骼改变为主要特征的综合征，一般发生在3个月到2岁的孩子中，主要由缺钙（维生素D）引起。儿童如果日照时间少，饮食摄入不足，就可能发生佝偻病。食物中含钙量低，或是钙比例不适当、生长速度过快等都容易导致发生佝偻病。手足抽搐主要是由于维生素D缺乏导致血清钙降低而引起，又称为低钙性抽搐，多发生在4个月至3岁的小儿中。临床特征为全身惊厥、手足肌肉抽搐或喉痉挛等。骨骼在身体里担负着支撑、保护、运动、造血及钙储存等任务。它是有生命的组织，会不断分解、再生。但30岁以后，由于钙的储存跟不上流失的速度，所以骨密度将逐渐减小，使骨骼呈现中空疏松、脆弱和易骨折等现象，称为骨质疏松症。骨质疏松症是骨骼代谢异常的疾病，它的产生原因与下列因素有关：①钙摄取不足或常吃高蛋白质、高盐的食物或嗜烟、嗜酒；②雌激素停止或减少分泌会加速骨质疏松的发展；③运动少、日照少。

植物体内钙含量为0.1%~5%，细胞内钙浓度在10^{-5} mol/L左右。Ca^{2+}浓度不同会导致植物体内钙的存在形态不同。当细胞中Ca^{2+}浓度高于10^{-6} mol/L，细胞外达10^{-2} mol/L时，会使磷酸根沉淀，生成不溶性有机磷化物，而磷酸根是细胞能量及物质代谢所必需的。因此Ca^{2+}过高对细胞有害，甚至致死。实际上胞内Ca^{2+}处于严格的调节控制之中，这是由于胞质内的许多蛋白质、核苷酸、酸性磷脂都可以与Ca^{2+}结合形成缓冲能力。钙库Ca^{2+}的缓冲能力主要与一类对Ca^{2+}高容量、低亲合力的储Ca^{2+}蛋白质（如Calreticulin）有关。植物吸收、利用的钙主要取决于植物根系对其吸收和地上部对其运转的能力，同时，土壤和农业技术措施会影响到植物对钙的吸收与分布。目前普遍的看法认为钙以被动吸收为主，借助蒸腾作用以质流方式进入植物体。一般认为木质部是植物体内钙运输的主要途径。钙由根系吸收后主要通过蒸腾液流由木质部运输到旺盛生长的枝梢、幼叶、花、果及顶端分生组织。钙到达这些组织与器官后，多数变得十分稳定。但也有报道称钙可以通过韧皮部运输。有研究认为，在低钙条件下，钙主要是通过木质部运输，而在高钙环境中，则主要是通过韧皮部运输，这种运输途径的差别有可能导致椪柑对钙的吸收利用率的差异。邓言福和戴平安（2005）研究表明，水稻对钙的两个吸收高峰分别在孕穗前后 [0.59~0.63kg/(hm^2·d)] 和穗分化至孕穗期间 [0.74~0.93kg/(hm^2·d)]；大田每公顷生产6.2~8.0t 稻谷需吸收钙24.3~35.4kg（全生育期稻株干重钙含量）。钙在不同植物各器官中的分布差异很大。果树一般根部占总钙量的18%，木质部占40%，树枝内占11%，叶占13%，果实占15%。一般在新陈代谢旺盛的顶端分生组织中具有丰富的钙。果实生长初期，钙在果实中均匀分布，随季节推移则出现浓度差异，果皮最高，果肉最低，种子与果心居中。

植物体内的钙绝大部分以果胶结合态及难溶性有机、无机钙盐（草酸钙为主，也有硫酸钙和碳酸钙）存在于细胞壁和液泡中。钙组分可分为水溶性钙、果胶钙、磷酸钙、草酸钙及残余的硅酸钙5种。一般地，植物细胞在非兴奋状态下胞质 Ca^{2+} 浓度在 10^{-7}~10^{-6}mol/L，而胞外 Ca^{2+} 浓度在 10^{-3}mol/L。细胞壁上 Ca^{2+} 结合位点多，是细胞最大的钙库，约有60%的钙存在于此，其浓度可达1~5mmol/L，这样的浓度对保护质膜或维持细胞壁结构的完整性很重要。线粒体、叶绿体、微粒体、液泡和内质网等细胞器均有钙的分布，其钙浓度也是细胞质的几百倍到上千倍，草酸钙和大部分磷酸钙主要沉淀于液泡内。细胞质内游离钙浓度很低，通常小于1μmol/L，并受各种细胞内或细胞外信息的调节，如光、重力、激素等。这部分钙的变化对调控细胞功能起着重要的作用。同时，Ca^{2+} 是一种细胞毒害剂，如果细胞质内钙浓度过高，将会与磷酸反应生成沉淀而干扰以磷酸为基础的能量代谢。植物体内已经形成一种机制，能够从细胞中排出过量的钙，保证游离钙浓度在微摩尔水平。这种机制需受 Ca^{2+}-CaM 调节的 Ca^{2+}-ATPase 将钙主动地泵出胞外或泵入作为钙库的细胞器，以维持细胞内 Ca^{2+} 的平衡，保证细胞正常的代谢活动。除细胞壁外，植物细胞液泡、内质网、线粒体和叶绿体都有储存 Ca^{2+} 的能力。

高浓度 Ca^{2+} 的影响机制是参与了细胞质 Ca^{2+} 浓度的改变，造成膜伤害，从而产生毒害作用。研究表明加低浓度（0.5~1.0mmol/L）的 Ca^{2+} 能提高水稻幼苗的叶绿素含量和根系活力，高浓度 Ca^{2+} 对水稻叶绿素形成和根系活力都有一定的负面影响。高钙型品种需钙量高，且比低钙型品种对高浓度 Ca^{2+} 具有更强的耐受能力。钙是水稻细胞壁中果胶酸钙和草酸钙的主要成分，与硝态氮的吸收、同化还原及碳水化合物的合成有关，水稻缺钙会造成植株生理紊乱。研究表明，施用钙肥有利于促进水稻生长、增加产量和改善品质。外源钙肥能提高水稻根系活力、净光合速率和膜保护酶 SOD 的活性，上述因子均会影响植株对 Ca^{2+} 的吸收和分配。水稻对 Ca^{2+} 吸收的差异，不仅要研究吸收总量，更需要研究 Ca^{2+} 在不同器官间的迁移及运转特性，尤其是向籽粒的运转规律，以提高大米含钙量。不同钙肥水平处理对水稻植株各器官中 Ca^{2+} 含量和 Ca^{2+} 累积量具有显著影响。就施钙水平而言，不同器官的 Ca^{2+} 含量和 Ca^{2+} 累积量均随钙肥施用量的增加而提高。就不同生育期而言，孕穗期施钙肥能够明显促进稻株对钙的吸收，造成 Ca^{2+} 累积总量随着生育进程的推进而不断增加。就不同器官而言，随着施钙的增加呈现出对钙的大量吸收，Ca^{2+} 含量和 Ca^{2+} 累积量均不断上升。成熟期 Ca^{2+} 的累积量表现为叶>茎>鞘>穗>根。但不同器官在不同生育期内无论是 Ca^{2+} 含量还是 Ca^{2+} 累积量变化趋势表现不一致。根系自孕穗期至成熟期，无论是 Ca^{2+} 含量还是 Ca^{2+} 累积量均相应地减少，这说明水稻根系吸收土壤 Ca^{2+} 后能够及时向其他器官运转。茎鞘和叶片中 Ca^{2+} 含量和 Ca^{2+} 累积量的表现与根系相反，随着生育进程推进而不断增加。穗的 Ca^{2+} 含量和 Ca^{2+} 累积量表现出不同的变化趋势，自孕穗期至成熟期，Ca^{2+} 累积量大幅度上升，而 Ca^{2+} 含量却不断下降，表明水稻在成熟过程中 Ca^{2+} 不断向穗部和籽粒运转，但同时穗部干物质增加速率更快，从而在 Ca^{2+} 含量上表现出下降现象。

根系是植物吸收水分及矿质营养的重要器官，而且是整个植物代谢过程中许多重要物质的合成器官。有研究表明，适量的 Ca^{2+} 对水稻根系的伸长及活力有明显促进作用。水稻植株在整个生育后期不断从土壤中吸收 Ca^{2+}，吸收累积量随生育期进程而增加。外源钙肥处理对水稻根系活力和富集 Ca^{2+} 能力的影响与对地上部植株各器官 Ca^{2+} 浓度和分布的影响相类似，适量钙肥（450kg/hm²）可以增强根系活力及促进 Ca^{2+} 的吸收和运转，而高量钙肥（>600kg/hm²）则有一定抑制效应。施用钙肥有利于水稻籽粒吸收积累 Ca^{2+}，从而增加稻米中的钙含量，提高稻米的营养价值。试验研究表现为施钙肥450kg/hm²和600kg/hm²时籽粒积累量几乎相当，说明水稻对钙肥有一定的吸收限度，当超过限度后，再增施钙肥对其籽粒中累积 Ca^{2+} 作用不明显，过高甚至造成肥害。籽粒中 Ca^{2+} 含量与成熟期植株中 Ca^{2+} 的累积量呈极显著正相关（$R=0.9459$）。说明水稻孕穗期施用钙肥，不仅提高了植株中 Ca^{2+} 的累积量且同时相应提高了籽粒

Ca^{2+}的含量。成熟期植株中从土壤中吸收的Ca^{2+}能及时向籽粒运转,从而为通过外源施钙提高稻米含钙量提供了可能。水稻主要收获籽粒,籽粒中Ca^{2+}含量的高低直接关系到稻米品质的优劣和营养价值的高低。研究表明,稻米含钙量具有明显的基因型差异,受其遗传特性影响,通过栽培调控能增加稻米含钙量。水稻施用不同水平钙肥对籽粒中Ca^{2+}含量、累积量及分配有显著影响,表现为适量钙肥(300~450kg/hm^2)能促进籽粒Ca^{2+}累积,且稻米中含钙量与成熟期植株中钙总累计量呈极显著正相关。

宁夏河套地区典型碱性土壤资源独特,灌溉水质良好。采用有机钙素优质水稻标准化栽培技术(DB 64/T585—2010),进行烟气脱硫石膏的改碱种稻。烟气脱硫物改良盐碱土壤种植水稻技术适用于土壤碱化度≥5%、总碱度≥0.3cmol/kg的盐碱土壤。土壤检测执行NY/T 1121—2006。脱硫石膏的施用坚持以下准则:坚持燃煤烟气脱硫石膏施用与灌水洗盐、排水相结合;坚持燃煤烟气脱硫石膏施用与土壤培肥相结合;坚持燃煤烟气脱硫石膏施用与盐碱地水稻专用改良剂相结合。燃煤烟气脱硫石膏推荐的施用量:碱化盐土0.2~0.4t/666.7m^2;弱碱化土壤0.8~1.0t/666.7m^2;中碱化土壤1.2~1.4t/666.7m^2;强碱化土壤1.6~1.8t/666.7m^2(肖国举等,2010)。春、秋季均可施用燃煤烟气脱硫石膏。燃煤烟气脱硫石膏与盐碱地水稻专用改良剂一次性均匀撒施在平整好的土壤表面,翻耕深度≥25cm,使燃煤烟气脱硫石膏与土壤混合均匀。平地要求同一灌面高差不超过5cm,播种或插秧之前进行播前整地,要求地面平整,旱直播要求压实地面。弱盐碱土壤可采用旱直播,强盐碱土壤采用水直播或插秧。旱直播后或插秧前第一次灌水量不少于100m^3/666.7m^2,浸泡2~3天后排干,再灌溉按种植技术保持水层。在幼苗期旱直播田,稻种萌动露白后保持浅水发芽,薄水扎根。插秧田,保持浅水返青。分蘖期生长一般的稻田,不落干晒田,保持浅水;生长过于旺盛而分蘖过多、密度过高的稻田,采取间隙落干方法,抑制旺长。拔节期6~7月温度过高,盐分溶解度大,要经常换水,以傍晚先彻底排除水层后灌水为宜。穗分化期保持浅水层,如遇降温,要适当加大水层护胎。灌浆期前期保持浅水,后期干湿交替。蜡熟期停止灌水,水稻叶片变黄、籽粒变硬时即可收获。

已有的研究结果表明,脱硫石膏通过改良土壤团聚体组成和性状、增加钙的集聚、消除钠的毒害和保持植物体营养平衡的方式来改善土壤的理化性质,从而提高作物的产量。不同脱硫石膏施用量对水稻产量及其构成因素的影响研究表明,随着脱硫石膏施用量的增加,水稻结实率呈现先增加再减小的趋势,但都显著高于对照($P<0.05$),施加脱硫石膏处理千粒重均显著高于对照($P<0.05$),

产量有明显的增加趋势（$P<0.05$）。水稻的加工品质由糙米率、精米率和整精米率决定。不同脱硫石膏施用量处理对稻米整精米率、糙米率、精米率均有一定影响。施用脱硫石膏当年，施用量越大，整精米率越高（$P<0.05$），分析两者的相关关系，得到 R^2 达 0.9793，这可能与施用脱硫石膏改善了土壤理化性质、增加了作物生长所需营养物质有关。研究表明在施用脱硫石膏当年，施用 $3.15×10^4 kg/hm^2$ 脱硫石膏的水稻籽粒中 Cd、As、Hg、Pb 含量较对照均有所下降，而 Cr 质量分数比对照高 23.1%；翌年，两个处理的籽粒中 Cr 含量均有所下降，但施用 $3.15×10^4 kg/hm^2$ 脱硫石膏处理的 Cr 质量分数仍比对照高 11.1%，而 As 的质量分数也比对照略高，Cd、Hg、Pb 的质量分数分别比对照低 56.90%、60.00%、1.00%。通过比较土壤和脱硫石膏中重金属质量分数可以发现，脱硫石膏中有较高的 Hg 和 Pb，但是脱硫石膏处理籽粒的重金属质量分数低于对照。有研究表明，脱硫石膏对重金属有一定的解吸作用，可不同程度地降低土壤对重金属的吸附，改变重金属离子在土壤中的存在形态，从而降低其生物有效性和迁移性。以 Cd 为例，脱硫石膏中 Cd 的质量分数是土壤中的 8 倍，但是籽粒中 Cd 的质量分数低于对照。Cd 可能以复杂的络合物形态溶解在土壤中，土壤盐碱化显著影响作物的 Cd 吸收。Cd 的络合物形态在土壤中的溶解度与 Cl^-、SO_4^{2-}、HCO_3^- 有关，Cl^- 的络合性增强了 Cd 的移动和吸收，施用脱硫石膏后可以增加盐分的移动，从而降低土壤中 Cd 的含量，脱硫石膏中的 SO_4^{2-} 同样增加了 Cd 的络合作用。脱硫石膏中 Pb 质量分数高于土壤中，一般来说 pH 是影响重金属流动性和生物可利用性的重要因素。有试验表明当土壤 pH 降低，土壤对 Pb 吸收增加。当土壤施用脱硫石膏后，土壤 pH 发生变化，可能导致植物对 Pb 的吸收发生改变。联合国粮食及农业组织与世界卫生组织推荐的重金属总量的限量在 5~40mg/kg，多为 10~20mg/kg，国家食品卫生标准中规定的各种金属限量要求为 Pb 质量分数≤0.2mg/kg，Cd 质量分数≤0.2mg/kg，Hg 质量分数≤0.02mg/kg，As 质量分数≤0.15mg/kg。比较脱硫石膏处理籽粒中重金属含量与标准值的差别，籽粒中重金属含量平均值低于联合国粮食及农业组织和国家食品标准规定的人类摄入标准。

施用脱硫石膏能促进水稻幼苗的生长。水稻根长、株高和生物量明显增加。在生理指标监测方面，水稻叶片的净光合速率、气孔导度、蒸腾速率高于对照处理，胞间二氧化碳浓度低于对照处理。水稻叶片叶绿素、脯氨酸、可溶性糖的含量也高于对照处理；水稻叶片和根系丙二醛含量、细胞质膜相对透性、超氧阴离子自由基产生速率和 H_2O_2 含量则表现出先减后增的趋势，超氧化物歧化酶、过氧化物酶和过氧化氢酶的活性则表现为先增后减的趋势。施用 22 500kg/hm² 脱硫石膏时抗氧化保护酶的活性最高，活性氧的含量最低，膜脂过氧化作用最弱。肖国举等（2010）在宁夏西大滩碱化土上种植水稻，脱硫石膏适宜施用量为 28 000~31 000kg/hm²。脱硫石膏与改良剂配合施用，效果更好，施用脱硫石膏后土壤碱化度降低，配合施用 11 250kg/hm² 的改良剂，土壤有机质和速效钾含量增加，水稻产量最高。通过施用脱硫石膏在盐碱地种植水稻生产高钙大米，钙含量 150~180mg/kg，是普通大米的 1.5~2.6 倍。米质晶莹透亮，口感柔韧香甜，富含脂肪、维生素、矿物质、膳食纤维，是"塞上江南"的特色产品（图 3-18）。

图 3-18　宁夏河套盐碱地高钙大米

2. 弱碱大米研发

对于有着悠久水稻种植历史的中国来说，稻谷一直是我国三大粮食作物之一，产量和种植面积更是三大粮食作物之首，同时中国也是世界大米主产国。随着生活水平的不断提高，人们对健康越来越重视，弱碱食品能增加胃肠弱碱性矿物质和微量元素，逐渐受到消费者的青睐。世界的自然环境可分为酸性与碱性环境。世界上水稻主要分布在酸性环境，故稻米以酸性为主，以致碱性环境的稻米没有受到应有重视。与酸性环境的大米不同，弱碱大米是地球上碱性环境的产物，它是含有天然微量碱的大米。因此，可以对弱碱大米初步定义为，弱碱大米是含有原生微量碱的大米。弱碱粳米是含有原生微量碱的粳米。所谓原生碱是指水稻在生长过程中，从土壤和水中吸收并储存于水稻果实稻谷及其他器官中的碱物质，而非人工制成。但该碱物质又不能在稻谷中储存过少或过多，过少达不到弱碱；过多就属于强碱，会因减少稻米直链淀粉含量而降低米质，亦对人体无益。

大部分盐碱地不宜直接种植水稻，需要经过碱土改良过程。国外盐碱地种植水稻主要在欧洲的西班牙、意大利、法国等，集中在地中海沿岸盐碱含量较高的稻田。水稻种植主要采用水直播，在选用耐盐水稻品种的基础上，保持稻田一定深度的水层，并实施动态流水灌溉达到洗盐碱压盐碱的效果。同时，一定深度的水层会使水稻种子萌发期低氧，造成出苗率低的情况。欧洲盐碱地水稻种植需耗费大量水稻种子和淡水，对于我国缺乏淡水资源的盐碱地区并不适用。我国是世界上最早利用种稻改良盐碱地的国家之一，早在公元前600多年就有种稻改良盐碱地的记载，这是我国劳动人民通过长期实践得来的结果。20世纪50~60年代，我国科研人员在苏打盐碱地治理上主要借鉴苏联学者的"竖井排盐"理论，以治涝排盐碱为主。经过长期的研究和实践，人们对利用排水洗盐治理盐碱地的重要性有了较深的理解，60年代中后期科研人员研究出以机井排灌措施治理盐碱地。90年代，随着盐碱地资源调查和科技攻关的大力开展，盐碱地种稻也由最初的零星种植转为大面积开发。进入21世纪，关于苏打盐碱地治理与开发种稻的科学研究和生产实践活动得到进一步发展。

盐碱胁迫对水稻种子萌发、幼苗生长、物质运输及积累均有一定影响。在盐碱环境中，水稻种子萌发受到显著抑制，发芽率、发芽势、发芽指数及种子活力指数等指标随着盐碱浓度增高而下降，幼苗株高和根长降低。水稻苗期和生殖期是对盐碱胁迫相对敏感的时期，此时若受到盐碱影响，水稻幼苗叶片易发生卷缩和枯萎，根长缩短和侧根数量减少，幼苗生物量、根数及根体积下降，幼苗体内的 Na^+/K^+ 值增加；盐碱胁迫常导致水稻有效分蘖数减少，抽穗期推迟，花粉活力下降，幼穗分化受阻，结实率降低，最终影响水稻产量。水稻耐盐碱的生理机制就是通过自身及外界进行渗透调节、无机离子调节或养分调节提高其耐受盐碱胁迫的能力。渗透调节能力可以表征水稻耐盐碱的基本特征，水稻的渗透调节主要是自身在特定条件下产生一些有机可溶性小分子，这些有机可溶性小分子参与体内的渗透活动，起到亲水基的作用。以细胞水平为前提，植株耐盐碱能力大小取决于细胞自身的渗透调节能力。在盐碱胁迫下水稻幼苗可以通过自身渗透调节能力，在细胞内合成亲水力较强的相溶性溶质，保护细胞中蛋白质、蛋白质复合物及细胞膜结构免遭破坏,从而维持细胞的正常生理活动。盐碱胁迫条件下,水稻叶片细胞中分泌的大量脯氨酸对盐碱胁迫起到了防御作用,因此可以用脯氨酸含量来反映水稻幼苗耐盐碱的能力。水稻细胞在逆境环境条件下普遍积累脯氨酸,是因为脯氨酸作为调节物质对水稻幼苗起保护作用,且可以稳定细胞蛋白质结构、防止酶变性失活。此外,水稻细胞内的渗透调节物质如甜菜碱、海藻糖、赤霉素(GA_3)及水杨酸(SA)等均有增强水稻耐盐碱性的作用。离子胁迫是指植株细胞中 Na^+、Cl^- 等无机离子的大量积累造成水稻受到毒害,致使细胞内离子含量失衡,膜结构遭到破坏,水稻生育指标下降等。若想减轻离子毒害,使水稻对盐碱胁迫具有耐受性,必须调节细胞内的离子含量,使其达到平衡。研究表明,耐盐碱水稻细胞对 Na^+ 有积累作用,使 Na^+ 向地上部转移从而提高其耐盐性。盐碱导致的营养胁迫常常是由于土壤中某些养分匮乏或有效性处于较低水平,加之盐分离子与养分离子间形成竞争作用,抑制了植物对养分的吸收。例如,苏打盐碱土中氮素含量较低,磷元素受碱性条件的影响有效性下降,过多的 Na^+ 存在又导致了植物体内缺 K^+,而且对 Ca^{2+}、Mg^{2+} 的吸收亦产生抑制。

水稻耐盐碱胁迫的生化过程主要是因为盐碱环境下细胞内部抗氧化酶防护系统活性降低,导致细胞质膜的过氧化作用加剧,进而引发代谢紊乱,致使细胞衰老死亡,水稻遭受一定程度的盐碱伤害。研究表明,细胞体内的抗氧化物酶是植物细胞中清除活性氧的重要部分,其酶活性不断提高对于水稻抗盐碱能力有很大推动作用。华春和王仁雷(2004)研究指出,水稻受到盐碱胁迫时叶绿体内超氧化物歧化酶(SOD)活性下降,抗坏血酸过氧化物酶(APX)呈先升后降趋势。随着研究人员对分子生物学研究的不断深入,已经成功分离到多种水稻耐盐碱基因,且对这些基因的表达有了更深层次的研究。水稻核仁蛋白质基因 *OsNUC1* 在耐盐碱性不同的水稻不同组织中其转录表达都不相同,且 *OsNUC1-S* 基因对提高水稻耐盐碱性有重要作用。大量研究表明,位于不同染色体上的 QTL 对水稻的耐盐碱性有重要影响。近年来在水稻非生物逆境应答机制和重要功能基因组鉴定方面取得一系列重要进展。*OsRR22* 突变基因对于细胞中氨基酸的表达和调控有重要作用,且 *OsRR22* 突变基因与细胞分裂素的信号传导和代谢有密切联系,研究指出 *OsRR22* 突变基因显著提高了水稻的耐盐碱性。

种植一年水稻后各土层 $K^+ + Na^+/Ca^{2+} + Mg^{2+}$ 和碱化度下降明显,随着种稻年限的延长再无明显下降。以上分析表明种稻后由于田内经常保持水层,淋洗作用持续进行,对 Na^+、K^+ 淋洗强烈,尤其是代换性 Na^+ 下降幅度大,有利于提高土壤团聚性。这种效果必须在种植水稻条件下才能保持,当改种旱田后,田间无淹水层，土壤水分运动不再以下渗为主，而以蒸发为主，吸附力比较小的 Na^+、K^+ 就会随毛管水上升而上升。旱田土壤盐基饱和度比较高，在 95.46~100，随土层加深盐基饱和度升高，30~50cm 土层已是盐基饱和土壤。种植水稻后 0~5cm、5~15cm 土层盐基饱和度下降明显，而且随种植年限的延长有持续下降趋势，所影响的土层深度也有所加深。水改旱后盐基饱和度回升较慢。盐基饱和度小说明土壤颗粒吸附的 H^+ 比较多，土壤 pH 低。盐基饱和度与 pH 呈显著正相关，相关系数 $r=0.9413$。

在盐碱地种植水稻生产弱碱大米与合适的耐盐碱水稻品种有关，但更主要取决于土壤、水分等因素。天然弱碱大米只能产自弱碱性环境，故弱碱性环境是其判定的首要指标。但弱碱性环境并非就一定能够产出弱碱大米。除具备弱碱性环境指标外，还需大米自身具有弱碱性特征。前者为必要指标，后者为充足指标，共同构成指标体系。只有两者同时具备，才能确定为弱碱大米。不少地方自标为弱碱大米，但无环境指标依据，更无大米的指标数据，显然是不够严谨的。水稻的环境是一个包括地质、地貌、水文、气候、土壤等多要素的复杂体系，以物质流、能量流和信息流形态与水稻相互作用。而对于稻米中碱物质的积累，则主要是生物化学过程的物质流作用。因此，在环境诸要素中，作为稻米碱物质源的供给者，土壤和水分是两类关键因素。对于弱碱大米来说，它们应该共同或至少其一属于碱性。

盐渍土有多种分类，祝寿泉和王遵亲（1989）的数值化分类得到广泛认同。其弱、中、重度和碱土的含盐碱量分别为 0.1%~0.3%、0.3%~0.5%、0.5%~0.7% 和 >0.7%。水稻苗期的盐碱忍耐值为 0.2%~0.3%，这恰与弱盐渍土的指标上限相吻合。其中，0.3% 是指土壤种稻前的本底状态。据大量试验，泡田后可形成含盐量 <0.2% 的田面淡化层。因此，将弱碱大米的土壤含盐量选在 0.1%~0.3% 也是合理的。研究表明，即使含盐量 0.5% 的中度苏打盐渍土，经过 2 次泡田洗碱，其含盐量也能降低到 0.2%，苗期是安全的。但对于含盐量 0.5%~0.7% 的重度苏打盐碱地，需要 3 次泡田排盐才能降到 2% 左右，而且生育期间往往返碱强烈，难有效益。最好是前 1~2 年只泡田排盐而不插秧，可避免损失。同时，将土壤含盐量与其 pH 建立相关性，便于弱碱环境识别。土壤分类规定，pH7.0 为中性，<7.0 为酸性，>7.0 为碱性。因此对于弱碱土土壤，可以有狭义与广义两种概念。狭义系指弱及中度苏打盐渍土，含盐量 0.1%~0.5%，pH7.5~9.5，1~2 次泡田洗碱，即可当年生产弱碱大米；广义则是指重度苏打盐渍土和碱土，需经 2~3 年改良，变成弱或中度苏打盐渍土后，才可生产弱碱大米。在国际14级酸碱度划分中，天然饮用水的酸碱度以7为中性，<7为酸性，>7为碱性。《生活饮用水卫生标准》规定，健康饮用水pH为6.5~8.5。可说明碱性水的pH上限应在8.5，即属于弱碱性。据此，可将7.0~8.5作为弱碱大米的灌溉水指标。考虑到大米盐碱性来源于水、土环境，应采取与水、土相一致的酸碱度标准来划分大米的酸碱度，即pH7为中性，<7为酸性，>7为碱性。世界大米一般为酸性（pH为5.7），我国大米主要属于酸-弱酸性（pH<6.5）。对于世界大米而言，>5.7具有相对弱碱性，对于我国来说，>6.5才具有相对弱碱性。人体健康状态的pH是7.0~7.4，部分器官pH最高为8.52。若达到8~10时，大米的糊黏度急剧减小，质量变劣。因此，弱碱大米的pH不应高于8.0。又考虑到大米的碱性物质易于挥发而使pH降低，pH过低会失去弱碱价值。如将相对弱碱性因素考虑进去，弱碱大米的pH阈值可定为6.5~8.0。

宁夏河套地区典型碱性土壤资源独特，pH为7.5~9.5，适宜生长弱碱生态水稻。采用碱性土壤优质水稻标准化栽培技术（DB 64/T585—2010），生产出弱碱生态大米，试验表明，轻-中度盐碱地都可以当年生产弱碱粳米，属于可直接应用的弱碱大米土地资源；重度盐碱地和碱土需要改良为中、轻度盐渍土，方可用于弱碱粳米生产，属于后备弱碱大米生产土地资源。经过改良的河套地区银川平原各类盐渍土，都属于弱碱大米的土地资源范畴，河套地区生产的弱碱粳米外观晶莹剔透、入口香甜，富含膳食纤维、生物活性酶、多种维生素等，是"塞上江南"的米中佳品（图3-19）。

图3-19 盐碱地弱碱大米

参 考 文 献

白海波, 郑国琦, 杨涓. 2010. 脱硫废弃物对盐碱地水稻幼苗生理特性的影响. 西北植物学报, 30（9）：1859-1864.

蔡松涛, 孙京涛, 魏瑄. 2018. 枸杞多糖抑制核因子 κB（NF-κB）通路降低骨关节炎软骨细胞炎性细胞因子水平. 细胞与分子免疫学杂志, 34（11）：989-993.

曹茜, 杨玉倩, 左晶, 等. 2018. 枸杞多糖对 H2O2 诱导人视网膜色素上皮细胞自噬及 Beclin-1, LC3B 表达的影响. 东南大学学报（医学版）, 37（6）：1010-1013.

邓言福, 戴平安. 2005. 两系杂交稻硫镁钙吸收运转规律研究. 湖南农业科学, 3：28-30.

侯志强, 张兴锐, 张国伟. 2017. 不同密度对沙枣人工林土壤肥力的影响. 山西林业科技, 46（4）：22-23.

华春, 王仁雷. 2004. 水稻幼苗叶绿体保护系统对盐胁迫的反应. 西北植物学报, 24（1）：136-140.

黄振华, 邓向亮, 张凯敏. 2018. 枸杞多糖对免疫抑制小鼠红细胞免疫功能的影响. 中国免疫学杂志, 34（2）：214-217.

江湖, 付金衡, 苏虎, 等. 2010. 富硒发芽糙米生产工艺的优化. 食品科学, 31（4）：90-94.

蒋振晖. 2003. Ca^{2+} 和通气处理对糙米发芽过程中主要物质变化的影响及 γ-氨基丁酸富集技术研究. 南京：南京农业大学出版社.

李利坤. 2018. 沙棘根瘤菌的分离鉴定及根瘤菌对植株生长发育的影响. 长春：吉林农业大学硕士学位论文.

李利坤, 刘回民, 刘树英, 等. 2018. 沙棘根瘤菌对沙棘植株生长的影响. 黑龙江畜牧兽医, 23：46-47.

李玉波, 许清涛, 高标, 等. 2015. 脱硫石膏改良盐碱地对紫花苜蓿生长的影响. 江苏农业科学, 43（3）：188-190.

李元旦, 丁鉴. 1989. 沙棘-弗氏放线菌共生固氮体系研究：Ⅰ. 环境因子影响沙棘结瘤和生长. 微生物学杂志, 3：22-28.

刘波, 谭雅琴, 丁协, 等. 2017. 枸杞多糖促进大鼠海绵体神经损伤修复的实验研究. 中华男科学杂志, 23（11）：1043-1046.

刘崑, 王晶晶, 于小磊, 等. 2013. 发芽糙米乳酸菌饮料的研制. 粮食与饲料工业, (3)：30-33.

刘师敏, 李培贵, 张振希, 等. 2013. 盐碱地施用脱硫废弃物对甜菜种植的影响. 安徽农业科学, 41（3）：1085-1087.

刘守龙, 苏以荣, 黄道友, 等. 2006. 微生物商对亚热带地区土地利用及施肥制度的响应. 中国农业科学, 39（7）：1411-1418.

罗丽, 梁琪, 张炎, 等. 2013. 响应面法优化超声波辅助提取沙枣果总黄酮工艺. 食品工业科技, (5)：269-274.

宋成军，马克明，傅伯杰. 2009. 固氮类植物在陆地生态系统中的作用研究进展. 生态学报，29：869-877.

孙兆军，赵秀海，王静. 2012. 脱硫石膏改良龟裂碱土对枸杞根际土壤理化性质及根系生长的影响. 林业科学研究，25（1）：107-110.

汪良驹，王业遴，刘友良. 1990. 无花果耐盐机理的研究：Ⅱ. 盐逆境下无花果叶片游离氨基酸含量变化及其调节. 南京农业大学学报，（A04）：30-34.

王彬，沈靖丽，田蕾. 2017. 施用脱硫石膏对苜蓿营养器官离子分布及抗逆性的影响. 江苏农业科学，45（23）：177-180.

王明，郭芳宁，那文静. 2016. 枸杞多糖铁配合物的抗氧化性研究. 食品工业，37（11）：143-145.

王英逴，杨玉荣，王德利. 2020. 盐碱胁迫下 AMF 对羊草的离子吸收和分配作用. 草业学报，29（12）：95-104.

魏琦，武海雯. 2017. 刘正祥等盐胁迫下沙枣生物固氮能力及氮素分配研究. 林业科学研究，30（6）：985-992.

肖国举，张萍，郑国琦，等. 2010. 脱硫石膏改良碱化土壤种植枸杞的效果研究. 环境工程学报，4（10）：2315-2320.

辛建华，李天来，张丽秋. 2008. 马铃薯干物质积累与钙含量变化的动态分析. 沈阳农业大学学报，39（4）：396-399.

许拓，凌宏艳，龙佳，等. 2017. 枸杞多糖对 HepG2 细胞胰岛素抵抗的改善作用及机制研究. 中国应用生理学杂志，33（6）：568-571.

杨翠婵，邹志方，李伯灵，等. 2010. 枸杞多糖对镉致大鼠肝氧化性损伤的拮抗作用. 现代预防医学，37（16）：3021-3022.

杨晰，杨继涛，王志强. 2012. 沙枣中多糖的提取与性质研究. 甘肃科技，28（16）：170-172.

袁红朝，秦红灵，刘守龙，等. 2011. 长期施肥对红壤性水稻土细菌群落结构和数量的影响. 中国农业科学，22：4610-4617.

袁辉，白云凤，吴元锋，等. 2009. 发芽糙米制备发酵型酸米奶的研究. 中国粮油学报，24（7）：14-17.

查培，刘红. 2012. 沙枣中多酚类物质的提取条件研究. 安徽农业科学，40（16）：8967-8968.

张继武，郑艺梅，曾国荣. 2005. 富钙发芽糙米的研制. 食品与发酵工业，31（10）：54-56.

张晓煜，刘静，袁海燕，等. 2003. 枸杞多糖与土壤养分、气象条件的量化关系研究. 干旱地区农业研究，21：43-47.

张晓煜，刘静，袁海燕. 2005. 枸杞总糖含量与环境因子的量化关系研究. 中国生态农业学报，13（3）：101-103.

张兆琴，毕双同，兰海军. 2012. 大米淀粉的流变性质和质物特性. 南昌大学学报（工科版），

34（4）：358-364.

赵攀，李芬，韩伟伟，等. 2019. 盐碱胁迫对酿酒葡萄"赤霞珠"果实品质形成的影响. 北方园艺，2：35-41.

郑艺梅. 2006. 发芽糙米营养特性、γ-氨基丁酸富集及生理功效的研究. 武汉：华中农业大学博士学位论文.

周艳华，李涛，刘颖，等. 2018. 富含 γ-氨基丁酸保健啤酒的酿造工艺研究. 食品工业，39（5）：83-87.

祝寿泉，王遵亲. 1989. 盐渍土分类原则及其分类系统. 土壤，2：106-109.

Berg B, Mcclaugherty C. 2013. Plant Litter: Decomposition, Humus Formation, Carbon Sequestration. Berlin: Springer.

Bothe H. 2012. Arbuscular mycorrhiza and salt tolerance of plants. Symbiosis, 58（1）：7-16.

Day T A, Howells B W, Rice W J. 1994. Ultraviolet absorption and epidermal-transmittance spectra in foliage. Physiologia Plantarum, 92：207-218.

Evelin H, Kapoor R, Giri B. 2009. Arbuscular mycorrhizal fungi in alleviation of salt stress: a review. Annals of Botany, 104：1263-1280.

Grimston M C, Karakoussis V, Fouquet R. 2001. The European and global potential of carbon dioxide sequestration in tackling climate change. Climate Policy, 1（2）：155-171.

Lamers J P A, Bobojonov I, Khamzina A. 2008. Financial analysis of small-scale forests in the Amu Darya Lowlands of rural Uzbekistan. Forests, Trees and Livelihoods, 18：373-386.

Liu B, Wang J L, Wang X M, et al. 2020. Reparative effects of lycium barbarum polysaccharide on mouse ovarian injuries induced by repeated superovulation. Theriogenology, 145：115-125.

Okmen G, Turkcan O, Ceylan O, et al. 2014. The antimicrobial activity of Liquidambar orientalis mill. against food pathogens and antioxidant capacity of leaf extracts. African Journal of Traditional, Complementary, and Alternative Medicines, 11（5）：28-32.

Savelonas M A, Iakovidis D K, Maroulis D E. 2006. An LBP-based active contour algorithm for unsupervised texture segmentation. Hong Kong: IEEE 18th International Conference on Pattern Recognition.

Srivastava A, Mishra A K. 2014. Regulation of nitrogen metabo-lism in salt tolerant and salt sensitivity Frankia strains. Indian Journal of Experimental Biology, 52：352-358.

Sverdrup H, Warfvinge P, Frogner T. 1992. Critical loads for forest soils in the Nordic countries. AMBIO, 21（5）：348-355.

Yuan H, Ge T, Wu X. 2012. Long-term field fertilization alters the diversity of autotrophic bacteria based on the ribulose-1,5-biphosphate carboxylase/oxygenase（Rubis CO）large-subunit genes in paddy soil. Applied Microbiology and Biotechnology, 95（4）：1061-1071.

Zhao K, Harris P J C. 1992. Effect of salt stress on nodulation and nitrogenase activity in *Elaeagnus angustifolia*. Nitrogen Fixing Tree Research Reports, 10：165-166.

第4章 盐碱地改良特色产业示范

针对黄河河套灌区不同类型盐碱地的合理开发利用问题，以脱硫石膏资源化利用为切入点，本研究突破盐碱地碱性成分不易改良的技术瓶颈，研究开发了一批拥有自主知识产权的新技术和新产品，集成创新并提出以脱硫石膏和盐碱地改良剂为主的盐碱地综合改良技术体系和不同类型盐碱地改良技术模式；在宁夏西大滩、惠农、红寺堡和内蒙古土默川建立了盐碱地改良示范区（图4-1），并在吉林、新疆、青海、甘肃、陕西等地推广应用，社会经济效益显著，为河套灌区盐碱地改良利用和工农业资源循环利用提供了科技支撑与示范样板，应用前景广阔。

图 4-1 盐碱地改良油葵产业化示范

河套灌区是我国重要的农业规模化生产和商品粮、油基地，灌区引水量逐年减少，种植结构、土壤水盐分布规律和生态环境逐年发生较大变化。实践证明盐碱地的防治和改良需要系统且综合工程指导。综合治理是防治和改良措施中最为有效的方法，坚持"以防为主、防治并重；综合治理，水利先行；统一规划、因地制宜；脱盐培肥，用改结合"的原则（王卫国，2009）。首先是平整土地、深松翻耕、移土改良，这是对土壤进行物理改良；其次是从生物改良方面来考虑，如施用有机肥，改良作物品种；最后可以从化学改良和水利改良等方面进行考虑。物理改良就是运用物理方法改造盐碱地，通过改变土壤结构对土壤中的水分和盐分进行合理分配，有效减少土壤蒸发，并提高降水淋盐的效果（蔺亚莉和李跃进，2016）。水利改良技术灌水洗盐就是在盐碱地灌水冲洗土壤，使盐分溶于水中，在土壤水下渗作用下将土壤表层的可溶性盐排到下边或淋洗出，通过排水沟排出。张丙乾（1993）依据新疆灌溉农业特点，提出加强灌溉管理，做到节水灌溉、改善排水设施，采用明排为主、暗排配合、竖井排相结合的排水设施，加强农业灌溉综合措施，保证土壤得到改良。沈万斌等（2001）也认为保证灌区农业的可持续发展是极其重要的，因为盐分易来排走不易，针对此种情况应完善水盐处理系统，如提高灌溉效率、加强排水设施建设。化学改良是指利用酸碱中和原理，施用合适且适量的化学改良剂，以此修复土壤，增加土壤肥力。脱硫石膏作为一种资源再利用的产物，在盐碱地改良中已得到广泛应用。肖国举等（2010）在宁夏西大滩碱化土上种植水稻，对脱硫石膏施用量和施用深度不同时的效果进行对比。岳自慧等（2010）研究表明脱硫废弃物对于油葵的保护同样有效。油葵根系和叶片丙二醛含量与质膜相对透性因为脱硫废弃物的施入比之前有所降低，这是对施入脱硫废弃物能够改善碱地的有力证明。张俊华等（2009）对宁夏银北龟裂碱土施用脱硫废弃物和专用改良剂的改良试验发现土壤有机质与养分含量均有一定程度的增加，而 pH 和碱化度则大幅降低。生物改良包括施用有机肥、种植绿肥、种植耐盐碱植物等。国内外关于盐碱地改良技术的研究普遍认为生物措施是取得盐碱改良效果较明显的方法，该法脱盐持续时间长，对生态修复起到重要作用（李秀芬，2012）。施用微生物菌剂、菌肥可有效降低土壤 pH 和全盐，增加土壤养分和有机质的含量（逄焕成，2009）。施用菌肥可以改善盐碱土的理化性质，且土壤肥力在一定范围内与细菌数量呈正相关（孙瑞莲等，2004）。生物治理措施与物理、水利、化学措施相比，虽然见效慢、周期长，但具有可持续时间长、生态环境良好、无二次污染等优点，在土壤的可持续利用中具有广阔和长远的应用前景。

4.1　碱化土壤改良技术集成示范

一般情况下，越是在盐碱地这种逆境条件下，风味物质产生得就越多，口感就会越好。大多数作物，逆境胁迫促进了植物次生代谢产物的积累，而这些次生代谢产物往往是食品天然风味物质。例如，生长在适度盐碱环境下的枸杞的黄酮、多糖含量要比生长在非盐碱地环境下的高；盐碱地一些品种水稻中决定口感风味的物质甾醇、芳烃等极微量物质要比非盐碱地高。然而重度土壤盐碱化则严重影响作物产量、降低农产品品质。采用恰当的技术集成模式调控使土壤盐碱程度维持在需要的水平是发挥盐碱地优点产出特色农产品的关键，也是实现以生态保护为主、用养结合可持续发展的关键。

在宁夏银北西大滩、惠农区和红寺堡建立了具有代表性的试验示范区。在不同盐碱地类型区进行了脱硫石膏及配套改良剂施用技术、合理施肥技术、水盐调控技术、耐盐作物种植技术等集成与示范。以脱硫石膏和改良剂施用为主，配合明沟排水、激光平地、秸秆还田、增施有机肥及灌水洗盐、耕作与覆盖防盐等技术，形成了碱土型盐碱地种植旱作技术集成模式；配合竖井排水、激光平地、深松耕、增施有机肥、平衡施肥、灌水洗盐、耕作防盐等技术，形成了盐土型盐碱地种植旱作技术集成模式；配合开挖截渗沟、渠道防渗、起垄沟植沟灌、咸淡轮灌、快速改良培肥等技术，形成了次生盐渍型盐碱地种植旱作技术集成模式；结合明沟排水、激光平地、深松耕、增施有机肥、灌水洗盐等技术，形成了盐碱地种植水稻技术集成模式；配合增施有机肥、黄沙与秸秆垫层、灌水洗盐、耕作与覆盖防盐等技术，形成了盐碱地种植林草技术集成模式；配合增施有机肥、黄沙覆盖、灌水洗盐、耕作防盐等技术，形成了盐碱地设施农业技术集成模式。

4.1.1 重度碱化土壤改良种植油葵技术集成试验

改良前土壤本底值为 pH 9.3，全盐 5.0g/kg，碱化度 31.5%。试验采用大区对比设计，设 3 个处理：A 处理（施用脱硫石膏集成改良）——脱硫石膏（2t/667m^2）+改良剂（0.5t/667m^2）+激光平地+秸秆还田（500kg/667m^2）+有机肥（1t/667m^2）+风化煤（0.5t/667m^2）+黄沙（10t/667m^2）+灌水（300m^3/667m^2）；B 处理（传统改良）——除不施用脱硫石膏、改良剂和风化煤外，其余同处理 A；C 处理（对照）——激光平地+灌水。各处理其他田间管理等措施一致。试验结果见表 4-1。

表 4-1　脱硫石膏改良碱化土壤种植油葵技术集成试验效果

年份	指标	处理 C（对照）	处理 B	处理 A
2008	pH	9.1 (0.9)	8.6 (0.6)	8.3 (0.6)
	全盐/(g/kg)	4.7 (0.7)	4.4 (0.8)	3.9 (0.8)
	碱化度/%	30.5 (2.5)	28.9 (3.2)	26.6 (4.7)
	出苗率/%	15.2 (4.8)	46.1 (5.6)	71.2 (4.3)
	产量/(kg/667m^2)	15.5 (4.9)	132.3 (21.6)	194.4 (18.7)
2009	pH	8.9 (0.5)	8.4 (0.4)	8.2 (0.4)
	全盐/(g/kg)	4.5 (0.4)	3.3 (0.5)	2.9 (0.6)
	碱化度/%	29.9 (2.7)	26.9 (1.2)	22.1 (3.1)
	出苗率/%	23.2 (3.4)	50.7 (7.9)	82.3 (4.1)
	产量/(kg/667m^2)	79.3 (21.5)	177.2 (29.3)	231.8 (33.2)
2010	pH	9.0 (0.3)	8.4 (0.7)	8.0 (0.3)
	全盐/(g/kg)	4.6 (0.2)	3.2 (0.8)	2.6 (0.2)
	碱化度/%	29.4 (3.7)	25.6 (1.2)	19.8 (2.8)
	出苗率/%	28.3 (3.9)	53.4 (7.2)	88.6 (6.5)
	产量/(kg/667m^2)	94.4 (28.2)	198.7 (32.5)	296.8 (21.6)

注：表中数据为平均值（±标准差）

试验表明集成脱硫石膏改良等先进技术的改良方法，能明显降低土壤 pH、碱化度、全盐等指标，使 pH 平均值由改良前的 9.1 下降到 8.0，下降幅度 12.1%；全盐平均值由改良前的 4.7g/kg 下降到 2.6g/kg，下降幅度 44.7%；碱化度平均值由改良前的 30.5% 下降到 19.8%，下降幅度 35.1%，且不同处理之间在同一年份都有较显著的差异（图 4-2、图 4-3）。同时使油葵出苗率由对照的

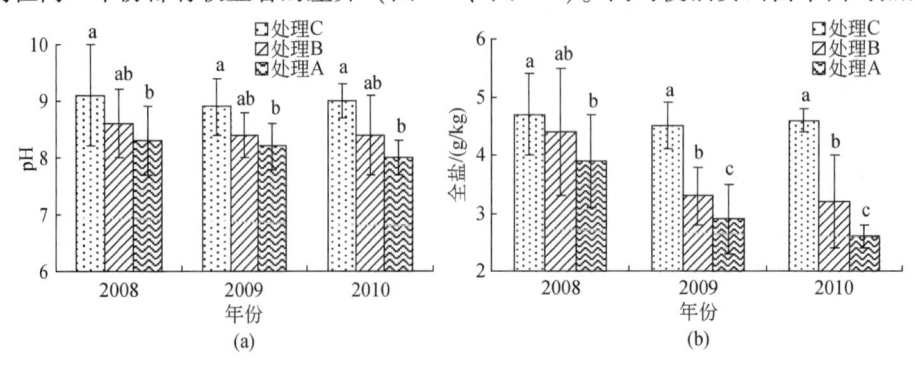

图 4-2　脱硫石膏改良碱化土壤种植油葵技术集成试验土壤 pH 和全盐年际变化

15.2%提高到88.6%，将产量由对照的15.5kg/667m²提高至296.8kg/667m²，达到显著增产目的（图4-4）。

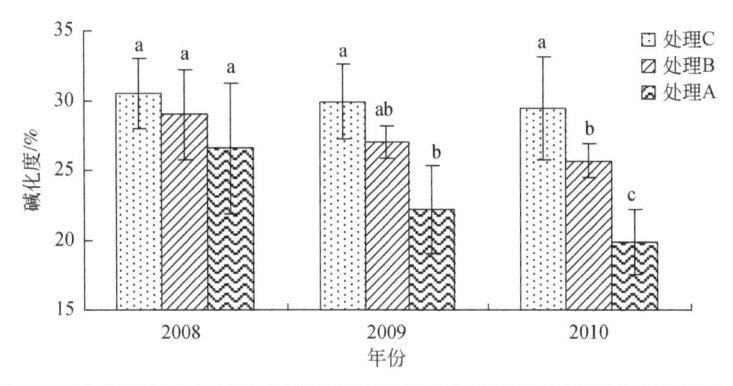

图4-3 脱硫石膏改良碱化土壤种植油葵技术集成试验土壤碱化度年际变化

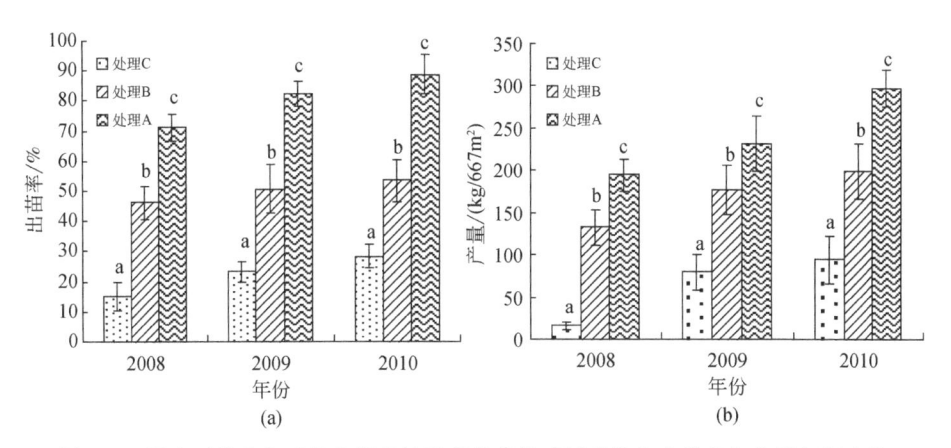

图4-4 脱硫石膏改良碱化土壤种植油葵技术集成试验作物出苗率与产量年际变化

4.1.2 重度典型碱化土壤种植高钙枸杞技术集成模式示范

在宁夏平罗县西大滩前进农场重度典型碱化土壤（龟裂碱土）上开展了盐碱地高钙枸杞种植技术集成模式示范。示范区土壤pH 9.58，全盐含量0.26%、碱化度45.66%。采用施用脱硫石膏1.5t/667m²、腐熟厩肥2.0t/667m²、调酸改良剂0.3t/667m²，并辅助90m³/667m²灌水定额洗盐3次的盐碱地综合技术集成模式（表4-2）。示范区土壤由重度碱化土壤调节至轻度碱化土壤，pH、全盐含量和碱化度分别降低至8.53、0.16%和18.8%。

表 4-2　盐碱地高钙枸杞种植技术集成模式的要点

步骤	技术环节	主要技术内容
（1）	土地平整	秋季翻耕晒垡，采用激光平地仪器机械化平整土地，保证同一灌面高差不超过 5cm
（2）	脱硫石膏与改良剂施用量	根据土壤碱化度和总碱度，利用公式确定脱硫石膏施用量 1.5t/667m²；调酸改良剂施用量 0.3t/667m²
（3）	脱硫石膏与改良剂施用技术	将脱硫石膏和调酸改良剂混匀，采用脱硫石膏条状深施机，将混合物均匀深施在枸杞种植行
（4）	增施有机肥及改良剂	采用挖坑机挖掘植树坑，增施有机肥及补充微量元素改良剂，有机肥按照每坑 2kg 用量，补充微量元素改良剂按照 0.15kg/坑。利用挖坑机旋转使改良剂和有机肥与土壤混匀。挖坑直径 40cm，深度 50~60cm
（5）	枸杞栽植	选择直径 0.8~1cm 的枸杞苗进行栽植，人工回填踩实脱硫石膏、微量元素改良剂与农家肥混合的土
（6）	灌水洗盐	脱硫石膏、有机肥、改良剂施用后整地灌水 2 次，每次 90m³。枸杞栽植后立即大水漫灌 1 次，每 667m² 灌水量 90m³。若灌水 12h 田面不能自然落干则明沟排干地表积水
（7）	行间旋耕	每次灌水落干后旋耕枸杞行间，除草保墒

示范结果表明盐碱地高钙枸杞种植技术集成模式提高了枸杞产量，提升了枸杞品质。与对照区相比，集成模式示范处理果实单株产量增加 23.27%，黄酮含量增加了 41.5%、枸杞多糖含量增加 18.2%。相关性分析表明，枸杞产量与百粒重、黄酮、多糖、有机质、碱解氮、有效磷呈正相关，且与黄酮含量呈显著正相关，而与 pH、全盐、速效钾、P_n、纵径、横径呈负相关。百粒重与纵径、黄酮、多糖、全盐、碱解氮和有效磷呈正相关，其中与碱解氮达到显著正相关，而与 pH、横径、P_n、有机质、速效钾呈负相关。果实纵径与横径呈显著正相关。黄酮与产量及多糖呈显著正相关，而与 pH 呈显著负相关。多糖与全盐、有机质、碱解氮和有效磷呈正相关，而与 pH、速效钾呈负相关（表 4-3）。

表 4-3　土壤与枸杞观测各项指标间相关性分析

相关系数	产量	百粒重	纵径	横径	P_n	黄酮	多糖	pH	全盐	有机质	碱解氮	速效钾	有效磷
产量	1	0.48	-0.25	-0.28	-0.06	0.80*	0.69	-0.76*	-0.04	0.21	0.57	-0.47	0.53
百粒重	0.48	1	0.45	-0.04	-0.2	0.33	0.17	-0.75	0.07	-0.66	0.81*	-0.32	0.7

续表

相关系数	产量	百粒重	纵径	横径	P_n	黄酮	多糖	pH	全盐	有机质	碱解氮	速效钾	有效磷
纵径	-0.25	0.45	1	0.80*	0.29	0.06	0.19	-0.2	0.34	-0.74	0.46	0.09	0.43
横径	-0.28	-0.04	0.80*	1	0.59	0.11	0.39	0.03	0.55	-0.25	0.12	0.34	0.16
P_n	-0.06	-0.2	0.29	0.59	1	0.42	0.3	-0.28	0.49	0.37	-0.35	0.45	-0.41
黄酮	0.80*	0.33	0.06	0.11	0.42	1	0.86*	-0.83*	-0.06	0.21	0.44	-0.46	0.38
多糖	0.69	0.17	0.19	0.39	0.3	0.86*	1	-0.54	-0.1	0.13	0.54	-0.43	0.56
pH	-0.76*	-0.75	-0.2	0.03	-0.28	-0.83*	-0.54	1	-0.04	0.12	-0.58	0.36	-0.45
全盐	-0.04	0.07	0.34	0.55	0.49	-0.1	0.04	-0.04	1	0.11	-0.1	0.82*	-0.09
有机质	0.21	-0.66	-0.74	-0.25	0.37	0.21	0.13	0.12	0.11	1	-0.65	0.27	-0.61
碱解氮	0.57	0.81*	0.46	0.12	-0.35	0.44	0.54	-0.58	-0.1	-0.65	1	-0.61	0.98**
速效钾	-0.47	-0.32	0.09	0.34	0.45	-0.5	-0.43	0.36	0.82*	0.27	-0.61	1	-0.59
有效磷	0.53	0.7	0.43	0.16	-0.41	0.38	0.56	-0.45	-0.09	-0.61	0.98**	-0.59	1

4.1.3 盐碱地弱碱性富硒水稻种植技术集成模式示范

在宁夏平罗县西大滩前进农场重度典型碱化盐土上开展了盐碱地弱碱性富硒水稻种植技术集成模式示范。示范区土壤pH 9.30，全盐含量1.55%、碱化度40.10%。采用秋季施用脱硫石膏1.0t/667m²、土壤结构专用功能性改良剂0.4t/667m²，并配套冬灌90m³/667m²灌水定额洗盐1次，旱直播播后上水、浅水层保苗的盐碱地综合技术集成模式（表4-4）。示范区土壤由中度碱化土壤调节至较轻度碱化土壤，pH、全盐含量和碱化度分别降低至8.48、0.15%和16.1%。

表4-4 盐碱地弱碱大米——水稻种植技术集成模式要点

步骤	技术环节	主要技术内容
（1）	土地平整	春季或秋季采用激光平地仪器机械化平整土地，保证同一灌面高差不超过5cm
（2）	脱硫石膏与改良剂施用量	根据土壤碱化度和总碱度，利用脱硫石膏施用量公式确定单位面积施用量；采用改善土壤结构专用功能性改良剂，施用量40kg/667m²

续表

步骤	技术环节	主要技术内容
（3）	脱硫石膏与改良剂施用技术	将脱硫石膏与土壤结构改良剂混合均匀，采用脱硫石膏撒施专用设备进行机械施用
（4）	增施有机肥	采用腐熟羊粪或者腐熟农家肥（畜禽厩肥）2.0t/667m^2。单独或与脱硫石膏、改良剂混合后机械撒施
（5）	深松耕	采用大型旋耕机旋耕，旋耕深度20cm，旋耕2次后晾晒，最后采用深松犁深松至60cm
（6）	灌水洗盐	冬灌泡田洗盐，90m^3/667m^2；苗期严格控制水层，促进压碱排盐，防止返盐 其中： 播种前，大水压盐，水层深度控制在30cm； 播种后出苗前，水层降低至3~5cm； 出苗后，水层降低至1~2cm； 扎根后，水层恢复至8~10cm
（7）	纳米富硒	分别在水稻的扬花期和灌浆期喷施富硒营养剂25g/667m^2

示范结果表明土壤pH由改良前的平均9.30降低到8.39，全盐由15.5g/kg降低到4.87g/kg，全氮、有效磷、速效钾等营养指标均极显著上升。碱化度也极显著降低，由改良前的平均40.10%降低到22.80%。示范区水稻平均产量450.13kg/667m^2，较对照增产25.73%。稻谷硒含量达到0.27~0.28mg/kg，糙米硒含量达到0.22~0.27mg/kg，比未富硒对照稻谷和糙米硒含量高7倍和8倍，达到行业富硒水稻标准（图4-5）。

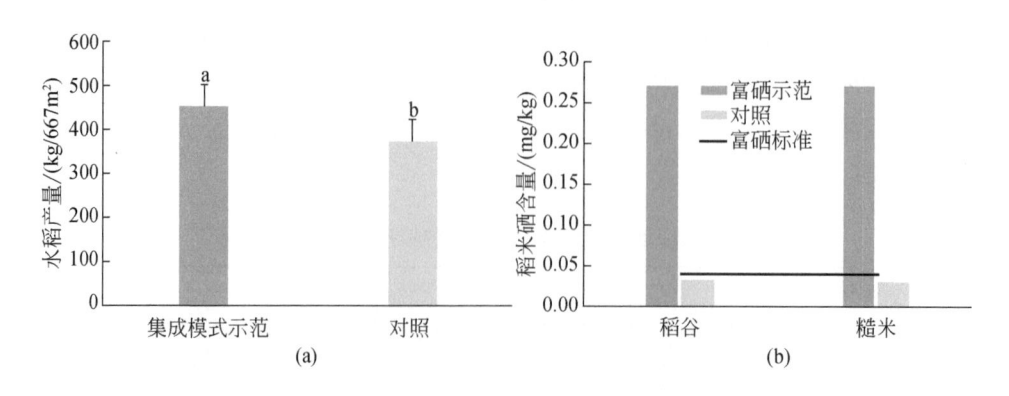

图4-5 盐碱地弱碱性富硒水稻种植技术集成模式示范稻米产量和富硒含量

利用13个水稻农艺性状数据进行主成分分析,得到表4-5、表4-6所示相关系数矩阵的特征值,其中包括特征值、贡献率和累计贡献率,筛选出PRIN1和PRIN2两个新产生的变量,即影响水稻产量较大的2个主成分,PRIN1为第一主成分,PRIN2为第二主成分。从特征值来看,第一主成分的值为10.904,第二主成分的值为1.487,第一主成分的贡献率为0.8388,说明第一主成分能够提供原变量提供的影响水稻产量综合信息的一半以上,第二主成分的贡献率为0.1144,与第一主成分贡献率合并的累计贡献率为95%以上,说明前2个主成分已经把影响水稻产量95%的信息反映出来,因此可将原有的13个农艺性状指标转换为2个新的相互独立的综合指标,并代表了原始指标携带的绝大部分信息,可综合地评价水稻产量的影响因素,结果表明第一主成分与单穗产量、株高、穗长、实粒数、秕粒数、千粒重、单株产量、有效穗数、总产量、pH和EC的关系较密切,考虑到第一主成分贡献率最大,说明除单株穗数和分蘖数外,其他农艺性状对水稻产量的影响较大,可综合评价水稻产量的影响因素且可靠性较高。

表4-5 主成分分析特征值所对应的特征向量

指标	PRIN1	PRIN2
单株穗数	0.232	−0.463
穗长	0.291	0.288
实粒数	0.299	0.128
秕粒数	−0.272	0.174
单穗产量	0.302	0.080
千粒重	0.294	0.061
单株产量	0.285	−0.229
株高	0.304	0.060
分蘖数	0.081	0.792
有效穗数	0.291	0.207
总产量	0.295	−0.108
pH	−0.294	0.168
EC	−0.289	−0.047

表 4-6　隶属函数贡献率和权重

指标	PRIN1	PRIN2
贡献率	0.84	0.11
权重	0.88	0.12

4.1.4　碱化土壤改良种植生物质能源植物技术集成试验

试验地设在前进农场二站 t 队中低产田内，改良前土壤本底值为 pH 8.95，全盐 3.5g/kg、碱化度 20.6%。采用大区对比设计，设两个处理：施用脱硫石膏（2t/667m^2）+改良剂（0.5t/667m^2）；对照（不施脱硫石膏和改良剂），其余田间管理均相同。供试植物选择甜菜和甜高粱。

试验表明，相较于传统耕种技术（对照），施用脱硫石膏及改良剂的综合集成技术能较好地改良碱化土壤，有效降低土壤碱化度和 pH（表 4-7）。由表 4-8 和表 4-9 可以看出，相较于传统耕种技术（对照），集成技术能明显提高供试植物的各项生长指标，对其产量也有明显提高作用。

表 4-7　脱硫石膏改良碱化土壤种植生物质能源植物技术集成试验土壤化学性质变化

指标	改良前	甜菜 对照	甜菜 处理	甜高粱 对照	甜高粱 处理
pH	8.95	8.26（7.7%）	8.05（10.1%）	8.32（7.0%）	7.96（11.1%）
全盐/(g/kg)	3.5	2.8（20.0%）	2.0（42.9%）	3.0（14.3%）	2.6（25.7%）
碱化度/%	20.6	19.5（5.3%）	10.5（49.0%）	19.8（3.8%）	12.1（41.3%）

注：括号内为改良后较改良前降低比例

表 4-8　脱硫石膏改良碱化土壤种植甜高粱技术集成试验对其生长指标及产量的影响

生长指标	对照 2008 年	对照 2009 年	对照 2010 年	处理 2008 年	处理 2009 年	处理 2010 年
出苗率/%	56.2	61.0	63.5	78.0	83.1	87.6
株高/cm	178.7	213.1	219.5	214.6	288.9	292.5
株径/cm	2.25	2.83	2.88	2.64	3.31	3.44

续表

生长指标	对照			处理		
	2008年	2009年	2010年	2008年	2009年	2010年
植株鲜重/(g/株)	213.3	620.5	655.4	243.5	920.5	967.3
产量/(kg/667m²)	630.5	2613.1	2854.3	971.9	3541.8	3749.6

表4-9 脱硫石膏改良碱化土壤种植甜菜技术集成试验对其生长指标及产量的影响

生长指标	对照			处理		
	2008年	2009年	2010年	2008年	2009年	2010年
叶片数/(片/株)	4	5	5	6	7	8
果实鲜重/(kg/株)	1.26	1.84	2.33	5.43	7.23	7.84
产量/(t/667m²)	4.62	5.45	5.77	5.86	7.32	8.13

4.1.5 碱化土壤改良水稻种植技术集成模式试验与示范

试验地在西大滩前进农场二站t队盐碱荒地内，改良前土壤本底值见表4-10。试验采用大区对比设计，设3个处理：A处理（施用脱硫石膏集成改良，简称集成）——脱硫石膏（2t/667m²）+改良剂（0.5t/667m²）+激光平地+秸秆还田（1000kg/667m²）+化肥（二铵20kg/667m²、尿素30kg/667m²）+有机肥（2t/667m²）+黄沙（20t/667m²）+灌水（1300m³/667m²）；B处理（传统改良，简称传统）——除不施用脱硫石膏和改良剂，其余同处理A；C处理（对照）——激光平地+灌水+化肥+有机肥。试验结果见表4-11、表4-12和图4-6、图4-7。

表4-10 脱硫石膏改良碱化土壤种植水稻技术集成试验耕作层土壤本底情况

指标	pH	碱化度/%	全盐/(g/kg)	有机质/(g/kg)	容重/(g/cm³)	孔隙度/%
平均值	10.35	29.15	2.85	2.915	1.55	45

表4-11 脱硫石膏改良碱化土壤种植水稻技术集成试验耕作层土壤理化性质年际变化

年份	处理	pH	碱化度/%	全盐/(g/kg)	有机质/(g/kg)	容重/(g/cm³)	孔隙度/%
2008	集成	8.8 (0.2)	19.1 (1.3)	1.7 (0.2)	4.75 (0.44)	1.43 (0.07)	49 (1.0)
	传统	9.3 (0.3)	21.5 (0.8)	2.2 (0.2)	3.55 (0.23)	1.49 (0.06)	46.5 (2.5)
	对照	9.9 (0.3)	28.2 (1.1)	3.1 (0.3)	2.42 (0.09)	1.55 (0.04)	45 (1.5)

续表

年份	处理	pH	碱化度/%	全盐/(g/kg)	有机质/(g/kg)	容重/(g/cm³)	孔隙度/%
2009	集成	8.5 (0.5)	17.5 (0.9)	1.6 (0.3)	5.34 (0.18)	1.44 (0.08)	48.5 (3.5)
2009	传统	9.2 (0.4)	20.9 (0.6)	1.9 (0.3)	4.01 (0.26)	1.46 (0.09)	47.5 (3.4)
2009	对照	9.8 (0.6)	26.6 (0.6)	2.5 (0.4)	2.91 (0.53)	1.48 (0.02)	47.5 (5.2)
2010	集成	8.0 (0.4)	14.7 (1.1)	1.3 (0.3)	5.93 (0.16)	1.33 (0.03)	53 (2.7)
2010	传统	9.0 (0.7)	20.15 (1.2)	1.9 (0.6)	4.04 (0.85)	1.45 (0.05)	48.5 (2.7)
2010	对照	9.8 (0.6)	26.8 (1.1)	2.5 (0.4)	3.13 (0.43)	1.53 (0.04)	45 (2.9)

注：表中数据为平均值（±标准差）

表 4-12　脱硫石膏改良碱化土壤种植水稻技术集成试验作物生长指标及产量年际变化

年份	处理	株高/cm	穗长/cm	产量/(kg/667m²)
2008	对照	51.8	9.3	135.9
2008	传统改良	67.4	11.2	246.5
2008	脱硫石膏集成改良	73.1	12.3	362.5
2009	对照	54.7	9.4	147.3
2009	传统改良	69.8	11.6	268.8
2009	脱硫石膏集成改良	78.3	12.9	416.1
2010	对照	55.6	10.1	169.4
2010	传统改良	72.3	12.9	286.5
2010	脱硫石膏集成改良	87.5	13.5	466.1

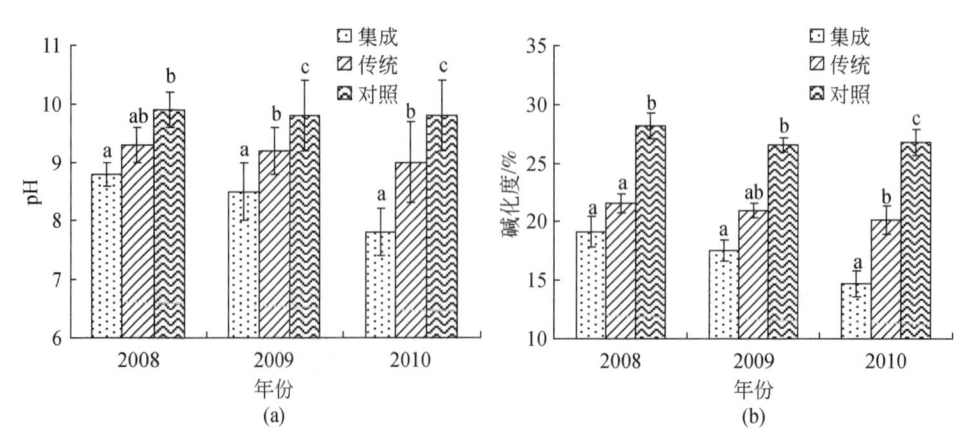

图 4-6　脱硫石膏改良碱化土壤种植水稻技术集成试验土壤 pH 和碱化度年际变化

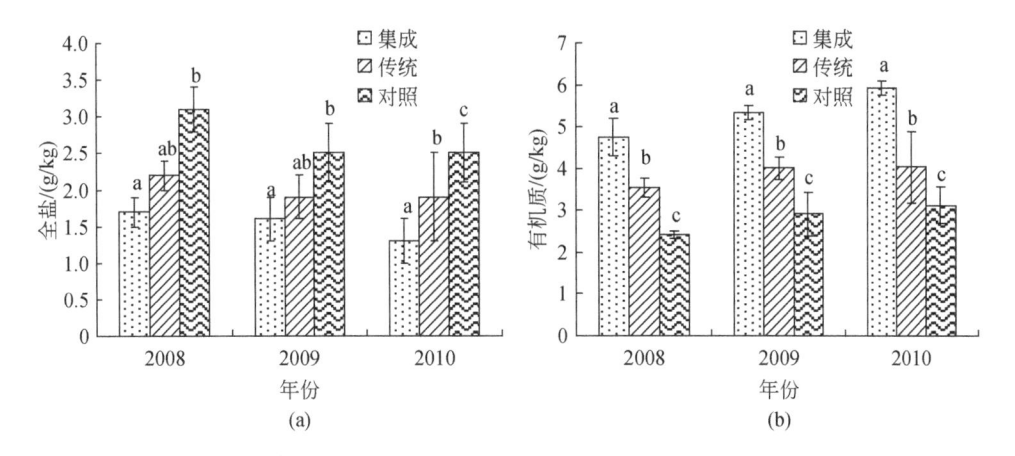

图 4-7 脱硫石膏改良碱化土壤种植水稻技术集成试验土壤全盐和有机质含量年际变化

可看出，大区对比试验证明，较传统改良方法，集成脱硫石膏、改良剂等先进改良措施的综合改良方法能有效降低耕作层土壤 pH、碱化度及全盐含量，提高土壤有机质含量，降低土壤容重，增加孔隙度，改善土壤理化性质，增加单位产量。改良第一年，集成改良方法较对照 pH 下降 1.15，碱化度下降 9.15%，全盐下降 1.4g/kg，有机质含量增加 2.33g/kg，容重下降 0.11g/cm³，孔隙度增大 4%，产量提高 227kg/667m²；改良第二年集成改良方法较对照 pH 下降 1.35，碱化度下降 9.1%，全盐下降 0.9g/kg，有机质含量增加 2.43g/kg，容重下降 0.04g/cm³，孔隙度增大 1%，产量提高 269kg/667m²；改良第三年集成改良方法较对照 pH 下降 1.8，碱化度下降 12.1%，全盐下降 1.25g/kg，有机质含量增加 2.81g/kg，容重下降 0.20g/cm³，孔隙度增大 8%，产量提高 297kg/667m²。

4.1.6　碱化土壤改良林草种植技术集成模式试验与示范

试验地设在前进农场一站八队沙湖旅游区至沙湖高速公路路口中段林带，改良前土壤本底值为 pH 9.2，全盐 0.74%，碱化度 28.97%，供试植物分别为沙枣、苜蓿、马莲。

脱硫石膏改良碱化土壤种植沙枣技术试验。采用大区对比试验，设 3 个处理（表 4-13）。树坑直径 1.2m³，沙枣树苗重剪后，根部由生根粉浸泡并于当日按照试验设计全部栽植，灌透水。2008 年春季定植后，2009 年、2010 年连续观测，试验结果见表 4-13。试验数据表明，两种处理 3 年平均值较对照成活率分别提高了 31.9%、47.7%。在两个处理中，处理 2 的成活率高于处理 1，表明盐碱地种植沙枣时，将脱硫石膏、改良剂与物理垫层相结合能有效提高沙枣树苗的成活率。改良后土壤 pH 降至 7.90、全盐降至 0.40%。

表 4-13　脱硫石膏改良碱化土壤种植沙枣技术试验结果

处理	黄沙垫层厚/(cm/坑)	稻草垫层厚/(cm/坑)	脱硫石膏/(kg/坑)	改良剂/(kg/坑)	成活率/% 2008 年	成活率/% 2009 年	成活率/% 2010 年
对照	0	0	0	0	13.1	11.5	8.1
处理 1	20	20	0	0	47.2	43.0	38.2
处理 2	20	20	8	3	59.8	58.8	57.3

脱硫石膏改良碱化土壤种植苜蓿技术试验。采用大区对比试验，设置 3 个处理。2008 年种植后，2009 年、2010 年进行连续观测，试验结果见表 4-14。从表中可以看出，处理 2 的出苗率为 82.6%，处理 1 的出苗率为 31.4%，对照出苗率仅为 6.3%。2008 年，处理 2 的覆盖度达到 87.9%，处理 1 的覆盖度为 40.6%，对照覆盖度仅为 9.3%。结果表明，虽然仅用黄沙覆盖能提高碱化土壤种植苜蓿的出苗率，增大覆盖度，但其效果远不如与改良物料搭配使用。改良后土壤 pH 降至 8.2，全盐降至 0.43%。

表 4-14　脱硫石膏改良碱化土壤种植苜蓿技术试验结果

处理	黄沙覆盖层	脱硫石膏/(t/667m²)	改良剂/(t/667m²)	出苗率/%	覆盖度/% 2008 年	覆盖度/% 2009 年	覆盖度/% 2010 年
对照	无	0	0	6.3	9.3	12.1	7.1
处理 1	有	0	0	31.4	40.6	48.8	32.8
处理 2	有	2	1	82.6	87.9	94.1	89.5

脱硫石膏改良碱化土壤种植马莲技术试验。采用大区对比试验，设 3 个处理。2008 年种植后，2009 年、2010 年进行连续观测，试验结果见表 4-15。从表中可以看出，2008 年处理 2 的成活率为 98.6%，处理 1 的为 71.4%，对照成活率为 23.2%。结果表明处理 2（黄沙+脱硫石膏+改良剂）改良效果最好。改良后土壤 pH 降至 8.2、全盐降至 0.43%。

表 4-15　脱硫石膏改良碱化土壤种植马莲技术试验结果

处理	黄沙覆盖层	脱硫石膏/(t/667m²)	改良剂/(t/667m²)	成活率/% 2008年	成活率/% 2009年	成活率/% 2010年
对照	无	0	0	23.2	17.9	11.8
处理1	有	0	0	71.4	67.8	62.7
处理2	有	2	1	98.6	98.1	97.4

4.1.7　盐碱地设施农业技术集成模式试验与示范

试验地点设在石嘴山市现代农业示范基地（大武口区隆湖一站）盐碱地新建日光温室。试验地地势平缓低洼，碱化度22%~28%，pH 9以上，土质黏重、通透性差。试验共设6个基质配方处理（表4-16），各处理均覆黄沙，厚度为80cm；以不施基质覆黄沙80cm为对照。供试作物为辣椒。

表 4-16　脱硫石膏改良碱化土壤发展设施农业技术集成试验设计

处理号	改良剂+风化煤/(kg/667m²)	脱硫石膏/(kg/667m²)
1	500+0	2000
2	500+0	4000
3	500+1000	0
4	0+1000	2000
5	0+1000	4000
6	250+500	2000
对照	0	0

试验结果见表4-17。相较于同期（5~9月），2009年各处理的产量均有大幅提高，增产1353.6~3954.8kg/667m²，增幅达40.1%~107.8%。其中又以处理6、处理2、处理5表现最为突出，说明此技术集成模式可应用于盐碱地客土温室栽培。

表 4-17　脱硫石膏改良碱化土壤发展设施农业种植辣椒对其产量性状的影响

产量性状指标	处理1	处理2	处理3	处理4	处理5	处理6	对照
株高/cm	225.4	232.5	228.6	226.8	228.2	227.3	224.6
单株果数/个	38	41.2	28	25.5	38.4	40.2	32.1

续表

产量性状指标	处理1	处理2	处理3	处理4	处理5	处理6	对照
平均单果重/g	65.6	70.1	72.8	69.1	68.9	70.4	66.5
小区产量/kg	272.7	303.9	233.7	198.6	300	320.1	208.8
2009年产量/(kg/667m^2)	6492.9	7235.7	5564.3	4728.6	7142.9	7621.5	4971.2
2008年产量/(kg/667m^2)	3250	4472.2	3916.7	3375	4000	3666.7	3166.7

4.2 盐化土壤改良技术集成示范

4.2.1 盐化土壤改良种植油葵技术集成模式试验与示范

试验地在惠农区礼和乡星火村，采用四因素两水平随机区组设计。设施用脱硫石膏（0.5t/667m^2）、施肥（牛粪2t/667m^2；化肥：尿素10kg/667m^2、三料磷肥20kg/667m^2）、震动深松耕（深度45cm）、洗盐（灌水定额为80m^3/667m^2）4个因子，分别以硫、肥、洗盐、深松表示。每个因子设2种水平，共16个处理，见表4-18。供试作物为油葵，分别在盐碱荒地和重度、中度盐渍化土壤上开展此项试验。

表4-18 脱硫石膏改良盐化土壤种植油葵技术集成试验设计

处理号	处理	处理号	处理	处理号	处理
1	CK	7	硫+深松	13	硫+肥+洗盐
2	硫	8	硫+洗盐	14	硫+深松+洗盐
3	肥	9	肥+深松	15	肥+深松+洗盐
4	深松	10	肥+洗盐	16	硫+肥+深松+洗盐
5	洗盐	11	深松+洗盐		
6	硫+肥	12	硫+肥+深松		

2008年在脱硫石膏施用前测得盐碱荒地和重度盐渍化土壤盐分养分本底值，见表4-19～表4-22；于2009年测得中度盐渍化土壤盐分养分本底值状况，见表4-23和表4-24。从表中数据可看出，试验田土壤含盐量均很高，且表聚现象严重，0～20cm土层平均盐分含量高达19.5g/kg，pH平均为8.52，土壤盐类以

硫酸盐为主，氯化物次之，属碱化硫酸盐盐土。此外，土壤有机质、全氮、碱解氮、速效磷等养分指标含量很低。

表4-19 脱硫石膏改良盐化土壤种植油葵技术集成试验改良前盐碱荒地土壤剖面盐分组成特征

土层/cm	全盐/(g/kg)	pH	盐分/(g/kg)							碱化度/%
			CO_3^{2-}	HCO_3^-	SO_4^{2-}	Cl^-	K^+	Na^+	Ca^{2+}	Mg^{2+}	
0~20	19.50	8.52	0.00	0.17	10.05	10.32	0.17	12.41	7.15	1.86	9.78
20~40	11.20	8.51	0.00	0.13	5.58	6.63	0.09	8.54	2.95	1.69	9.39
40~60	6.98	8.61	0.00	0.18	1.89	7.15	0.07	7.89	0.80	0.78	7.85
60~80	6.55	8.70	0.02	0.17	1.72	6.80	0.07	7.68	0.68	0.66	13.09
80~100	5.43	8.65	0.01	0.18	1.15	6.01	0.06	6.64	0.40	0.50	14.17
100~120	5.53	8.58	0.01	0.25	2.37	6.14	0.06	7.12	0.77	0.83	12.26

表4-20 脱硫石膏改良盐化土壤种植油葵技术集成试验改良前盐碱荒地土壤剖面养分特征

土层/cm	有机质/(g/kg)	全氮/(g/kg)	全磷/(g/kg)	全钾/(g/kg)	碱解氮/(mg/kg)	有效磷/(mg/kg)	速效钾/(mg/kg)
0~20	6.72	0.37	0.53	16.27	26.33	22.33	150.33
20~40	8.02	0.17	0.47	16.87	13.30	3.40	95.33
40~60	7.58	0.13	0.39	17.00	13.57	3.13	80.33
60~80	7.94	0.12	0.40	17.07	8.73	2.63	77.67
80~100	8.24	0.14	0.38	17.07	9.68	3.10	74.00

表4-21 脱硫石膏改良盐化土壤种植油葵技术集成试验改良前重度盐渍化土壤剖面盐分状况

土层/cm	盐分/(g/kg)							全盐/(g/kg)	pH	碱化度/%
	CO_3^{2-}	HCO_3^-	SO_4^{2-}	Cl^-	K^+	Na^+	Ca^{2+}	Mg^{2+}			
0~20	0.00	0.32	5.80	0.93	0.10	1.36	5.13	0.56	6.53	8.30	6.98
20~40	0.02	0.26	3.19	0.40	0.07	0.99	2.45	0.55	3.42	8.54	8.00
40~60	0.08	0.15	0.60	0.30	0.04	0.85	0.36	0.10	1.03	9.15	9.82
60~80	0.12	0.08	0.48	0.40	0.03	1.04	0.23	0.08	0.98	9.35	10.16
80~100	0.13	0.09	0.63	0.53	0.03	1.46	0.21	0.11	1.20	9.47	10.38

表4-22 脱硫石膏改良盐化土壤种植油葵技术集成试验改良前重度盐渍化土壤剖面养分状况

土层/cm	有机质/(g/kg)	全氮/(g/kg)	全磷/(g/kg)	全钾/(g/kg)	碱解氮/(mg/kg)	有效磷/(mg/kg)	速效钾/(mg/kg)
0~20	4.67	0.35	0.47	16.20	14.33	18.10	113.00

表 4-23 脱硫石膏改良盐化土壤种植油葵技术集成试验改良前中度盐渍化土壤剖面盐分状况

土层 /cm	盐分/(g/kg)								全盐/ (g/kg)	pH
	CO_3^{2-}	HCO_3^-	SO_4^{2-}	Cl^-	K^+	Na^+	Ca^{2+}	Mg^{2+}		
0~20	0.00	0.30	2.27	1.19	0.09	1.88	1.36	0.59	3.30	7.92
20~40	0.00	0.26	1.54	0.32	0.05	2.90	0.79	0.35	2.08	8.06
40~60	0.00	0.24	0.53	0.23	0.03	1.88	0.17	0.08	0.89	8.39
60~80	0.00	0.26	0.41	0.24	0.02	1.59	0.10	0.10	0.82	8.44
80~100	0.00	0.24	0.39	0.19	0.02	1.74	0.06	0.08	0.74	8.49
100~120	0.00	0.24	0.43	0.25	0.01	1.88	0.09	0.10	0.85	8.37

表 4-24 脱硫石膏改良盐化土壤种植油葵技术集成试验改良前中度盐渍化土壤剖面养分状况

土层/cm	有机质/(g/kg)	全氮/(g/kg)	全磷/(g/kg)	全钾/(g/kg)	碱解氮/(mg/kg)	有效磷/(mg/kg)	速效钾/(mg/kg)
0~20	5.52	0.40	0.64	16.80	30.33	42.03	161.33

1. 不同措施对盐碱荒地土壤盐分的影响

为方便统计,将 4 种盐碱地改良措施——硫(施用脱硫石膏)、肥(施肥)、深松、洗盐分别用 A、B、C、D 表示,每个因子按施用与否设 2 种水平,水平 1 为不施用,水平 2 为施用,这样 16 个处理可以转化为四因素两水平的试验设计,见表 4-25。

表 4-25 脱硫石膏改良盐化土壤种植油葵技术集成试验设计

处理号	因素				处理号	因素				处理号	因素			
	A	B	C	D		A	B	C	D		A	B	C	D
1	A1	B1	C1	D1	7	A2	B1	C2	D1	13	A2	B2	C1	D2
2	A2	B1	C1	D1	8	A2	B1	C1	D2	14	A1	B1	C2	D2
3	A1	B2	C1	D1	9	A1	B2	C2	D1	15	A1	B2	C2	D2
4	A1	B1	C2	D1	10	A1	B2	C1	D2	16	A2	B2	C2	D2
5	A1	B1	C1	D2	11	A1	B1	C2	D2					
6	A2	B2	C1	D1	12	A2	B2	C2	D1					

由表 4-26 可看出,4 种盐碱地改良措施对 0~20cm 土层土壤盐分均产生显著

影响，其中洗盐、深松、硫3种措施的影响达极显著水平，按对盐分影响大小依次为洗盐>深松>硫>肥；4种措施对20~40cm土层和40~60cm土层的影响一致，均表现为洗盐和硫两种措施对土壤盐分的影响达到极显著水平，按对盐分影响大小依次为洗盐≥硫>施肥>深松。总体来说，4种盐碱地改良措施中，洗盐措施对0~40cm土层的土壤脱盐效果明显优于其他3种技术措施，深松措施对0~20cm土层的土壤脱盐效果仅次于洗盐措施，硫措施则对40~100cm土层的土壤脱盐效果最好。

表4-26　脱硫石膏改良盐化土壤种植油葵技术集成试验对土壤盐分影响的方差分析表

土层/cm	变异来源	平方和	自由度	均方	F值	显著水平
0~20	硫因子	16.791 49	1	16.791 49	15.464 92	0.000 46
	肥因子	7.371 17	1	7.371 17	6.788 83	0.014 14
	深松因子	31.833 93	1	31.833 93	29.318 96	0.000 01
	洗盐因子	184.906 8	1	184.906 8	170.298 6	0
20~40	硫因子	24.725 04	1	24.725 04	29.110 52	0.000 01
	肥因子	3.679 67	1	3.679 67	4.332 34	0.046 03
	深松因子	1.494 6	1	1.494 6	1.759 7	0.194 67
	洗盐因子	135.979 7	1	135.979 7	160.098 4	0
40~60	硫因子	48.682 4	1	48.682 4	106.723 3	0
	肥因子	0.842 7	1	0.842 7	1.847 4	0.184 22
	深松因子	0.138 67	1	0.138 67	0.304 01	0.585 46
	洗盐因子	22.522 8	1	22.522 8	49.375 29	0
60~80	硫因子	39.985 75	1	39.985 75	37.134 11	0
	肥因子	10.500 06	1	10.500 06	9.751 23	0.003 95
	深松因子	1.107 17	1	1.107 17	1.028 21	0.318 69
	洗盐因子	10.877 55	1	10.877 55	10.101 81	0.003 42
80~100	硫因子	57.247 01	1	57.247 01	130.831 3	0
	肥因子	5.240 41	1	5.240 41	11.976 35	0.001 64
	深松因子	4.118 41	1	4.118 41	9.412 14	0.004 54
	洗盐因子	20.882 41	1	20.882 41	47.724 3	0

2. 不同处理对盐碱荒地土壤剖面盐分的影响

由表4-27和表4-28可看出，不同处理的0~20cm土层土壤盐分较初始含盐

表 4-27　脱硫石膏改良盐化土壤种植油葵技术集成试验对土壤剖面盐分影响方差分析表（Duncan 多重比较）　（单位：g/kg）

土层/cm	处理号															
	1	2	3	4	5	6	7	8	9	10	11	12	13	14	15	16
0~20	14.29±1.294a	13.59±0.697a	10.46±0.709bc	10.43±0.679bc	8.47±0.740de	11.76±0.324b	9.03±0.430cd	7.27±0.678def	11.38±0.593b	8.13±0.313de	7.09±0.107def	8.48±0.525de	6.20±0.478f	6.68±0.0954ef	8.19±0.341de	5.98±0.480f
20~40	7.76±0.234cde	9.24±0.734bc	7.25±0.257def	9.20±0.579bc	7.10±0.433def	10.20±0.479b	5.77±0.262gh	3.79±0.604i	11.97±1.012a	5.97±0.484fgh	6.51±0.580efg	8.62±0.780bcd	3.82±0.191i	4.96±0.503ghi	6.53±0.338efg	4.40±0.130hi
40~60	4.51±0.119def	5.56±0.563bcd	6.37±0.115ab	5.11±0.263cde	5.82±0.489bc	4.14±0.495ef	3.62±0.431fg	2.63±0.124gh	7.46±0.440a	3.56±0.403fg	4.92±0.370cde	4.47±0.301def	2.75±0.473ef	2.53±0.268ef	6.06±0.537bc	2.02±0.273h
60~80	4.74±0.665ab	4.97±1.168a	4.55±0.703bc	5.24±0.209a	5.54±0.696a	3.82±0.442bc	3.70±0.459bc	2.59±0.679d	5.69±0.405a	2.51±0.844de	5.64±0.253a	2.54±0.334a	1.51±0.064e	2.75±0.225cd	4.83±1.124a	2.26±0.143de
80~100	5.8±0.600abc	4.98±0.468c	5.2±0.335bc	6.44±0.428a	6.34±0.537ab	4.62±0.452c	5.16±0.436bc	2.46±0.332de	6.63±0.182a	3.11±0.212de	5.46±0.403abc	3.34±0.400d	2.04±0.168d	2.89±0.076de	6.65±0.523a	2.67±0.312de

表 4-28　脱硫石膏改良盐化土壤种植油葵技术集成试验对土壤剖面脱盐率的影响　（单位：%）

土层/cm	处理号															
	1	2	3	4	5	6	7	8	9	10	11	12	13	14	15	16
0~20	26.7	30.31	46.36	46.51	56.55	39.71	53.69	62.7	41.62	58.29	63.64	56.49	68.21	65.74	57.98	69.34
20~40	31.36	18.2	35.81	18.61	37.17	9.73	48.97	66.43	-5.9	47.2	42.39	23.69	66.22	56.11	42.18	61.09
40~60	35.57	20.52	8.95	26.95	16.81	40.9	48.33	62.48	-6.62	49.19	29.72	36.14	60.76	63.81	13.38	71.19
60~80	27.13	23.5	29.93	19.36	14.7	41.26	43.09	60.1	12.5	61.44	13.17	60.91	76.8	57.59	25.68	65.26
80~100	-7.41	7.72	3.64	-19.2	-17.47	14.51	4.38	54.44	-22.72	42.41	-1.17	38.09	62.29	46.48	-23.15	50.62

量均有不同程度的下降，其中，盐分含量最低（脱盐率最大）的是处理16，但与处理13、处理14、处理11、处理8无显著差异，盐分含量最高（脱盐率最小）的是处理1，其与处理2无显著差异，说明在不洗盐的情况下施用脱硫石膏并不能降低土壤盐分；除处理9外，其他处理的20~40cm土层土壤盐分较土壤初始含盐量均有不同程度的下降，其中盐分含量最低（脱盐率最大）的有4个处理，处理8、处理13、处理16、处理14，与0~20cm土层表现基本一致，可以看出4种盐碱地改良措施中，洗盐措施对0~40cm土层盐分下降起着决定性的作用，但与0~20cm土层相比，各处理在数值大小次序上略有差异，这是由于表层土壤脱盐率较大的处理，土壤盐分下移量也较大；同样除处理9盐分含量较土壤初始含盐量略有增加外，其他处理的40~60cm土层土壤盐分较初始含盐量均有不同程度的下降，其中，盐分含量最低（脱盐率最大）的有4个处理，处理16、处理14、处理8、处理13，与0~40cm土层相比，洗盐结合施用脱硫石膏措施对该层土壤盐分下降起到了决定性作用；不同处理的60~80cm土层土壤盐分较初始含盐量也有不同程度的下降，其中，盐分含量最低（脱盐率最大）的有3个处理，处理13、处理16、处理10，仍表现为洗盐措施对该层土壤盐分下降起到了较大作用，但与0~60cm土层相比表现不尽一致，这是土壤盐分随水分上移下行的复杂性造成的，盐分含量最高的有7个处理，处理9、处理11、处理5、处理4、处理2、处理15、处理1；80~100cm土层盐分含量最低的（脱盐率最大的）则有5个处理，处理13、处理8、处理16、处理14、处理10，6个处理盐分含量最高，处理15、处理9、处理4、处理5、处理1、处理11，这6个处理较土壤初始含盐量均有不同程度的增加，这是上层土壤盐分淋洗至该层造成的。

3. 不同处理对盐碱荒地1m土体土壤脱盐率的影响

由表4-29可看出，虽然单项盐碱地改良措施的耕层土壤脱盐率较对照脱盐率有所增加，但除施肥处理在1m土体中的脱盐率较对照略有增加外，其他单项盐碱地改良措施1m土体脱盐率则有所减少，其中处理4脱盐率最低，这是由于试验区土壤剖面存在黏土层，耕层减少的土壤盐分并没有排出土体，而是在不同土层重新分配。由此也可推出，施用脱硫石膏、施肥、震动深松耕、洗盐等单项盐碱地改良措施并不能从根本上降低土壤盐分。组合措施中，处理9土壤脱盐率最低，仅为3.78%，处理15较对照脱盐率略有增加，说明深松结合施肥措施对盐荒地土壤1m土体盐分下降起到了负面作用，其他组合措施1m土体脱盐率较对照均有不同程度的增加，其中处理8、处理13、处理14、处理16土壤脱盐率最高，较对照增加35%以上，说明脱硫石膏结合洗盐措施对土壤盐分下降作用明显。

表4-29 脱硫石膏改良盐化土壤种植油葵技术集成试验对1m土体土壤脱盐率的影响

处理号	1m土体脱盐率/%	处理号	1m土体脱盐率/%	处理号	1m土体脱盐率/%
1	22.67	7	39.69	13	66.86
2	20.05	8	61.23	14	57.95
3	24.94	9	3.78	15	23.21
4	18.45	10	51.71	16	63.5
5	21.55	11	29.55		
6	29.22	12	43.06		

4. 不同处理对盐碱荒地、重度、中度盐渍化土壤种植油葵的影响

从表4-30可看出不同处理对盐碱荒地种植油葵的影响。从表中数据可知，表层土壤脱盐率最大的处理，则油葵出苗率也最大，说明表层土壤盐分对油葵出苗率和产量影响较大，与对照相比，处理16的油葵出苗率和产量最高，可提高53.29%。处理2、处理3、处理4与对照相比，油葵产量并没有增加，说明施用脱硫石膏、施肥、震动深松耕单项措施对油葵出苗率和产量基本无作用，与洗盐措施相结合的各组合措施的处理才会对油葵出苗率和产量有不同程度的提高。由于试验区土壤为重盐碱荒地，土壤盐分本底值高，而盐碱地改良是一个渐进的过程，故第一年油葵产量远低于当地熟田平均产量。

表4-30 脱硫石膏改良盐化土壤种植油葵技术集成试验对油葵出苗率和产量的影响

处理号	油葵出苗率/%	油葵产量/(kg/hm²)	处理号	油葵出苗率/%	油葵产量/(kg/hm²)	处理号	油葵出苗率/%	油葵产量/(kg/hm²)
1	0.82	0	7	4.93	7.14	13	48.52	48.72
2	0.99	0	8	45.56	44.95	14	47.2	46.68
3	1.32	0	9	2.47	0	15	40.3	38.52
4	1.97	0	10	32.89	30.77	16	53.29	50.29
5	31.58	28.01	11	37.66	37.51			
6	2.8	0	12	8.06	10.89			

从表4-31和表4-32可看出不同处理对重度盐渍化土壤种植油葵的影响。从表中数据可知，4种单一技术措施中，深松和施肥两种措施对油葵产量提高贡献

最大；洗盐措施对提高油葵出苗率贡献最大，较对照提高了 56.1%。组合措施中，施用脱硫石膏、施肥、震动深松耕单项措施对油葵出苗率和产量的影响并不一致，从油葵出苗率指标来看，与洗盐措施相结合的组合措施对提高油葵出苗率有明显作用，其中处理 10 的油葵出苗率最高，与对照相比，可提高 62.8%；处理 6 的油葵出苗率最低。从产量指标来看，与施肥措施相结合的组合措施对提高油葵产量产生了积极的影响，其中处理 16 的产量最高，较对照提高 4 倍之多；处理 14 的产量最低。

表 4-31　脱硫石膏改良重度盐化土壤种植油葵技术集成试验对油葵出苗率和产量的影响

处理号	出苗率/%	产量/(kg/hm²)	百粒重/g	处理号	出苗率/%	产量/(kg/hm²)	百粒重/g
1	57.78	783.19	4.94	9	89.07	3265.28	6.97
2	73.52	1807.92	5.81	10	94.07	2417.50	6.62
3	80.19	1965.28	6.38	11	91.15	1945.56	5.59
4	82.04	2000.28	6.10	12	89.00	2319.31	7.16
5	90.19	1787.78	5.69	13	90.19	2536.94	6.15
6	71.30	2032.22	6.97	14	86.67	1147.36	6.36
7	82.59	2448.19	6.42	15	84.48	3138.19	6.83
8	90.44	1747.78	5.41	16	90.93	4093.89	6.93

表 4-32　脱硫石膏改良重度盐化土壤种植油葵技术集成不同因子对出苗率和产量的影响

因子	水平	出苗率/%	产量/(kg/hm²)	百粒重/g
施肥因子	不施肥	81.80	1708.51	5.79
	施肥	86.15	2721.08	6.75
脱硫石膏因子	不施用脱硫石膏	83.62	2162.88	6.14
	施用脱硫石膏	84.33	2266.70	6.40
深松耕因子	不进行深松耕	83.98	1884.83	6.27
	深松耕	86.99	2544.76	6.55
洗盐因子	不洗盐	78.19	2077.71	6.34
	洗盐	89.77	2351.88	6.20

从表 4-33 和表 4-34 可看出不同处理对中度盐渍化土壤种植油葵的影响。从表中数据可知，4 种盐碱地改良措施均不同程度地提高了油葵出苗率，表现为洗盐措施对油葵出苗率提高幅度最大，其他 3 种改良措施次之，施肥因子虽对油葵

出苗率影响不大，但对油葵生长发育产生积极影响，在4种盐碱地改良措施中，施肥因子对提高油葵产量和百粒重贡献最大，洗盐和脱硫石膏措施次之。

表4-33 脱硫石膏改良中度盐化土壤种植油葵技术集成试验对出苗率和产量的影响

处理号	出苗率/%	产量/(kg/hm²)	百粒重/g	处理号	出苗率/%	产量/(kg/hm²)	百粒重/g
1	75.00	1206.94	4.98	9	90.67	2559.58	6.37
2	88.00	1541.39	4.91	10	95.00	2491.11	6.33
3	90.00	2538.61	6.02	11	92.33	1349.44	5.27
4	93.00	1734.44	5.18	12	92.33	1909.72	6.30
5	95.00	1779.72	5.02	13	94.33	3042.78	6.68
6	90.67	2663.75	6.81	14	95.00	2036.67	5.00
7	93.67	1656.39	4.88	15	95.00	2674.58	6.33
8	95.00	1906.67	5.31	16	93.00	2846.81	6.38

表4-34 脱硫石膏改良中度盐化土壤种植油葵技术集成不同因子对出苗率和产量的影响

因子	水平	出苗率/%	产量/(kg/hm²)	百粒重/g
施肥因子	不施肥	90.88	1651.46	5.07
	施肥	92.63	2590.87	6.40
脱硫石膏因子	不施用脱硫石膏	90.75	2041.81	5.69
	施用脱硫石膏	92.75	2200.52	5.78
深松耕因子	不进行深松耕	90.38	2146.37	5.76
	深松耕	93.13	2095.95	5.71
洗盐因子	不洗盐	89.17	1976.35	5.68
	洗盐	94.33	2265.97	5.79

4.2.2 盐化土壤种植枸杞技术集成模式试验与示范

试验地在石嘴山市惠农区燕子墩村五队，试验田土壤本底值见表4-35和表4-36。试验设3个处理：对照1——不施肥（CK1）；对照2——配方施肥（$N-P_2O_5-K_2O$化肥总施用量为44kg/667m² - 14kg/667m² - 16kg/667m²）；施用BGA——BGA土壤调理剂总施用量为400kg/667m²。供试作物为枸杞（'宁杞1号'）。2008年年底统一施脱硫石膏0.5t/667m²、改良剂0.5t/667m²、牛粪2.0t/667m²。

表 4-35　脱硫石膏改良盐化土壤种植枸杞技术集成试验种植枸杞土壤本底值

土层/cm	pH	全盐/ (g/kg)	容重/ (g/cm³)	孔隙度 /%	有机质/ (g/kg)	碱解氮/ (mg/kg)	有效磷/ (mg/kg)	速效钾/ (mg/kg)
0~20	8.68	2.12	1.18	55.44	19.4	124	95.1	372
20~40	8.80	2.71	1.50	43.38	23.2	130	18.2	565

表 4-36　脱硫石膏改良盐化土壤种植枸杞技术集成试验种植枸杞土壤分盐状况

土层/cm	阴离子				阳离子				盐分和/ (g/kg)
	CO_3^{2-}/ (g/kg)	HCO_3^-/ (g/kg)	SO_4^{2-}/ (g/kg)	Cl^-/ (g/kg)	K^+/ (g/kg)	Na^+/ (g/kg)	Ca^{2+}/ (g/kg)	Mg^{2+}/ (g/kg)	
0~20	0.00	0.23	0.90	0.34	0.06	0.70	0.13	0.06	2.41
20~40	0.00	0.27	1.45	0.40	0.07	0.80	0.05	0.22	3.25

不同试验处理对盐土枸杞春梢生长量和叶绿素含量的影响见表 4-37 和表 4-38。研究结果表明，不同试验处理中枸杞春梢生长量 BGA 和配方施肥差异不显著，两者与对照 1 相比，都达到极显著差异水平。其中，以配方施肥略高于 BGA 和对照 1，增幅分别为 3.86%、14.96%。盛花期不同处理枸杞叶绿素 SPAD 值差异不明显。盛果期，BGA 处理叶绿素 SPAD 值明显上升，与盛花期相比，增长 8.66%，与配方施肥相比，增长 4.72%。不同处理之间，BGA 和配方施肥差异不显著，但这两个处理与对照 1 差异显著。

表 4-37　脱硫石膏改良盐化土壤种植枸杞技术集成试验对枸杞初梢生长量的影响

生长量	BGA	配方施肥	对照 1
春梢生长量/cm	24.64±1.47aA	25.59±1.36aA	22.26±1.27bB

表 4-38　脱硫石膏改良盐化土壤种植枸杞技术集成试验对枸杞叶绿素 SPAD 值的影响

生育期	BGA	配方施肥	对照 1
盛花期	53.45±1.83a	53.93±0.83a	54.27±0.58a
盛果期	58.08±2.97aA	55.46±6.16aAB	49.73±3.67bB

不同试验处理对盐土枸杞叶片光合速率、鲜果产量及品质的影响见表 4-39 ~ 表 4-41。研究表明，不同处理之间枸杞叶片光合速率在盛花期差异不明显；在盛

果期，BGA 与对照 1 之间呈极显著差异水平，配方施肥与对照 1 之间呈显著差异水平。枸杞累积 5 次鲜果产量以 BGA 处理产量最高，与配方施肥相比，增长 8.64%，但不同处理之间，鲜果产量差异不显著。不同处理之间枸杞总糖和多糖差异不显著，而甜菜碱和氨基酸在配方施肥和 BGA 处理之间呈显著差异水平。

表 4-39　脱硫石膏改良盐化土壤种植枸杞技术集成试验对枸杞叶片光合速率的影响　　[单位：μmol/(m²·s)]

生育期	对照 1	配方施肥	BGA
盛花期	14.51±1.23a	15.97±1.83a	16.60±0.82a
盛果期	12.48±0.9bB	15.67±0.87aAB	17.75±1.17aA

表 4-40　脱硫石膏改良盐化土壤种植枸杞技术集成试验对枸杞鲜果产量的影响

处理	产量/(kg/667m²)	同比增长/%
对照 1	1166.38a	—
配方施肥	1174.2a	—
BGA	1275.6a	8.64（配方施肥）

表 4-41　脱硫石膏改良盐化土壤种植枸杞技术集成试验对枸杞品质的影响

处理	总糖/(g/100g)	枸杞多糖/(g/100g)	甜菜碱/(g/100g)	氨基酸/(g/100g)
对照 1	14.4a	0.65a	0.05bAB	1.71ab
配方施肥	15.1a	0.685a	0.063aA	1.76a
BGA	15.35a	0.68a	0.045bB	1.61b

4.3　次生盐渍化土壤改良技术集成示范

4.3.1　次生盐渍化土壤种植枸杞技术集成模式试验与示范

试验地设在红寺堡开发区兴盛村。采用裂区设计，主区为 A. 不施用脱硫石膏，B. 施用脱硫石膏；裂区为 a. 平植漫灌+习惯施肥，b. 沟植沟灌+习惯施肥，

c. 沟植沟灌+快速培肥施肥，d. 平植漫灌+快速培肥施肥，e. 沟植沟灌+快速培肥施肥+排盐洞穴。

施用量：快速培肥——改良剂 0.5t/667m²，羊粪 2t/667m²，尿素 65.22kg/667m²，重过磷酸钙 65.22kg/667m²，硫酸钾 40kg/667m²；习惯施肥——羊粪 1t/667m²，尿素 80kg/667m²，重过磷酸钙 50kg/667m²。各处理灌水次数同大田，平植漫灌灌水定额 90m³/667m²，沟植沟灌灌水定额 50m³/667m²。

2009 年研究结果见表 4-42 和表 4-43。从表中数据可看出，施用脱硫石膏的主区，耕层土壤脱盐率平均为 46%，枸杞平均成活率为 40.4%，其中沟植沟灌+快速培肥施肥+排盐洞穴和平植漫灌+快速培肥施肥处理脱盐率达到 50% 以上；而未施脱硫石膏的主区，耕层土壤平均脱盐率为 36.4%，平均成活率 29.3%。施脱硫石膏比不施脱硫石膏土壤脱盐率高 26.37%，施脱硫石膏枸杞平均成活率比不施脱硫石膏高 37.8%。此外，从表中还可看出，同等条件下沟植沟灌比平植漫灌脱盐效果明显。

表 4-42 脱硫石膏改良次生盐渍化土壤种植枸杞技术集成对土壤和作物成活率的影响

处理			pH	全盐/(g/kg)	速效氮/(mg/kg)	速效磷/(mg/kg)	速效钾/(mg/kg)	脱盐率/%	成活率/%
春季土样			7.88	12.3	27	2.6	170	—	—
秋季土样	施脱硫物	a	8.65	8.67	26	5.7	251	29.5	53.8
		b	8.72	6.32	28	4.0	225	48.6	52.2
		c	8.77	7.45	28	4.5	256	39.4	42.5
		d	8.51	5.80	38	7.0	216	52.8	24.9
		e	8.42	4.95	21	3.4	175	59.7	28.7
	平均		8.61	6.64	28.2	4.92	224.6	46.0	40.4
	不施脱硫物	a	8.75	8.87	30	6.4	200	27.8	28.3
		b	8.39	7.67	26	6.2	217	37.6	30.6
		c	8.75	6.56	34	4.3	219	46.7	23.8
		d	8.48	7.27	33	4.6	219	40.8	26.6
		e	8.73	8.73	35	3.8	195	29.0	37.4
	平均		8.62	7.39	31.6	5.06	210	36.4	29.3

表4-43 脱硫石膏改良次生盐渍化土壤种植枸杞技术集成对枸杞成活率的影响 （单位:%）

处理		Ⅰ	Ⅱ	Ⅲ	Ⅳ	平均
施脱硫物	a	54.5	70.0	70.4	20.4	53.8
	b	40.9	75.0	81.8	11.3	52.2
	c	63.6	31.8	54.5	20.4	42.5
	d	52.2	15.9	18.1	13.6	24.9
	e	65.9	15.9	27.2	6.8	28.7
平均		55.42	41.72	50.4	14.5	40.4
不施脱硫物	a	6.8	70.4	15.9	20.4	28.3
	b	15.9	56.8	45.4	4.5	30.6
	c	38.6	45.4	2.2	9.0	23.8
	d	47.7	43.1	11.3	4.5	26.6
	e	4.5	81.8	18.1	45.4	37.4
平均		22.7	59.5	18.58	16.76	29.3

注：Ⅰ、Ⅱ、Ⅲ、Ⅳ表示四次重复。下同

2010年试验结果见表4-44和表4-45。因参试土壤为盐化土，定植两年的苗长势仍较差，只能以成活率评价改良效果。试验数据表明，施脱硫石膏枸杞平均成活率为82.37%，较不施脱硫石膏高11.1%。各处理的成活率取决于脱盐率。不施脱硫石膏情况下各处理成活率与脱盐率无相关性。沟植沟灌+快速培肥施肥处理较对照（平植漫灌+习惯施肥）土壤有机质和土壤速效磷显著提高。

表4-44 脱硫石膏改良次生盐渍化土壤种植枸杞技术集成对土壤理化性质的影响

处理		pH	全盐/(g/kg)	碱解氮/(mg/kg)	速效磷/(mg/kg)	速效钾/(mg/kg)	有机质/(g/kg)	脱盐率/%
春季土样		8.97	15.79	37	5.5	204	4.7	—
秋季土样	施脱硫物 a	8.77	6.50	56	15.1	249	3.75	58.80
	b	8.95	9.51	67	18.4	285	4.98	39.77
	c	8.60	9.24	60	15.8	264	5.14	44.48
	d	8.74	10.65	61	16.8	224	5.10	32.55
	e	8.70	6.63	64	16.8	266	4.62	58.01
	平均	8.75	8.50	61.6	16.4	258	4.71	46.72
	不施脱硫物 a	8.97	8.21	47	8.9	232	3.77	48.00
	b	8.85	8.60	56	12.8	276	4.98	45.50
	c	8.81	9.86	58	17.5	261	6.52	37.55
	d	8.92	16.11	73	13.9	341	5.40	-2.02
	e	8.94	13.84	62	18.8	336	5.10	12.30
	平均	8.9	11.32	59.2	14.4	289	5.15	28.26

表4-45　脱硫石膏改良次生盐渍化土壤种植枸杞技术集成试验对其成活率和产量的影响

处理		Ⅰ/%	Ⅱ/%	Ⅲ/%	Ⅳ/%	平均成活率/%	成活率提高/%	产量/(kg/667m²)
施脱硫物	a	88.63	90.90	93.18	70.45	85.79	38.1	1.30
	b	86.36	90.90	97.72	59.09	83.52	0.7	1.65
	c	95.45	86.36	84.09	93.18	89.77	27.4	1.85
	d	88.63	40.90	88.63	45.45	65.90	-15.5	1.25
	e	97.72	77.27	97.72	75.00	86.93	12.5	1.62
平均		—	—	—	—	82.37	—	1.53
不施脱硫物	a	61.36	31.81	93.18	—	62.11		1.46
	b	88.63	68.18	100.00	75.00	82.95		1.48
	c	88.63	20.45	95.45	77.27	70.45		1.63
	d	79.54	—	68.18	86.36	78.02		1.07
	e	75.00	56.81	97.72	79.54	77.26		1.27
平均		—	—	—	—	74.15		1.38

4.3.2　次生盐渍化土壤改良种植枸杞、葡萄的盐分定位监测

监测结果（表4-46～表4-48）表明：当垄下0~20cm土壤全盐小于4.7g/kg，枸杞成活良好，当垄下全盐>5.6g/kg时枸杞虽发芽、展叶，但最终成活困难，土壤pH<9时对枸杞生长没有影响；当0~20cm土壤全盐小于4.3g/kg，葡萄成活良好，当土壤全盐>5.0g/kg时，葡萄成活困难，土壤pH>8.6时对葡萄成活有比较大的影响。同时，枸杞垄上全盐含量明显高于垄下，垄上与垄下的pH相差不明显。说明枸杞、葡萄采用垄沟种植可以在一定程度上躲避盐分危害。

表4-46　脱硫石膏改良次生盐渍化土壤枸杞垄沟种植对土壤盐分及枸杞生长的影响

编号	采样日期	采样深度/cm		pH	全盐/(g/kg)	长势
1	3月9日	0~10	垄上	8.95	13.80	成活
			垄下	8.67	5.42	
		10~20	垄上	8.58	2.35	
			垄下	8.51	0.90	

续表

编号	采样日期	采样深度/cm		pH	全盐/(g/kg)	长势
2	5月14日	0~10	垄上	8.28	4.54	成活、生长良好
			垄下	8.23	2.09	
		10~20	垄上	8.35	1.47	
			垄下	8.29	1.42	
3	5月14日	0~10	垄上	8.51	23.40	没有成活
			垄下	8.68	11.00	
		10~20	垄上	8.59	12.20	
			垄下	8.67	6.12	
4	5月14日	0~10	垄上	8.55	28.80	没有成活
			垄下	8.58	16.50	
		10~20	垄上	8.53	9.27	
			垄下	8.51	8.40	
5	6月12日	0~10	垄上	8.36	25.80	成活
			垄下	8.33	9.35	
		10~20	垄上	8.35	9.27	
			垄下	8.24	4.45	
6	6月12日	0~10	垄上	8.59	8.00	成活生长弱
			垄下	8.30	5.35	
		10~20	垄上	8.36	7.67	
			垄下	8.32	5.10	

表4-47 脱硫石膏改良次生盐渍化土壤种植枸杞对土壤盐分及其生长的影响

序号	采样深度/cm	pH	全盐/(g/kg)	长势
1	0~20	8.31	1.75	生长旺盛
2	0~20	8.97	12.20	成活后死亡
3	0~20	8.07	0.70	生长旺盛
4	0~20	8.99	18.40	没有成活
5	0~20	8.95	12.65	成活后死亡
6	0~20	8.94	6.82	成活后死亡
7	0~20	8.37	0.55	生长旺盛
8	0~20	8.46	0.51	生长旺盛

注：采样日期为2008年6月12日

表 4-48　脱硫石膏改良次生盐渍化土壤葡萄垄沟种植对土壤盐分及葡萄生长的影响

序号	采样深度/cm		pH	全盐 g/kg	长势
1	0~10	垄上	7.96	4.70	成活
	0~10	垄下	8.15	4.45	成活
	10~20	垄上	7.98	5.32	成活
	10~20	垄下	8.01	4.32	成活
2	0~10	垄上	8.11	7.39	成活后死亡
	0~10	垄下	8.51	6.40	成活后死亡
	10~20	垄上	8.77	6.40	成活后死亡
	10~20	垄下	8.32	6.00	成活后死亡

注：采样日期为 2008 年 6 月 12 日

4.3.3　次生盐渍化土壤改良甜高粱品种引选试验

试验地设在红寺堡开发区兴盛村，土壤本底盐分含量为 3~4g/kg。引进'晋中05-1''甜1''甜2''甜杂1''甜杂2''甜杂3' 6个甜高粱品种进行筛选试验。从整个生育期看，这6个品种没有出现倒伏现象，具有一定的抗病性。各品种亩产量由高到低排列顺序为（表4-49）'甜杂3'>'甜杂1'>'甜杂2'>'甜1'>'甜2'>'晋中05-1'，分别比'甜2'增产 2750kg/667m²、1654kg/667m²、1167kg/667m²、554kg/667m²，其增产率分别为 86.86%、52.24%、36.86%、17.49%。

表 4-49　脱硫石膏改良次生盐渍化土壤甜高粱品比试验结果

品种	鲜草/(kg/667m²)	较'甜2'增产/(kg/667m²)	较'甜2'增产/%	株高/cm
'甜1'	3720	554	17.49	175
'甜2'	3166	—	—	153
'甜杂1'	4820	1654	52.24	201
'甜杂2'	4333	1167	36.86	205
'甜杂3'	5916	2750	86.86	198
'晋中05-1'	2766	-400	-12.63	158

4.4　盐碱地微生物治理与修复技术示范

2018~2019 年，连续 2 年在宁夏贺兰县金贵镇银光村轻、中度盐碱地，开展了微生物肥料对盐碱地水稻生长及其土壤环境的影响试验。试验结果表明盐碱地施用生物有机肥能够改善土壤环境（图 4-8），对水稻生长具有促进作用，比常规施用化肥增产 13.5%，可降低化肥使用量。2020 年，在宁夏贺兰县金贵镇红星村重度盐碱地，开展了生物有机肥、液体微生物菌剂、氮肥和磷肥施用量四因素三水平正交试验、生物有机肥和液体微生物菌剂的肥效试验示范，通过田间调查，重度盐碱地施用微生物肥料能有效促进水稻生长，抑制病虫害的发生。

图 4-8　微生物肥料对盐碱地水稻生长及其土壤环境的影响

2019 年，在宁夏银川市西夏区南梁农场重度盐碱地试种葡萄，但因供水不及时、土壤碱化度高，成活率低，试验失败。2020 年，选择葡萄示范户开展微生物肥料肥效试验，效果良好。

2018~2020 年，在宁夏银川市西夏区南梁农场重度盐碱地枸杞种植地开展微生物肥料肥效试验，试验效果良好（图 4-9）。

4.4.1　生物有机肥在枸杞上的应用与示范

枸杞生物有机肥应用与示范的示范区位于银川市园林场盐碱地区域，施用方法为开沟后条施深埋，生物有机肥埋深 15~20cm。

第 4 章 | 盐碱地改良特色产业示范

图 4-9 微生物肥料对盐碱地枸杞生长及其土壤环境的影响

从图 4-10 可以看出，施用生物有机肥的处理即示范相比对照，枸杞鲜果可溶性固形物和总糖有所降低，分别降低了 11.40% 与 11.98%，而枸杞多糖和总酸有所升高，分别提高了 1.47% 和 8.33%。

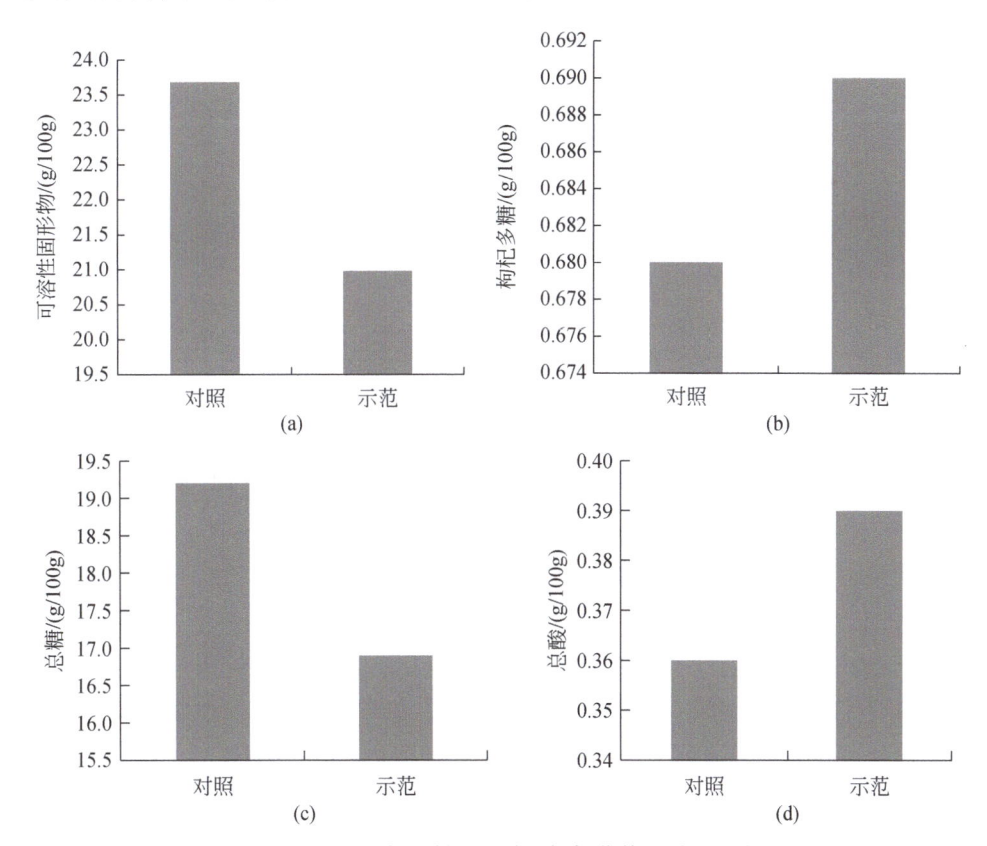

图 4-10 微生物肥料对盐碱地枸杞营养品质的影响

从图 4-11 可以看出，施用生物有机肥的处理即示范相比对照枸杞鲜果蛋白质含量提高了 3.15%，甜菜碱相比对照提高了 2.12%，而 β-胡萝卜素示范相比对照降低了 6.04%，总黄酮相比对照则没有变化。

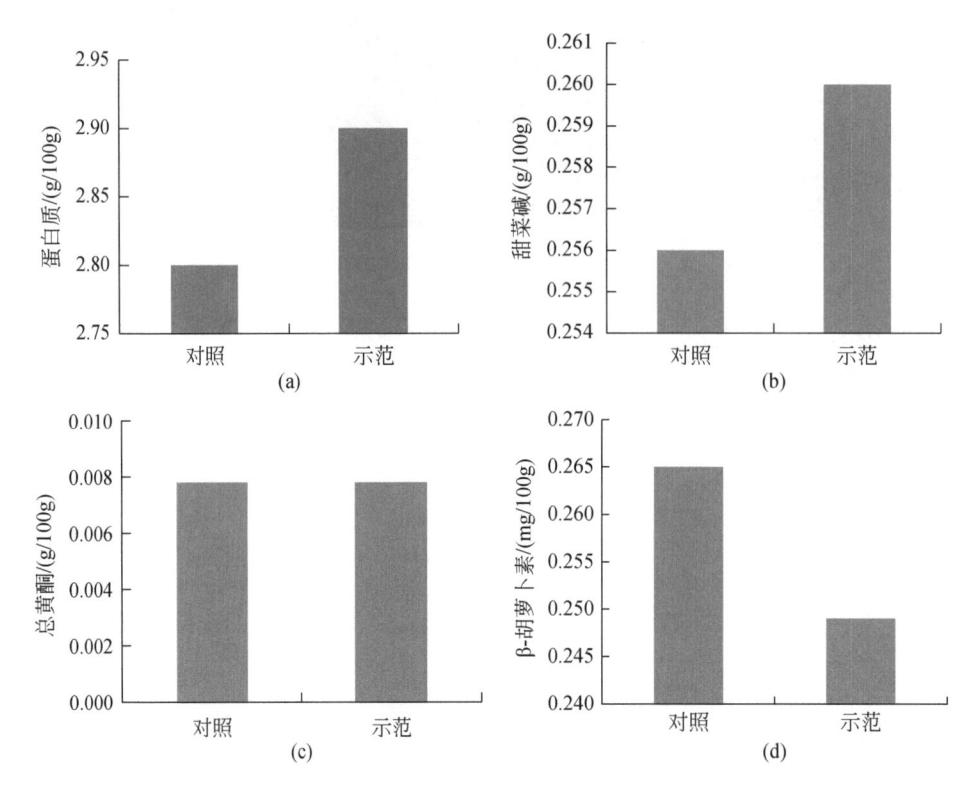

图 4-11　微生物肥料对盐碱地枸杞营养成分的影响

4.4.2　施用生物有机肥对枸杞鲜果氨基酸含量的影响

从表 4-50 ~ 表 4-52 可以看出，天冬氨酸、丙氨酸、胱氨酸、甲硫氨酸等指标示范相比对照没有变化。除脯氨酸示范相比对照降低 12.12% 外，其他氨基酸含量示范相比对照均有所提高，分别提高了 1.67% ~ 12.20%，其中苏氨酸示范相比对照提高了 8.82%，丝氨酸示范相比对照提高了 7.69%，谷氨酸示范相比对照提高了 6.45%，甘氨酸示范相比对照提高了 10.42%，缬氨酸示范相比对照提高了 1.67%，异亮氨酸示范相比对照提高了 11.90%，亮氨酸示范相比对照提高了 5.81%，酪氨酸示范相比对照提高了 7.14%，苯丙氨酸示范相比对照提高了 12.20%，组氨酸示范相比对照提高了 13.04%，赖氨酸示范相比对照提高了 9.68%，精氨酸示范相比对照提高了 6.67%，氨基酸总量示范相比对照提高了 2.12%。

表 4-50　枸杞鲜果氨基酸含量（一）　（氨基酸含量单位：g/100g）

处理	天冬氨酸	苏氨酸	丝氨酸	谷氨酸	脯氨酸	甘氨酸
对照	0.32	0.068	0.13	0.31	0.33	0.048
示范	0.32	0.074	0.14	0.33	0.29	0.053
提高率/%	0.00	8.82	7.69	6.45	-12.12	10.42

表 4-51　枸杞鲜果氨基酸含量（二）　（氨基酸含量单位：g/100g）

处理	丙氨酸	胱氨酸	缬氨酸	甲硫氨酸	异亮氨酸	亮氨酸
对照	0.14	0.022	0.06	0.01	0.042	0.086
示范	0.14	0.022	0.061	0.01	0.047	0.091
提高率/%	0.00	0.00	1.67	0.00	11.90	5.81

表 4-52　枸杞鲜果氨基酸含量（三）　（氨基酸含量单位：g/100g）

处理	酪氨酸	苯丙氨酸	组氨酸	赖氨酸	精氨酸	氨基酸
对照	0.028	0.041	0.046	0.062	0.15	1.89
示范	0.030	0.046	0.052	0.068	0.16	1.93
提高率/%	7.14	12.20	13.04	9.68	6.67	2.12

探明了生物有机肥施用后对盐碱地枸杞品质、枸杞鲜果氨基酸含量的影响，其中枸杞鲜果中枸杞多糖、总酸、甜菜碱和蛋白质含量均有不同程度的增加，提高的幅度在 1.47%~8.33%。生物有机肥应用于示范区后，枸杞多数氨基酸含量相比对照均有所提高，其中组氨酸、苯丙氨酸、异亮氨酸、甘氨酸、赖氨酸提高的幅度较大，较对照分别提高了 9.68%~13.04%；苏氨酸、丝氨酸、酪氨酸、精氨酸、谷氨酸、亮氨酸分别较对照提高了 5.81%~8.82%。

4.5　盐碱地种养结合技术集成示范

在宁夏平罗县千叶青农业科技发展有限公司通过耐盐植物生物改良建植了人工放牧混播草地，通过羔羊品种半舍饲半放牧确定高效养殖技术，开展盐碱地草畜一体化种养结合技术集成模式示范（图4-12）。如表4-53所示混播草地选择苜蓿、羊草、无芒雀麦、苇状羊茅、碱茅5种牧草进行混播建植。牧草建植第二年选择杂交羔羊按照轮牧时间为15天/区，共160天，轮牧频率为4次，每小区放牧天数为10天，4区轮牧，轮牧周期为40天的方式进行放牧管理，并给予补充舍饲（配方见表4-54）。

图 4-12 盐碱地种养结合技术集成模式现场及产品

表 4-53 盐碱地种养结合技术集成模式要点

步骤	技术环节	主要技术内容
（1）	盐碱地生物改良	每年施用有机肥 2.0m³/667m²，连续种植湖南稷子 2～3 年进行土壤生物改良
（2）	混播牧草品种	紫花苜蓿、羊草、无芒雀麦、苇状羊茅、碱茅
（3）	混播组合配比	豆禾比 30∶70，紫花苜蓿、羊草、无芒雀麦、苇状羊茅、碱茅的占比（%）分别为 30∶15∶20∶20∶15
（4）	轮牧方案	放牧时间4月中旬至12月下旬，划区轮牧，每区放牧10天，轮牧周期40天

续表

步骤	技术环节	主要技术内容
(5)	放牧管理	分季节放牧，冬季自由放牧；春季返青休牧，返青期结束后对羊群进行适应性训练，逐渐增加放牧时间；夏秋季早晚放牧1~1.5h
(6)	补饲管理	根据羊只体重变化进行粗精饲料搭配补饲，每日饲喂2~3次，自由饮水和添盐砖

表 4-54　盐碱地种养结合补充舍饲饲料配方　　（单位：%）

原料	精饲料（配比100%）								粗饲料（配比100%）		
	玉米	麸皮	油料饼	豆粕	胡麻油	磷酸氢钙	食盐	预混料	苜蓿干草	麦草	苜蓿裹包青贮
成年羊	68	8	10	10	1	1	0.5	1.5	40	20	40
断奶羔羊	57	23.5	—	16	—	1	0.5	2	40	18	42
繁育母羊	70	—	12	12	—	2.5	1	2.5	40	18	42

　　示范结果表明盐碱地种养结合技术集成模式每667m²增产22.6%，肥料利用率提高20.5%。通过划区轮牧、精准补饲、饲草调制、精细化分割等技术，实现单只家畜增收15.6%。盐碱地种养结合技术集成模式养殖的羔羊屠宰性能背最长肌、屠宰率和净肉率均高于对照组。示范区养殖的羔羊脂肪酸中的油酸（C18∶1）、亚油酸（C18∶2）、棕榈烯酸（C16∶1）等不饱和脂肪酸的含量也高于对照，特别是油酸（C18∶1）的含量差异较大（表4-55）。值得注意的是，油酸在各种脂肪酸中所占比例最大（约高于1/2）。由此说明采用集成模式养殖的羔羊肉具有优良品质。据此，宁夏千叶青农业科技发展有限公司开发出了碱牧羊特色畜产品。

表 4-55　盐碱地种养结合技术集成模式生产羔羊肉脂肪酸组成比较

项目		技术集成模式组	对照组
	脂肪/（g/100g）	2.2	2.2
	棕榈酸（C16∶0）/%	22.5	20.4
	硬脂酸（C18∶0）/%	13	18.4
背最长肌脂肪酸	油酸（C18∶1）/%	55.6	51.8
	亚油酸（C18∶2）/%	4.34	5.93
	棕榈油酸（C16∶1）/%	2.19	1.53
	肉豆蔻酸（C14∶0）/%	2.42	1.98

续表

项目		技术集成模式组	对照组
背部脂肪脂肪酸	脂肪/（g/100g）	66.6	55.4
	棕榈酸（C16：0）/%	24.6	24.6
	硬脂酸（C18：0）/%	11	11.2
	油酸（C18：1）/%	55.6	55
	亚油酸（C18：2）/%	3.1	3.08
	棕榈油酸（C16：1）/%	2.48	2.7
	肉豆蔻酸（C14：0）/%	3.23	3.37

4.6 盐碱地"适水产业"技术集成示范

通过发展"适水产业"，调整产业结构，突破盐碱地较难改良利用的难题，利用挖湖养鱼、湖底种植莲藕、湖堤种植苜蓿等林草或农作物的方式，探索盐碱地利用的新途径。

4.6.1 盐碱地改良"上农下渔"技术集成试验

利用工程措施，使地下水位降低，并采用灌排分开、抬高地面、大水压盐碱的方法，有效降低耕层盐分和区域盐分，提高台田土壤肥力，从而实现在台上农田种植农作物，在台下鱼塘放养水产品，使盐碱地得到综合有效的治理。

试验示范区位于惠农区燕子墩乡蛟龙口村。"上农下渔"是指在台上农田种植农作物，在台下鱼塘放养水产品，该模式是根据"盐随水来，盐随水去"的原理，利用工程措施，降低地下水位，采用灌排分开、抬高地面、大水压盐碱的方法，即先用淡水将台田盐分灌洗到池塘和排碱沟，再将池中盐碱水抽到排碱沟排出后在池中蓄足淡水，控制底层返盐和重新利用池塘肥水浇灌台田，能有效地降低耕层盐分和区域盐分，提高台田土壤肥力，从而有效治理盐碱。

试验采用大区对比设计，设两个处理：施用脱硫石膏与不施（对照），脱硫石膏施用量为 $0.5t/667m^2$。供试作物为紫花苜蓿，两个处理其他施肥、灌水等田间管理一致。2010 年测定各处理土壤盐分见表 4-56，试验表明，施用脱硫石膏土壤盐分含量显著低于对照，说明施用脱硫石膏对台田土壤盐分下降起到了促进作用。从表4-57可看出，2008~2010年，施用脱硫石膏较对照苜蓿鲜草产量均有所提高，2008年、2009年、2010年分别比对照增产10.54%、8.98%、6.72%。

表4-56　脱硫石膏改良盐化土壤采取"上农下渔"技术前后土壤盐分变化情况

土层/cm	土壤盐分/(g/kg)		
	改良前	对照（不施）	施用脱硫石膏
0~20	3.36	2.03a	1.72b
20~40	2.82	1.64a	1.45a
40~60	1.69	1.59a	1.68a
60~80	2.90	1.26a	1.13a
80~100	2.46	1.78a	2.04a
100~120	2.11	2.11a	1.91a

表4-57　脱硫石膏改良盐化土壤采取"上农下渔"技术对台田苜蓿鲜草产量的影响

年份	苜蓿鲜草产量/(kg/667m^2)		增产率/%
	对照（不施）	施用脱硫石膏	
2008	1877.3b	2075.1a	10.54
2009	2414.5b	2631.3a	8.98
2010	2813.7a	3002.7a	6.72

4.6.2　盐碱地种草养鱼技术集成模式示范

以湖养鱼、湖底种植莲藕已经在宁夏取得了成功。湖堤种植苜蓿等林草或农作物是本试验的重点。试验地设在西大滩红柳湖核心示范站，改良前土壤本底值为pH 9.3、全盐0.5%、碱化度31.50%。试验设置2个处理：A处理为平整湖堤+秸秆还田（100kg/667m^2）+脱硫石膏（2.2t/667m^2）+有机肥（1.0t/667m^2）+改良剂（0.5t/667m^2）+风化煤（1.0t/667m^2）+灌水（定额300m^3/667m^2）；对照为不施+灌水（120m^3/667m^2）。其他管理措施一致，试验结果见表4-58。

表 4-58　脱硫石膏改良碱化土壤发展"适水产业"技术集成试验效果

指标	改良前	处理 A 灌水后	处理 A 收获后	对照 灌水后	对照 收获后
pH	9.3	8.1	8.2	9.1	9.1
全盐/(g/kg)	5.0	4.9	3.9	5.8	5.7
碱化度/%	31.50	25.30	26.55	32.50	31.49
出苗率/%	—	77.67	—	15.20	—
产量/(kg/667m²)	—	—	612.01	—	16.23

从表 4-58 中可以看出，A 处理的出苗率为 77.67%，较对照出苗率提高了 62.47%；A 处理产量为 612.01kg/667m²，较对照产量 16.23kg/667m² 提高了 595.77kg/667m²。改良后 A 处理耕作层土壤 pH 为 8.2、全盐含量为 3.9g/kg、碱化度 26.55%；对照土壤 pH 为 9.1、全盐含量为 5.7g/kg、碱化度 31.49%。

由图 4-13 可以看出，4 年来发展"适水产业"技术集成试验鲜鱼产量呈稳步增长趋势。湖堤种植苜蓿、施用各种改良物料、灌水洗盐等技术措施并不会对鲜鱼产量造成影响。

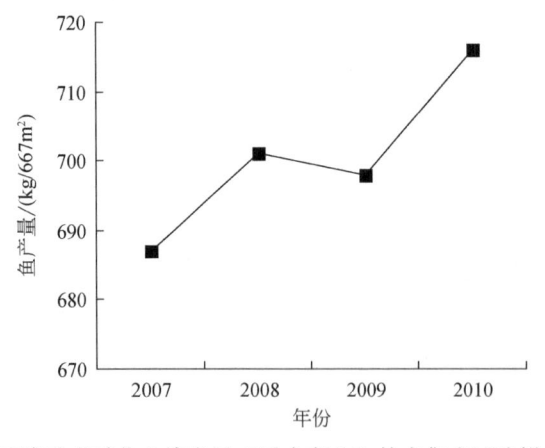

图 4-13　脱硫石膏改良碱化土壤发展"适水产业"技术集成试验鲜鱼年产量变化

4.6.3　盐碱地稻蟹循环种养技术集成模式示范

在宁夏贺兰县光明渔村低洼盐碱地开展了稻蟹循环种养技术集成模式示范（表 4-59）。示范区排水不畅，平均地下水埋深 0.5m，土壤 pH 8.84，全盐含量

第4章 盐碱地改良特色产业示范

1.68%、碱化度15.32%。示范推广了以稻田环沟养蟹为主的适生水稻品种和螃蟹品种,示范种植的水稻品种为'吉粳105''宁粳41号',螃蟹品种为中华绒毛蟹。通过低洼盐碱地循环种养,生产盐碱地优质蟹田米和稻田蟹产品。模式示范见图4-14。

表4-59 盐碱地稻蟹循环种养技术集成模式要点

序号	主要技术环节	主要技术内容
(1)	土壤处理	秋季每667m² 基施优质有机肥5000kg、施用燃煤烟气脱硫石膏1000~1500kg、磷酸二铵40kg,然后深翻地≥25cm。灌水洗盐碱2次,每667m² 每次灌水60m³,灌水4h后开始排水,12h内田间表面不留明水。2次灌水时间间隔3天
(2)	平地	用激光平地仪平整地面,使田面高低差不超过3cm
(3)	水稻品种	抗倒、抗病的中早熟水稻品种
(4)	播种期及播种方式	4月28日~5月5日,采用撒播、旱直播、水条播均可
(5)	水层管理	苗期(5月中旬~6月上旬):水层深度1~3cm,浅水促发根,期间排水洗盐碱1次,遇到降温时适当增加灌水深度。分蘖期和拔节孕穗期(6月中旬~7月下旬):水层深度7~9cm。抽穗期(8月上旬~8月中旬):水层深度8~10cm。灌浆至蜡熟期(8月中旬~9月中旬):干干湿湿间歇灌水以湿为主。9月中旬(9月12日左右)断水
(6)	养蟹田的准备	稻田四周田埂要求埂高50cm、顶宽50cm,用塑料薄膜对每一个养殖单元构建防逃围栏。稻田四周用挖环形沟挖出的泥土做田埂,保证环形沟水深1.2m以上,田面水深根据水稻生长需要确定,大块田地中间还应挖"十"或"井"字形60cm宽、40cm深的水沟。进、排水口用水泥管或塑料管,管口用尼龙筛绢包扎,防止有害杂质进入池中及螃蟹逃跑
(7)	螃蟹品种、投放时间、规格及数量	中华绒毛蟹,6月中旬每667m² 投放10g重的扣蟹500只
(8)	螃蟹饲养管理	蟹苗入田后即可投喂饲料,投喂要做到定时、定点、定质、定量,一般投喂在傍晚进行,蜕壳期间早晨8~9时可适当增加投喂1次(投喂量为当天总投喂量的20%)。饲料投放在环形沟草丛中,做到多点固定均匀投喂。前期(7~8月)多喂些植物性的饵料,搭配颗粒饲料,适当补充动物性饵料。后期(9月)以动物性饵料为主,搭配投喂植物性饵料或颗粒饲料。日投喂1~2次,如果投喂2次,傍晚投喂量占全天投喂量的2/3。日投喂量控制在蟹体重的5%~10%
(9)	水质调节	溶解氧5mg/L以上,pH 7.5~8.5。放养蟹苗后每隔7~15天换水一次,高温季节2~3天换水一次,换水时田内外水温差不超过5℃,并避免在螃蟹潜伏休息和最佳摄食期间换水
(10)	防治虫害	养殖期间,每月用生石灰15~25kg/667m² 在蟹沟内遍撒一次,并定期在饲料中伴和土霉素投喂。对稻田养蟹危害较大的敌害有水老鼠、水蛇、青蛙、水鸟等,可采取在田边投放鼠药,安放鼠笼、鼠夹、"稻草人"及人工捕杀等多种方法进行清除

续表

序号	主要技术环节	主要技术内容
(11)	螃蟹捕捞	9月下旬水稻收割前起捕，以捕捉为主，地笼张捕、灯光诱捕为辅
(12)	收获水稻	10月上旬进行机械或人工收割

图4-14　盐碱地稻蟹循环种养技术集成模式示范

示范结果表明，低洼盐碱地稻田养蟹模式水稻的生长速率、净光合速率、水体溶解氧含量、改土效果、经济效益和生态效益等指标明显优于低洼盐碱地单种水稻模式。9月观测，低洼盐碱地稻田养蟹模式水稻的根长、株高、叶片数、叶片平均宽度、分蘖数比低洼盐碱地单种水稻模式分别增加7.5%、1.9%、9.1%、7.1%、26.5%；低洼盐碱地稻田养蟹模式的水体溶解氧比低洼盐碱地单种水稻模式和低洼盐碱地灌水泡田模式分别增加20%和50%。8月低洼盐碱地稻田养蟹模式的净光合速率和蒸腾速率比低洼盐碱地单种水稻模式分别增加14.2%和10.0%。低洼盐碱地稻田养蟹模式比低洼盐碱地单种水稻模式0~20cm土层的全盐少29.2%，碱化度少42.9%，土壤有机质多2.6倍，土壤碱解氮、速效磷、速效钾分别多2.7倍、1.3倍和19.4%。低洼盐碱地稻田养蟹模式纯收入为1766.12元/667m^2，比低洼盐碱地单种水稻模式增加1046.56元/667m^2。

参 考 文 献

董印丽.2001.厚垫料肉鸡粪改良滨海盐土的研究.土壤通报,32(专辑):131-132.

逢焕成,李玉义,严慧俊.2009.微生物菌剂对盐碱土理化和生物性状影响的研究.农业环境科学学报,28(5):951-955.

李秀芬.2012.黄河三角洲盐碱地造林技术研究.北京:北京林业大学博士学位论文.

蔺亚莉,李跃进.2016.碱化盐土掺沙对土壤理化性质和玉米产量影响的研究.中国土壤与肥料,(1):119-123.

沈万斌,董德明,包国章.2001.农灌区土壤次生盐渍化的防治方法及实例分析.吉林大学学报,(1):99-102.

孙瑞莲,朱鲁生,赵秉强.2004.长期施肥对土壤微生物的影响及其在养分调控中的作用.应用生态学报,15(10):1907-1910.

王卫国.2009.浅谈盐碱地形成原因及综合防治.魅力中国,(3):18.

肖国举,张萍,郑国琦.2010.脱硫石膏改良碱化土壤种植枸杞的效果研究.环境工程学报,4(10):2315-2319.

岳自慧,毛桂莲,许兴.2010.脱硫废弃物对碱胁迫下油葵幼苗抗氧化酶活性和膜脂过氧化作用的影响.江苏农业学报,26(4):716-720.

张丙乾.1993.新疆土壤盐碱化及其防治.干旱区研究,10(1):55-61.

张俊华,贾科利,孙兆军.2009.宁夏银北地区盐化土壤改良成效研究.干旱地区农业研究,27(6):232-235.

张锐,严慧俊.1997.有机肥在改良盐渍土中的作用.土壤肥料,(4):1-4.

第 5 章 盐碱地改良特色产业效益评价

　　针对黄河河套地区不同类型盐碱地的合理开发利用问题，以脱硫石膏资源化利用为切入点，本研究评价脱硫石膏改良盐碱地枸杞、水稻、油葵及特色植物产业效益，以及脱硫石膏作为盐碱地改良剂的安全性。研究结果不仅是对燃煤电厂实现烟气脱硫目标的有力促进，同时也符合中国加快发展循环经济和建设节约型社会的要求。通过研究开发了一批拥有自主知识产权的新技术和新产品，集成创新并提出以脱硫石膏和盐碱地改良剂为主的盐碱地综合改良技术体系与不同类型盐碱地改良技术模式，取得了重大科技成果。在宁夏、内蒙古、吉林、新疆、青海、甘肃、陕西等地示范推广（图5-1），取得了显著的社会、经济、生态效益。

图5-1　盐碱地改良水稻产业化示范

　　妥善处理工农业废弃物被认为是世界各地面临的主要环境问题（Ahmaruzzaman, 2010）。由于燃煤烟气的排放对生态环境造成巨大威胁，近年来燃煤电厂通过引入烟气脱硫技术以减少 SO_2 排放。现行的烟气脱硫技术绝大多数以钙基物质作为吸收剂，将 SO_2 以硫酸钙的形式固定下来，最终生成一种烟气脱硫副产物（脱硫石膏），又称为燃煤烟气脱硫废弃物或燃煤脱硫石膏，主要成分为 $CaSO_4 \cdot H_2O$（Leiva et al.，2010；Sloan et al.，1999）。由于脱硫石膏产量巨大，处理和综合利用已成为当前继 SO_2 污染后的又一大难题。截至目前，仅黄河河套地区有 20 多个 1.5×10^7 kW 的燃煤电厂，年产脱硫石膏超过 7.6×10^6 kg（Franchetti，2011）。因此，加强对脱硫石膏的资源化利用，拓宽其应用领域，提高其利用率，不仅是对燃煤电厂实现烟气脱硫目标的有力促进，同时也符合中国加快发展循环经济和建设节约型社会的要求（赵瑞，2006）。

利用脱硫石膏改良盐渍化土壤是从 20 世纪 90 年代后期开始的，许多研究表明利用脱硫石膏改良盐碱地是可行的、低成本的方法，通过离子代换作用将土壤中的钠离子代换出来，可以降低黏土的分散性和增加土壤的渗透性（Wright et al.，1998）。在盐渍化土壤中通过施用石膏、磷酸、矿渣等改良剂，增加可溶性钙（Ca^{2+}）含量，从而利用离子代换作用将土壤中的钠（Na^+）代换出来，降低土壤中盐碱的含量，结合灌溉使之淋洗，可达到改良盐碱土的目的（Sloan and Cawthon，2003）。一些研究者利用脱硫石膏改良非碱化土壤的结果表明，脱硫石膏中含有的重金属会引起土壤重金属污染。同时，脱硫石膏是植物生长必需微量元素很好的来源，特别是硼和硫元素的来源（杨锐明和李彦，2011）。有学者利用脱硫石膏进行盐碱土改良取得了良好的效果，试验研究结果表明施用脱硫废弃物对于改良碱化土壤效果明显，对降低土壤碱化度、总碱度、pH，增强作物抗逆性，促进作物生长发育和提高作物产量有显著的效果（王静等，2016）。同时研究发现施用脱硫废弃物对于改良轻碱化盐化土壤和轻碱化次生盐渍化土壤种植油葵也有一定的效果（肖国举等，2009）。因此，研究脱硫石膏改良盐碱地种植枸杞、水稻、油葵和特色植物等的产业效益评价，可为培肥土壤、改善农产品品质、提高脱硫石膏的资源利用率提供理论参考。

盐碱地改良是一个较为复杂的综合治理系统工程，采取的改良措施经历了由单一到综合的过程，在综合治理的同时，又强调突出重点。对于今后盐碱地的改良利用研究，还应在长期监测的基础上，以发展的观点，通过跨区域多学科联合攻关，产学研紧密结合，因地、因时对水利、化学、生物等措施不断调整和完善，同时还应加强区域水盐信息与次生盐渍化、潜在盐渍化的预测预报研究，发展盐碱地特色产业，实现工农业废弃物资源化利用，促进循环经济发展，这对于保障国家粮食安全和生态安全具有重要意义。

5.1 脱硫石膏改良盐碱地枸杞特色产业效益评价

5.1.1 脱硫石膏改良碱化土壤种植枸杞的田间试验研究

试验采用两因素三水平设计，随机排列。A 因素为脱硫石膏施用量，分 A_1 (0)、A_2 (1.6t/667m²) 和 A_3 (3.2t/667m²) 3 个水平；B 因素为脱硫石膏施用深度，分 B_1 (10cm)、B_2 (30cm) 和 B_3 (60cm) 3 个水平。共 A_1B_1、A_2B_2、A_3B_3、A_2B_3、A_3B_2、A_1B_3、A_3B_1、A_1B_2、A_2B_1 9 个处理，3 次重复。脱硫石膏采用一次施用。脱硫石膏施用量和深度不同，改良效果不同（表5-1）；脱硫石膏施用量不同，对于枸杞枝条和茎秆生长的促进作用不同。施用量 1.6t/667m² 较 3.2t/667m² 提高枸杞枝条生长量 10.5%～18.7%、茎秆生长量 10.5%～18.7%（图 5-2）。

表 5-1 脱硫石膏不同施用量和施用深度对土壤碱化性质的影响

土壤碱化指标	取样层次	施用量/(t/667m²) 0	1.6	3.2	施用深度/cm 10	30	60
碱化度降低/%	0~20cm	6.8a	11.2b	11.5a	11.2a	12.4b	12.3b
	20~40cm	4.8a	9.3b	9.3b	9.3a	10.6b	10.6b
	40~60cm	3.6a	5.7b	5.6b	5.6a	5.8a	9.6b
	平均	5.1a	8.7b	8.8b	8.7a	9.6b	10.8b
总碱度降低/(cmol/kg)	0~20cm	0.15a	0.25b	0.26b	0.24a	0.23a	0.24a
	20~40cm	0.10a	0.28b	0.24b	0.10a	0.16b	0.18b
	40~60cm	0.08a	0.11a	0.10a	0.06a	0.07a	0.14b
	平均	0.11a	0.21b	0.20b	0.13a	0.15b	0.19b
pH 降低	0~20cm	0.41a	0.70b	0.71b	0.75a	0.75b	0.74a
	20~40cm	0.23a	0.76b	0.74b	0.16a	0.58b	0.58b
	40~60cm	0.08a	0.05a	0.03a	0.07a	0.06a	0.42b
	平均	0.24a	0.50b	0.49b	0.33a	0.46b	0.58c

注：碱化度降低表示土壤碱化度改良前与改良后之间的差值，碱化度降低值越高，改良效果越好。总碱度降低与 pH 降低表达意义相同。每行不同小写字母代表在 5% 显著性水平下差异显著

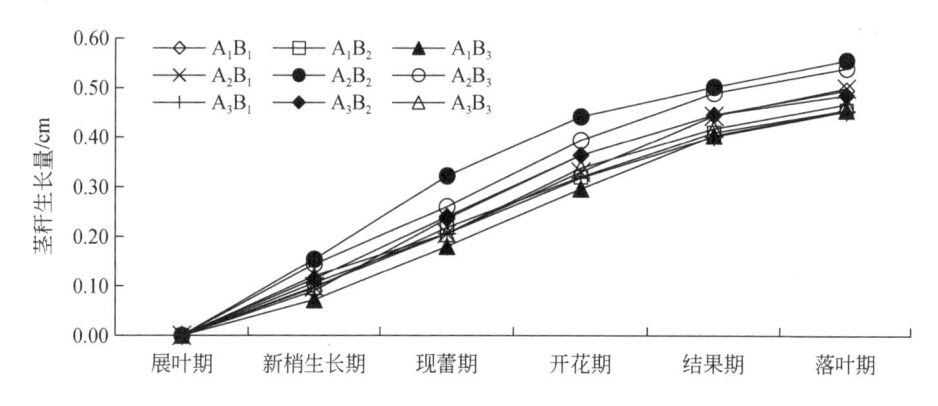

图 5-2 脱硫石膏不同施用量与施用深度组合对枸杞茎秆生长量的影响

脱硫石膏施用量 1.6t/667m²，施用深度 60cm 有利于提高枸杞红果体积、红果鲜重和产量。脱硫石膏施用量 1.6t/667m²，施用深度 60cm 较未施脱硫石膏分别提高枸杞红果体积、红果鲜重和产量 28.3%、15.0% 和 37.9%（表 5-2、图 5-3～图 5-5）。

表 5-2 脱硫石膏不同施用量与施用深度对枸杞产量的影响

果实		施用量/(t/667m²)			施用深度/cm		
		0	1.6	3.2	10	30	60
果实体积/(mL/颗)	青果	0.15a	0.17a	0.15a	0.15A	0.16A	0.15A
	转色果	0.19a	0.23b	0.20a	0.20A	0.20A	0.21A
	红果	0.46a	0.53b	0.45a	0.47A	0.50A	0.48A
果实鲜重/(g/颗)	青果	0.11a	0.11a	0.11a	0.11A	0.11A	0.11A
	转色果	0.17a	0.17a	0.16a	0.16A	0.16A	0.18B
	红果	0.20a	0.22b	0.20a	0.19A	0.21B	0.21B
产量/(kg/667m²)		38.1a	46.9b	38.2a	34.7A	44.2B	44.2B

注：每行中不同大小写字母代表在 5% 显著性水平下差异显著，"a"相对于"b"有显著性差异，"A"相对于"B"有显著性差异

5.1.2 脱硫石膏对枸杞生长、产量及品质形成的影响

盆栽试验：采用单因素随机区组试验设计。试验设 5 个处理：CK.（对照），不施脱硫石膏；T1. 施脱硫石膏 0.4t/667m²；T2. 施脱硫石膏 0.8t/667m²；T3.

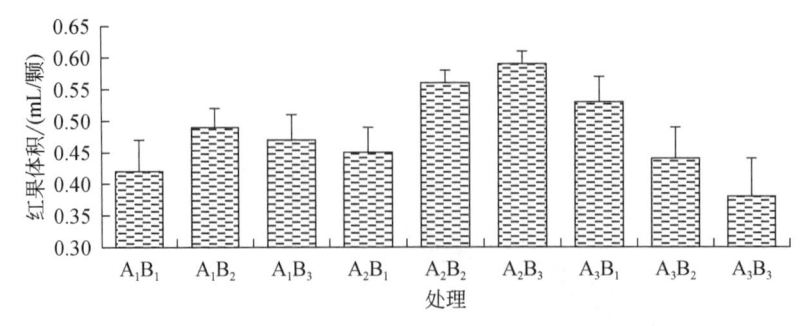

图 5-3　脱硫石膏不同施用量与施用深度组合对枸杞红果体积的影响

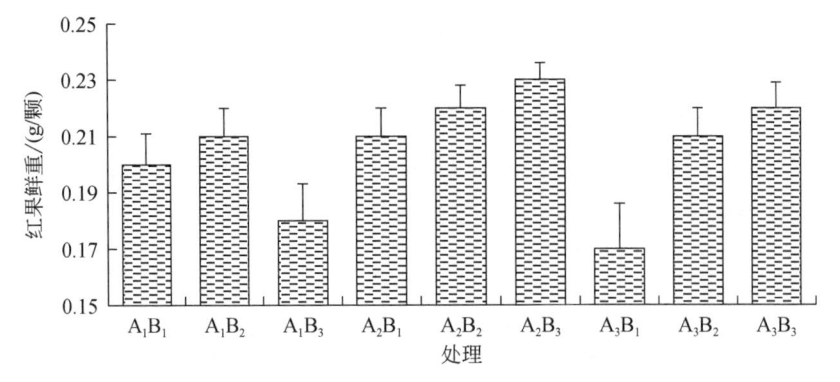

图 5-4　脱硫石膏不同施用量与施用深度组合对枸杞红果鲜重的影响

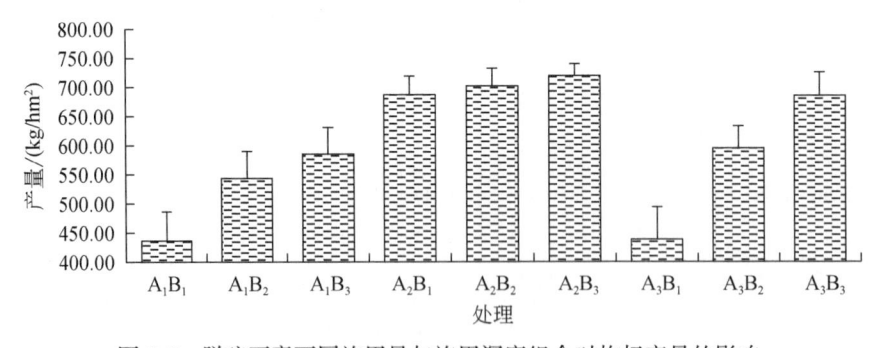

图 5-5　脱硫石膏不同施用量与施用深度组合对枸杞产量的影响

施脱硫石膏 $1.2t/667m^2$；T4. 施脱硫石膏 $1.6t/667m^2$。

脱硫石膏施用于碱化土壤后可以显著提高枸杞幼苗成活率，与对照相比，T1～T4 处理分别比对照的成活率提高 37.5%、44.4%、33.3% 和 16.7%。同样当年新生枝条的数量也表现为处理高于对照的趋势，新生枝条数目分别比对照提高 25.4%、20.0%、4.4% 和 1.8%。脱硫石膏施用于碱化土壤后，可以显著促进枸杞果实横径和纵径的生长、促进果实体积的增大和单粒果实重量的增加，其中T1、T2和T3处理下增加幅度较大（表5-3）。多糖和总糖含量随脱硫石膏施用量的增加呈现先上升后下降的趋势，以T2和T3处理下较高（图5-6）；果实黄酮含量也呈现同样的变化趋势，也以T2处理下含量最高（图5-7），说明脱硫石膏施用于碱化土壤可以提高果实有效成分含量。

表5-3 脱硫石膏施用于碱化土壤对枸杞果实生长指标的影响

处理	横径/cm	纵径/cm	体积/cm³	果重/g
CK	0.67c	1.33d	0.16c	0.34d
T1	0.77a	1.55b	0.18bc	0.39ab
T2	0.77a	1.70a	0.20a	0.41a
T3	0.74b	1.53b	0.19b	0.37bc
T4	0.67c	1.46c	0.17c	0.36c

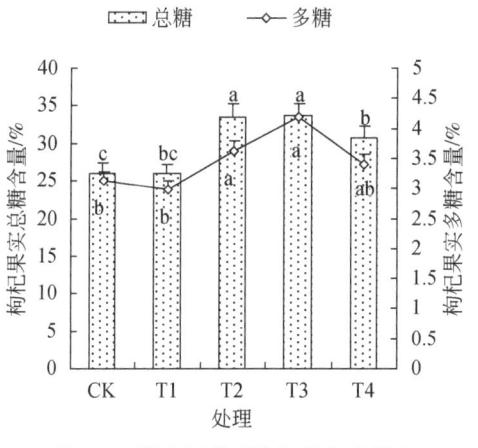

图5-6 脱硫石膏对枸杞果实多糖和总糖含量的影响

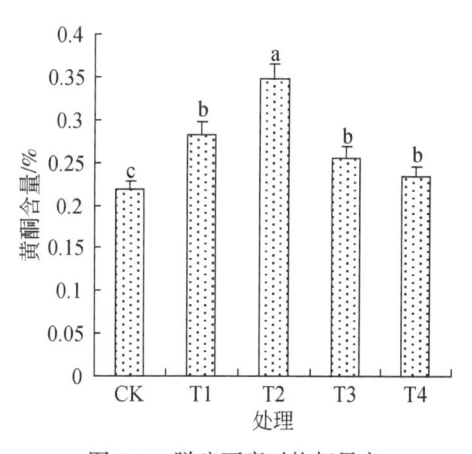

图5-7 脱硫石膏对枸杞果实黄酮含量的影响

5.1.3 施用脱硫石膏改良不同类型盐碱地种植枸杞经济效益分析

以施用脱硫石膏和改良剂为主的盐碱地改良关键技术及技术集成模式，使土壤理化性质得到改善，促进了作物的生长，提高了作物的产量。从表5-4～表5-6

中可看出，改良后的碱化土壤上种植枸杞取得较好的经济效益。

表 5-4 施用脱硫石膏改良不同类型盐碱地种植枸杞第一年单位面积经济效益分析

盐碱地		投入/(元/667m²)								合计	产出		产投比
		种子	种苗	化肥	水费	耕作	施用脱硫石膏				产量/(kg/667m²)	产值/(元/667m²)	
							运费	犁翻	旋耕	穴植				
西大滩碱化土壤	对照	—	660.0	57.0	65.0	35.0	—	—	—	—	817.0	44.3	974.6	1.20
	示范	—	660.0	57.0	65.0	35.0	80.8	—	—	20.0	917.8	66.2	1456.4	1.59
红寺堡次生盐渍化土壤	对照	—	660.0	57.0	65.0	35.0	—	—	—	—	817.7	45.3	996.6	1.22
	示范	—	660.0	57.0	65.0	35.0	90.8	—	—	20.0	927.8	65.6	1443.2	1.56

注：1. 耕作费用包括播种、犁地、耙、耱、耥等租用农机具的费用；2. 脱硫石膏费用是指燃煤电厂到试验基地脱硫石膏的运输费和施用费；3. 枸杞市场销售价为 22.0 元/kg。水费含人工费；耕作含人工费

表 5-5 施用脱硫石膏改良不同类型盐碱地种植枸杞第二年单位面积经济效益分析

盐碱地		投入/(元/667m²)								合计	产出		产投比
		种子	种苗	化肥	水费	耕作	施用脱硫石膏				产量/(kg/667m²)	产值/(元/667m²)	
							运费	犁翻	旋耕	穴植				
西大滩碱化土壤	对照	—	660.0	57.0	65.0	35.0	—	—	—	—	817.0	54.3	1194.6	1.46
	示范	—	660.0	57.0	65.0	35.0	—	—	—	—	817.0	86.2	1896.4	2.32
红寺堡次生盐渍化土壤	对照	—	660.0	57.0	65.0	35.0	—	—	—	—	817.0	55.3	1216.6	1.49
	示范	—	660.0	57.0	65.0	35.0	—	—	—	—	817.0	85.8	1887.6	2.31

注：1. 耕作费用包括播种、犁地、耙、耱、耥等租用农机具的费用；2. 不施用脱硫石膏；3. 枸杞市场销售价为 22.0 元/kg。水费含人工费；耕作含人工费

表 5-6 施用脱硫石膏改良不同类型盐碱地种植枸杞第三年单位面积经济效益分析

盐碱地		投入/(元/667m²)								合计	产出		产投比
		种子	种苗	化肥	水费(含人工费)	耕作(含人工费)	施用脱硫石膏				产量/(kg/667m²)	产值/(元/667m²)	
							运费	犁翻	旋耕	穴植				
红寺堡次生盐渍化土壤	对照	—	660.0	57.0	65.0	35.0	—	—	—	—	817.0	59.3	1304.6	1.60
	示范	—	660.0	57.0	65.0	35.0	—	—	—	—	817.0	88.8	1953.6	2.39

注：1. 耕作费用包括播种、犁地、耙、耱、耥等租用农机具的费用；2. 不施用脱硫石膏；3. 枸杞市场销售价为 22.0 元/kg。水费含人工费；耕作含人工费

脱硫石膏改良盐碱地单位面积经济效益分析表明：利用脱硫石膏改良盐碱地种植枸杞，当年改良当年可以收获成本，改良后第二年、第三年效益显著。

5.2 脱硫石膏改良盐碱地水稻特色产业效益评价

5.2.1 脱硫石膏改良碱化土壤种植水稻施用量试验

采用拉丁方田间试验设计。设 5 个处理：处理 T1（CK）. 脱硫石膏施用量 0t/667m²；T2. 脱硫石膏施用量 0.5t/667m²；T3. 脱硫石膏施用量 1.0t/667m²；T4. 脱硫石膏施用量 1.5t/667m²；T5. 脱硫石膏施用量 2.0t/667m²。脱硫石膏采用一次施用。

研究表明施用脱硫石膏改良碱化土壤可以显著降低土壤碱化度、总碱度和 pH，土壤碱性得到明显改善。图 5-8～图 5-10 说明当脱硫石膏施用量为 1.5～2.0t/667m² 时，土壤碱化度、总碱度和 pH 分别降低到 15%、0.3cmol/kg 和 8.5 以下。

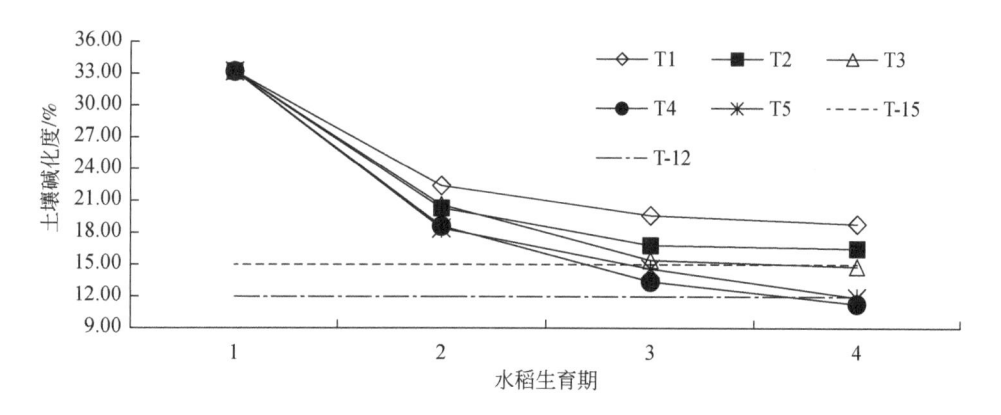

图 5-8　水稻生育期土壤碱化度的变化曲线

注：1 代表水稻播前（4 月 15 日）；2 代表水稻苗期（5 月 20 日）；3 代表水稻开花期（8 月 20 日）；4 代表水稻成熟期（11 月 15 日）；横杠数值为临界值；下同

施用脱硫石膏可以显著提高水稻的收获穗数和千粒重（表 5-7），从而提高水稻的产量，当脱硫石膏施用量为 1.5～2.0t/667m² 时，对水稻产量的提高更显著。

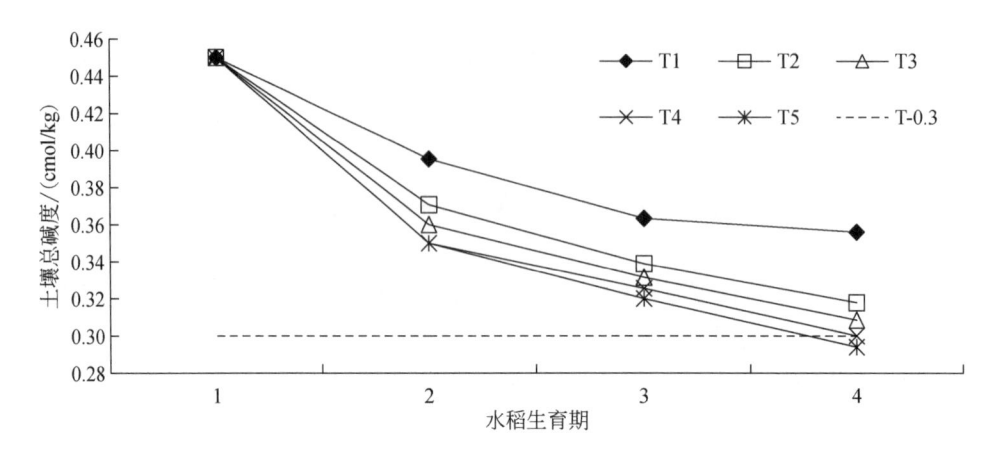

图 5-9 水稻生育期土壤总碱度的变化曲线

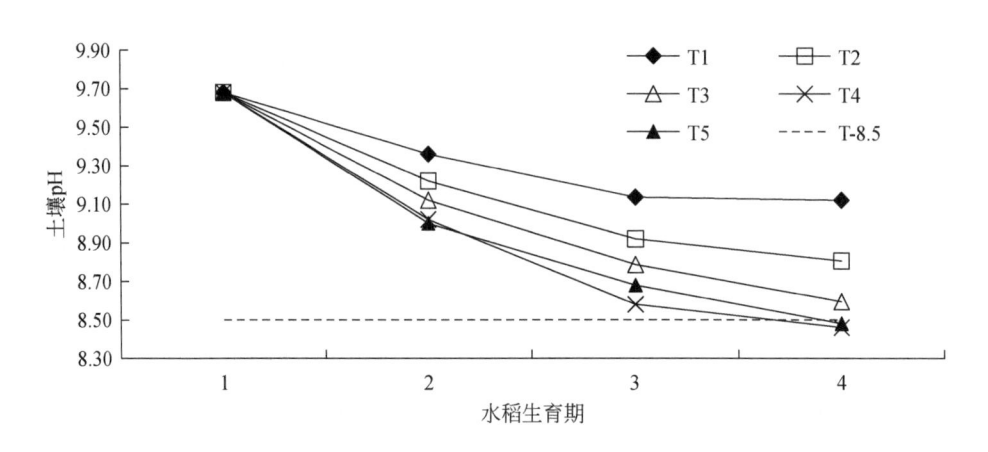

图 5-10 水稻生育期土壤 pH 的变化曲线

表 5-7 施用脱硫石膏对水稻产量及产量组成的影响

产量及组成	脱硫石膏施用量/(t/667m²)				
	0	0.5	1.0	1.5	2.0
收获穗数/(万株/667m²)	35.4a	38.8b	40.6b	41.5c	40.9b
千粒重/g	19.91a	23.81b	27.05b	26.14b	24.56b
每株粒数	323.4a	329.6a	322.2a	341.4b	352.0b
籽粒理论产量/(kg/667m²)	227.8a	304.5b	353.9c	370.4c	348.8b
籽粒实际产量/(kg/667m²)	217.4	288.1	332.7	354.1	341.4

注：每行中不同小写字母代表在 5% 显著性水平下差异显著

5.2.2 不同类型盐碱地改良剂的研制及其施用技术研究

根据宁夏平罗西大滩碱土型、石嘴山市惠农区盐土型和红寺堡地区的次生盐渍型土壤的碱化度、盐分组成及运移特点、土壤结构状况等，选用农业、工业废弃物如脱硫渣、糠醛渣、秸秆草粉等为主要原料，并配以适量其他能够改善土壤结构和培肥土壤及提供植物养料的有机无机物质，提出适合改良碱土型、盐土型和次生盐渍化土壤盐碱地的系列配方5个并对其配方及原料进行了多点试验，初步筛选出主要配方5个，在三大示范区集中进行了示范。

碱化土壤水稻改良剂配方筛选：脱硫石膏和专用改良剂配合施用降低了pH、全盐和碱化度（表5-8）。施用专用改良剂后，土壤pH、全盐和碱化度分别较对照降低了10.9%~12.1%、26.9%~44.4%和36.6%~69.9%。利用专用改良剂改良后0~20cm土层有机质与对照有显著差异。不同处理土壤全氮、碱解氮、速效磷、速效钾的变化规律与有机质变化相似。整体来讲，只施用脱硫石膏的处理各参量与对照普遍无显著差异；在施用脱硫石膏的基础上再施用不同改良剂配方均能显著提高土壤的有机质和养分，改良效果较好。

表5-8 碱化土壤施用改良剂后的效果

土壤性质	基础土样	CK	S	S+AⅠ	S+AⅡ	S+AⅢ
pH	9.0~9.2	9.2a	8.6ab	8.2ab	8.2ab	8.5ab
	8.0~9.1	9.1a	8.4ab	8.0ab	8.0ab	8.0ab
全盐/(g/kg)	2.1~3.0	2.2a	2.2ab	1.58bc	1.7abc	1.4c
	1.2~2.2	2.1a	2.2a	1.39b	1.5ab	1.2b
碱化度/%	27.3~29.6	29.2a	24.1ab	18.5b	17.6b	10.1c
	8.6~28.7	28.6a	21.7ab	15.9b	14.9b	8.6c
有机质/(g/kg)	2.6~3.1	2.8a	3.4ab	3.7ab	4.2bc	4.1b
	2.9~4.3	2.9a	3.5ab	3.8ab	4.0b	4.3b
全氮/(g/kg)	0.3~0.4	0.37a	0.41ab	0.51b	0.54b	0.56bc
	0.42~0.61	0.42a	0.44a	0.52a	0.53a	0.71b
碱解氮/(mg/kg)	25.2~28.3	23.4a	30.4a	35.8bc	43.1c	32.0abc
	24.3~45.7	24.3a	32.0ab	37.9bc	45.7c	34.5abc
速效磷/(mg/kg)	7.3~8.1	8.0a	9.3b	9.1b	9.4b	9.6b
	8.2~10.4	8.2a	9.8b	9.6b	10.0b	10.4b

续表

土壤性质	基础土样	CK	S	S+AⅠ	S+AⅡ	S+AⅢ
速效钾/(mg/kg)	121.1~128.9	107.4a	119.8ab	110.5ab	111.8ab	111.7ab
	111.7~126.8	111.7a	125.8b	117.1ab	119.6ab	121.8b

注：CK、S、S+AⅠ、S+AⅡ、S+AⅢ分别代表对照、只施用脱硫石膏、施用脱硫石膏和改良剂配方Ⅰ、施用脱硫石膏和改良剂配方Ⅱ、施用脱硫石膏和改良剂配方Ⅲ。下同

施用脱硫石膏和改良剂后土壤容重降低，孔隙度增加，土壤孔性趋于合理，有利于作物对水分和空气的要求，有利于养分状况的调节，有利于植物根系的伸展（表5-9）。施用脱硫石膏和改良剂后当年土壤中各颗粒组成比例适当，使土壤具有良好的结构性、通透性和保水保肥性，适于作物根系生长（表5-10）。

表5-9 碱化土壤施用改良剂后土壤的容重和孔隙度变化

土壤性质	CK	S	S+AⅠ	S+AⅡ	S+AⅢ
容重/(g/cm³)	1.5	1.48	1.45	1.44	1.43
容重降低率/%	0	1.33	3.33	4.00	4.67
孔隙度/%	43.40	44.23	45.28	45.77	46.04
孔隙度增长率/%	0	1.91	4.33	5.46	6.08

表5-10 碱化土壤施用改良剂后机械组成变化

处理	砂粒 0.2~0.02mm/(g/kg)	粉粒 0.02~0.002mm/(g/kg)	黏粒 <0.002mm/(g/kg)	土壤质地名称
CK	384.2	331.5	268.2	壤质黏土
S	393.6	342.3	249.4	黏质壤土
S+AⅠ	400.5	359.4	226.5	黏质壤土
S+AⅡ	406.0	350.5	220.6	黏质壤土
S+AⅢ	402.1	355.0	227.9	黏质壤土

脱硫石膏、改良剂联合施入可使水稻产量增加51.6%。考虑脱硫石膏和专用改良剂成本，3个配方筛选中改良剂Ⅲ的纯收入最高，而增产效果最明显的改良剂配方Ⅱ由于成本较高经济效益最低（表5-11）。

表 5-11 碱化土壤施用改良剂后水稻试验结果

指标	CK	S	S+AⅠ	S+AⅡ	S+AⅢ
产量/(kg/667m^2)	210	274	295	304	300
增产/%	0	30.5	40.5	44.8	42.9
产出/(元/667m^2)	462.0	602.8	649	668.8	660.0
纯收入/(元/667m^2)	462.0	592.4	623.0	601.3	652.4

碱化土壤水稻改良剂试验表明：施用脱硫石膏和改良剂基本原料或基本原料与不同组分后土壤 pH 和碱化度降幅最大；改良剂中增加的腐殖酸类和其他有机无机物料可以提高黏土矿物的吸附性能和有机质及养分含量；酸性改良剂有较大的总表面积，与黏粒相互作用，使土肥相融，降低土壤容重、增大空隙度，降低土壤黏粒含量，增加砂粒和粉粒含量，改善土壤结构；施用改良剂能够显著提高水稻成活率、株高和产量，但在荒地上的效果较耕地上更明显。3 个改良剂配方中改良剂Ⅲ对土壤的改良效果最好，但土壤有机质和养分 3 个配方并无显著差异；施用脱硫石膏和改良剂显著提高了水稻产量，施用改良剂Ⅲ的处理产量最高，与其他处理呈显著性差异。所以筛选出碱化土壤水稻改良剂配方为改良剂配方Ⅲ。两年定位试验说明脱硫石膏和改良剂改良碱化土壤均具有长效性。

5.2.3 不同类型盐碱地改良剂的施用技术研究

根据已研制的不同类型盐碱地改良剂配方、剂型，在宁夏平罗西大滩碱土型、石嘴山市惠农区盐土型和红寺堡地区的次生盐渍型土壤上完成改良剂施用量、施用时期试验研究，提出不同类型盐碱地改良剂施用技术 5 项，制定出地方标准 2 项。

研究结果表明改良剂施用量越大，土壤 pH 和碱化度越低，有机质和养分增量越大，但仍与其他处理呈显著性差异（表 5-12）。改良剂施用量越大水稻成活率越高。中度碱化土壤施用量为 1.0t/667m^2 的处理对土壤的理化性状改良效果最好，但施用量为 0.5t/667m^2 的处理纯收入最高（表 5-13）。新开垦的荒地两年定位试验中施用量为 0.75t/667m^2 的处理水稻生长最好，其成活率为 91.5%，株高为 65.0cm，显著高于其他施用量，新开垦的重度碱化荒地施用量为 0.75t/667m^2。

表 5-12　改良剂施用量条件下土壤理化性质

土壤性质	T1	T2	T3	T4
有机质/(g/kg)	8.3a	10.2b	9.8b	11.5b
	3.4a	4.1b	2.9a	5.3c
	3.5ab	4.3b	3.0a	5.1b
全氮/(g/kg)	0.48a	0.59b	0.62b	0.65b
	0.41a	0.56b	0.53b	0.63c
	0.44a	0.71b	0.55a	0.82b
碱解氮/(mg/kg)	28.9a	36.54bc	32.8b	39.6c
	30.4a	32.0ab	38.7b	41.7c
	32.0a	34.5ab	40.2b	44.6c
速效磷/(mg/kg)	8.1a	11.2b	10.1b	11.8b
	9.3a	9.6a	9.1a	9.4a
	9.8a	10.4b	9.0a	10.2a
速效钾/(mg/kg)	174a	201b	197a	211b
	119.8ab	111.7a	101.2a	143.6b
	125.8b	121.8b	106.3a	155.1c
pH	8.68	8.21	8.38	8.16
	8.6a	8.5a	8.0a	7.8a
	8.4a	8.0a	7.8a	7.6a
全盐/(g/kg)	3.2a	2.3a	2.4a	2.1a
	2.22a	1.35b	1.81ab	1.62b
	2.19a	1.19b	1.65a	1.38b
碱化度/%	23.8a	19.1b	17.2bc	8.16c
	24.1c	10.1a	19.6b	16.1b
	21.7c	8.6a	18.0bc	13.3b
容重/(g/cm^3)	1.48a	1.42a	1.41a	1.36a
	1.55a	1.47a	1.56a	1.53a
	1.51a	1.43a	1.53a	1.49a
孔隙度/%	44.2a	46.4a	46.8a	48.7a
	41.3a	43.2a	41.7a	44.0a
	42.5a	46.2a	43.8a	48.1a

注：2008 年 T1～T4 分别代表施用量为 0、0.50t/667m^2、0.75t/667m^2 和 1.0t/667m^2；2009 年 T1～T4 分别代表施用量为 0、0.25t/667m^2、0.50t/667m^2 和 0.75t/667m^2

表 5-13 改良剂施用量试验水稻成活率及产量和经济效益情况

处理	成活率/%	产量/(kg/667m^2)	增产/%	产出/(元/667m^2)	纯收入/(元/667m^2)
0	64.3	210.0	0	462.0	402.0
0.25kg/667m^2	78.5	250.6	19.3	551.3	477.7
0.50kg/667m^2	78.6	274.0	30.5	602.8	479.2
0.75kg/667m^2	81.2	288.5	37.4	634.7	424.2

所以，在施用脱硫石膏 1.6t/667m^2 的基础上，土壤 pH≥8.5、碱化度≥10%且水溶性盐含量≤5.0g/kg 的条件下，碱化土壤水稻改良剂Ⅲ施用量宜为 0.5~0.75t/667m^2。秋施或播种前施用均可；撒施后犁耕全层混合。

5.2.4 脱硫石膏对土壤全盐的影响

田间试验为单因素拉丁方试验设计，设 5 个处理：脱硫石膏施用量 0（CK）；脱硫石膏施用量 0.75t/667m^2；脱硫石膏施用量 1.5t/667m^2；脱硫石膏施用量 2.25t/667m^2；脱硫石膏施用量 3.0t/667m^2。脱硫石膏采用一次施用。由图 5-11 可见，随着脱硫石膏施用量的增加，种植水稻后土壤全盐含量显著降低。

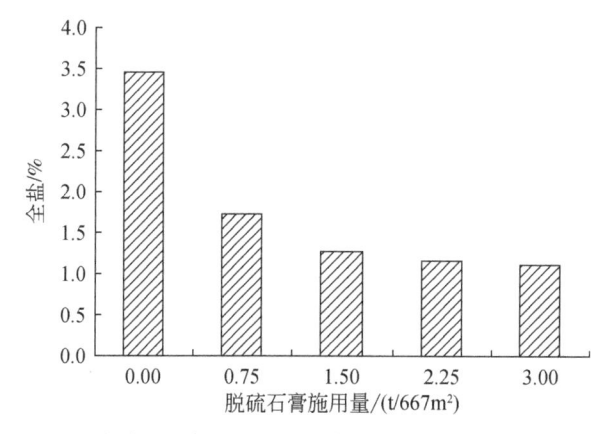

图 5-11 不同脱硫石膏施用量下土壤全盐变化（西大滩种植水稻）

5.2.5 脱硫石膏对土壤容重和孔隙度的影响

田间试验为单因素拉丁方试验设计，设脱硫石膏 5 个处理：脱硫石膏施用量

0（CK）；脱硫石膏施用量 0.75t/667m²；脱硫石膏施用量 1.5t/667m²；脱硫石膏施用量 2.25t/667m²；脱硫石膏施用量 3.0t/667m²。脱硫石膏采用一次施用。脱硫石膏施用量与土壤孔隙度和容重关系曲线表明（图 5-12），随着脱硫石膏施用量的增加，土壤容重降低，孔隙度增加。

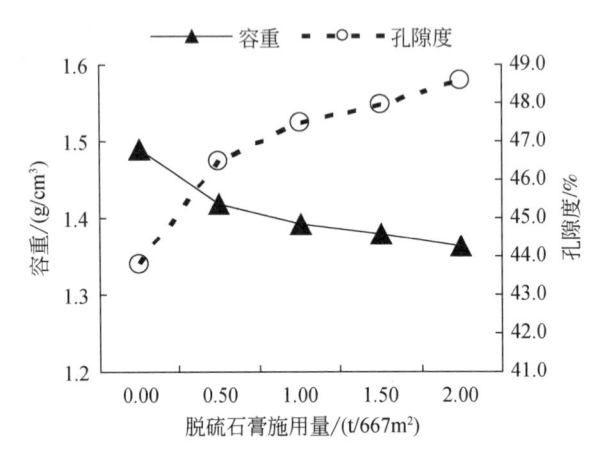

图 5-12　不同脱硫石膏施用量下土壤容重和孔隙度变化（西大滩种植水稻）

5.2.6　脱硫石膏对水稻生长量、产量及品质形成的影响

采用单因素拉丁方试验设计。设 5 个处理：A. 不施脱硫石膏（CK，对照）；B. 施脱硫石膏 0.4t/667m²；C. 施脱硫石膏 0.8t/667m²；D. 施脱硫石膏 1.2t/667m²；E. 施脱硫石膏 1.6t/667m²。脱硫石膏采用一次施用。

施用脱硫石膏后，水稻成熟期的株高和单株干物质重均比对照土壤条件下显著增加，其中不同处理下的株高分别比对照增加 16.2%、14.3%、18.1% 和 11.1%。单株干物质重分别比对照提高 26.9%、24.5%、33.8% 和 26.2%（图 5-13）。

从图 5-14 和图 5-15 可以看出，施用脱硫石膏对水稻的产量和品质也产生了一定的影响，施用脱硫石膏后，水稻的产量分别比对照提高 24.5%、34.7%、38.6% 和 18.7%。从水稻蛋白质和淀粉品质看，施用脱硫石膏可以提高蛋白质和淀粉含量，蛋白质含量比对照分别提高了 3.5%、12.5%、17.6% 和 16.7%，淀粉含量分别提高了 17.1%、21.7%、17.8% 和 19.6%。

由表 5-14 可见，不同类型盐碱土壤施用脱硫石膏处理土壤汞元素含量较对照无明显变化，且不同类型盐碱土壤各个处理及土层土壤中汞元素含量明显低于农用地土壤污染风险筛选值（GB 15618—2018）。

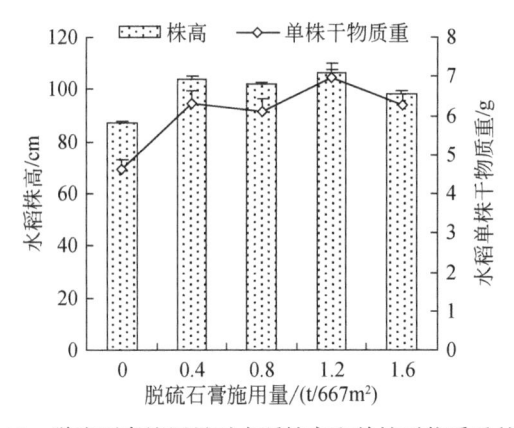

图 5-13 脱硫石膏施用量对水稻株高和单株干物质重的影响

图 5-14 脱硫石膏对水稻千粒重和产量的影响

图 5-15 脱硫石膏对水稻籽粒蛋白质和淀粉含量的影响

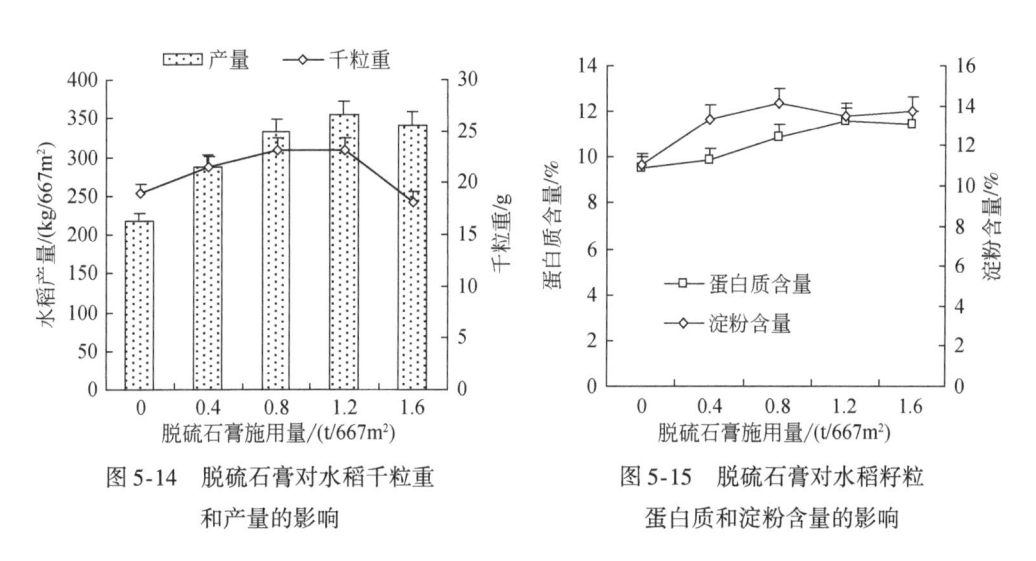

表 5-14 不同类型盐碱土壤汞元素含量 （单位：mg/kg）

试验	脱硫石膏施用量 /(t/667m^2)	土壤深度/cm					平均值
		0~20	20~40	40~60	60~80	80~100	
西大滩 水稻 试验	0（CK）	0.026	0.032	0.037	0.028	0.031	0.031a
	0.5	0.033	0.032	0.02	0.019	0.018	0.024a
	1.0	0.027	0.024	0.035	0.016	0.018	0.024a
	1.5	0.028	0.032	0.021	0.024	0.028	0.027a
	2.0	0.022	0.021	0.014	0.024	0.019	0.020a
农用地土壤污染风险筛选值		pH>7.5，1.0（水田），3.4（其他）					

注：表中同列数据后面的字母表示多重比较的结果，标有相同字母表示无显著差异（$\alpha=0.05$）

由表 5-15 可见，不同类型盐碱土壤各个处理及土层土壤中砷元素含量明显低于农用地土壤污染风险筛选值（GB 15618—2018）。

表 5-15　不同类型盐碱土壤砷元素含量　　　（单位：mg/kg）

试验	脱硫石膏施用量/(t/667m²)	土壤深度/cm					平均值
		0~20	20~40	40~60	60~80	80~100	
西大滩水稻试验	0（CK）	12.61	13.95	15.53	13.35	14.82	14.05a
	0.5	12.31	11.60	14.63	8.90	8.25	11.14ab
	1.0	12.21	10.25	13.33	12.25	13.72	12.35ab
	1.5	11.21	12.40	12.53	11.80	9.35	11.46b
	2.0	10.75	11.75	12.65	10.44	9.87	11.09b
农用地土壤污染风险筛选值		pH>7.5，20.0（水田），25.0（其他）					

注：表中同列数据后面的字母表示多重比较的结果，标有相同字母表示无显著差异（α=0.05）

由表 5-16 可见，脱硫石膏施入并未引起土壤铅元素含量明显变化，且各个处理及土层土壤铅元素含量明显低于农用地土壤污染风险筛选值（GB 15618—2018）。

表 5-16　不同类型盐碱土壤铅元素含量　　　（单位：mg/kg）

试验	脱硫石膏施用量/(t/667m²)	土壤深度/cm					平均值
		0~20	20~40	40~60	60~80	80~100	
西大滩水稻试验	0（CK）	52.6	58.4	48.4	36.8	38.3	46.9a
	0.5	42.6	44.0	47.1	46.0	40.8	44.1a
	1.0	53.4	54.2	52.4	46.7	42.7	49.9a
	1.5	46.6	54.4	57.1	48.7	41.2	49.6a
	2.0	51.1	52.7	49.4	39.4	40.4	46.6a
农用地土壤污染风险筛选值		pH>7.5，240（水田），170（其他）					

注：表中同列数据后面的字母表示多重比较的结果，标有相同字母表示无显著差异（α=0.05）

如表 5-17 所示，随着脱硫石膏施用量的增加，各处理土壤铬元素含量与对照间无显著性差异，各种盐碱土壤类型不同脱硫石膏处理及不同土层土壤铬元素含量明显低于农用地土壤污染风险筛选值（GB 15618—2018）。

由表 5-18 显示，西大滩种植水稻试验田施用脱硫石膏各处理土壤镉元素含量较对照无显著性差异，各个处理及土层土壤镉元素含量明显低于农用地土壤污染风险筛选值（GB 15618—2018）。

表 5-17　不同类型盐碱土壤铬元素含量　　（单位：mg/kg）

试验	脱硫石膏施用量/(t/667m²)	土壤深度/cm					平均值
		0~20	20~40	40~60	60~80	80~100	
西大滩水稻试验	0（CK）	60.88	52.68	56.16	46.96	59.28	55.2b
	0.5	68.52	67.80	76.20	72.00	64.92	69.9a
	1.0	61.82	68.12	52.18	67.08	48.96	59.6ab
	1.5	56.16	76.20	59.28	54.92	52.00	59.7ab
	2.0	52.38	67.80	65.12	67.70	46.20	59.8ab
农用地土壤污染风险筛选值		pH>7.5，350（水田），250（其他）					

注：表中同列数据后面的字母表示多重比较的结果，标有相同字母表示无显著差异（α=0.05）

表 5-18　不同类型盐碱土壤镉元素含量　　（单位：mg/kg）

试验	脱硫石膏施用量/(t/667m²)	土壤深度/cm					平均值
		0~20	20~40	40~60	60~80	80~100	
西大滩水稻试验	0（CK）	0.094	0.100	0.103	0.097	0.091	0.097a
	0.5	0.103	0.120	0.109	0.091	0.091	0.103a
	1.0	0.084	0.091	0.093	0.087	0.101	0.091a
	1.5	0.093	0.090	0.119	0.114	0.114	0.106a
	2.0	0.103	0.102	0.127	0.081	0.109	0.104a
农用地土壤污染风险筛选值		pH>7.5，0.8（水田），0.6（其他）					

注：表中同列数据后面的字母表示多重比较的结果，标有相同字母表示无显著差异（α=0.05）

5.2.7　脱硫石膏对土壤渗滤液重金属含量影响的土柱试验

土柱模拟试验设备由无铅盐 PVC 管（内径10cm，横截面积78.5cm²）和支架组成。PVC 管高120cm，底部用预留出水口的 PVC 堵头密封，出水口接滤液接收容器，顶部用带孔的 PVC 堵头加盖。根据土壤碱化度设 5 个处理：对照（CK）；纯石膏 2.0t/667m²；脱硫石膏 1.0t/667m²、2.0t/667m²、3.0t/667m²。每处理重复 3 次。脱硫石膏采用一次施用。脱硫石膏或纯石膏与土柱上部 0~20cm 土壤完全混匀，自上部灌入蒸馏水，灌水量 7064mL（600m³/667m²）。接取下部滤液样品进行化验，样品由中国科学院南京土壤研究所分析化验。

施用脱硫石膏后土柱下部渗滤液汞、砷、铅、铬、镉 5 种重金属元素浓度没有明显差异，且不随脱硫石膏施用量的增加而变化（表 5-19）。土柱渗滤液中 5 种重金属元素浓度基本符合农田灌溉水质标准（GB 5084—2021），说明土壤耕作层施用脱硫石膏后不会对地下水中的重金属产生影响。

表 5-19 土柱模拟试验下渗滤液中 5 种重金属含量   （单位：mg/kg）

项目	As	Hg	Pb	Cr	Cd
对照（CK）	0.048 5	0.000 05	0.024 0	0.013 8	0.001 8
纯石膏（2t/667m²）	0.040 2	0.000 04	0.017 6	0.012 5	0.001 0
脱硫石膏（1t/667m²）	0.036 9	0.000 07	0.025 0	0.020 3	0.001 2
脱硫石膏（2t/667m²）	0.041 9	0.000 06	0.016 9	0.009 7	0.001 1
脱硫石膏（3t/667m²）	0.037 7	0.000 02	0.016 1	0.038 0	0.001 0
农田灌溉水质标准（GB 5084—2021）	0.05	0.001	0.2	0.1	0.01

注：表中数据为 3 次重复平均值。

5.2.8　施用脱硫石膏改良不同类型盐碱地种植水稻经济效益分析

以施用脱硫石膏和改良剂为主的盐碱地改良关键技术及技术集成模式，使土壤理化性质得到改善，促进了作物的生长，提高了作物的产量。从表 5-20～表 5-23 中可看出，改良后的碱化土壤上种植水稻能取得较好的经济效益。

表 5-20 施用脱硫石膏改良不同类型盐碱地种植水稻第一年单位面积经济效益分析

试验		投入/（元/667m²）								产出		产投比
		种子	种苗	化肥	水费	耕作	施用脱硫石膏			合计	产量/（kg/667m²）	产值/（元/667m²）	
							运费	犁翻	旋耕	穴植				
西大滩碱化土壤	对照	—	230.0	75.0	90.0	85.0	—	—	—	—	480.0	155.0	325.5	0.68
	示范	—	230.0	75.0	90.0	85.0	80.8	23.0	—	—	583.8	345.3	725.1	1.24

注：1. 耕作费用包括播种、犁地、耙、耱、耥等租用农机具的费用；2. 脱硫石膏费用是指燃煤电厂到试验基地脱硫石膏的运输费和施用费；3. 水稻市场销售价为 2.1 元/kg；水费含人工费；耕作含人工费。

表 5-21 施用脱硫石膏改良不同类型盐碱地种植水稻第二年单位面积经济效益分析

试验		投入/（元/667m²）									产出		产投比
		种子	种苗	化肥	水费（含人工费）	耕作（含人工费）	施用脱硫石膏				合计	产量/（kg/667m²）	产值/（元/667m²）	
							运费	犁翻	旋耕	穴植				
西大滩碱化土壤	对照	—	230.0	75.0	90.0	85.0	—	—	—	—	480.0	185.0	388.5	0.81
	示范	—	230.0	75.0	90.0	85.0	—	—	—	—	480.0	405.3	851.1	1.77

注：1. 耕作费用包括播种、犁地、耙、耱、耥等租用农机具的费用；2. 不施用脱硫石膏；3. 水稻市场销售价为 2.1 元/kg。

第5章 | 盐碱地改良特色产业效益评价

表 5-22 施用脱硫石膏改良不同类型盐碱地种植水稻第三年单位面积经济效益分析

试验		投入/(元/667m²)								合计	产出		产投比
		种子	种苗	化肥	水费	耕作	施用脱硫石膏					产量/(kg/667m²)	产值/(元/667m²)	
							运费	犁翻	旋耕	穴植				
西大滩碱化土壤	对照	160.0	—	75.0	90.0	85.0	—	—	—	—	410.0	245.0	539.0	1.31
	示范	160.0	—	75.0	90.0	85.0	—	—	—	—	410.0	435.3	957.7	2.34

注：1. 耕作费用包括播种、犁地、耙、耱、耥等租用农机具的费用；2. 不施用脱硫石膏；3. 水稻市场销售价为 2.2 元/kg

表 5-23 脱硫石膏改良碱化土壤种植水稻技术集成单位面积经济效益分析

年份	改良方法	投入/(元/667m²)										合计	产出			纯利/(元/667m²)
		整地	脱硫石膏	改良剂	秸秆费用	黄沙费用	有机肥	化肥费用	灌水费用	种苗费用	管理费用	收获费用		产量/(kg/667m²)	单价/(元/kg)	合计/(元/667m²)	
2008	集成技术	43.25	15	16.25	12.5	10	100	123	85	50	80	40	575.00	362.5	2.18	790.25	215.25
	传统改良	43.25	0	0	12.5	0	100	123	85	50	80	40	533.75	246.5	2.18	537.37	3.62
	对照	43.25	0	0	0	0	100	123	85	50	80	40	521.25	135.9	2.18	296.26	−224.99
2009	集成技术	43.25	15	16.25	12.5	10	100	123	85	50	80	40	575.00	416.1	2.18	907.10	332.10
	传统改良	43.25	0	0	12.5	0	100	123	85	50	80	40	533.75	268.8	2.18	585.98	52.23
	对照	43.25	10	0	0	0	100	123	85	50	80	40	521.25	147.3	2.18	321.11	−200.14
2010	集成技术	43.25	15	16.25	12.5	10	100	123	85	50	80	40	575.00	466.1	2.18	1016.10	441.10
	传统改良	43.25	0	0	12.5	0	100	123	85	50	80	40	533.75	286.5	2.18	624.57	90.82
	对照	43.25	0	0	0	0	100	123	85	50	80	40	521.25	169.4	2.18	369.29	−151.96

注：激光平地 50 元/(667m²·8a)=6.25 元/(667m²·a)，犁地耙地 37 元/(667m²·a)，脱硫石膏 2t/667m²、120 元/(667m²·8a)=15 元/(667m²·a)，改良剂 0.5t/667m²、130 元/(667m²·8a)=16.25 元/(667m²·a)，秸秆还田 100kg/667m²、100 元/(667m²·8a)=12.5 元/(667m²·a)，二胺 20kg/667m²、72 元/(667m²·a)，黄沙 10t/667m²、80 元/(667m²·8a)=10 元/(667m²·a)，尿素 30kg/667m²、51 元/(667m²·a)，有机肥 2t/667m²、100 元/(667m²·a)，产出单价按三年平均 2.18 元/kg 计算

脱硫石膏改良盐碱地单位面积经济效益分析表明：利用脱硫石膏改良盐碱地种植水稻，当年改良当年可以收获成本，改良后第二年、第三年效益显著。

5.3 脱硫石膏改良盐碱地油葵特色产业效益评价

5.3.1 脱硫石膏改良碱化土壤种植油葵施用量试验

采用拉丁方田间试验设计。设 5 个处理：处理 T1. 脱硫石膏施用量 0（CK）；T2. 脱硫石膏施用量 $0.5t/667m^2$；T3. 脱硫石膏施用量 $1.0t/667m^2$；T4. 脱硫石膏施用量 $1.5t/667m^2$；T5. 脱硫石膏施用量 $2.0t/667m^2$。脱硫石膏采用一次施用。

图 5-16 ~ 图 5-18 说明当脱硫石膏施用量为 $1.5 ~ 2.0t/667m^2$ 时，土壤碱化度、总碱度和 pH 分别降低到 $15\% ~ 16\%$、$0.3 ~ 0.35cmol/kg$ 和 $8.5 ~ 8.7$，土壤碱性得到有效改善。

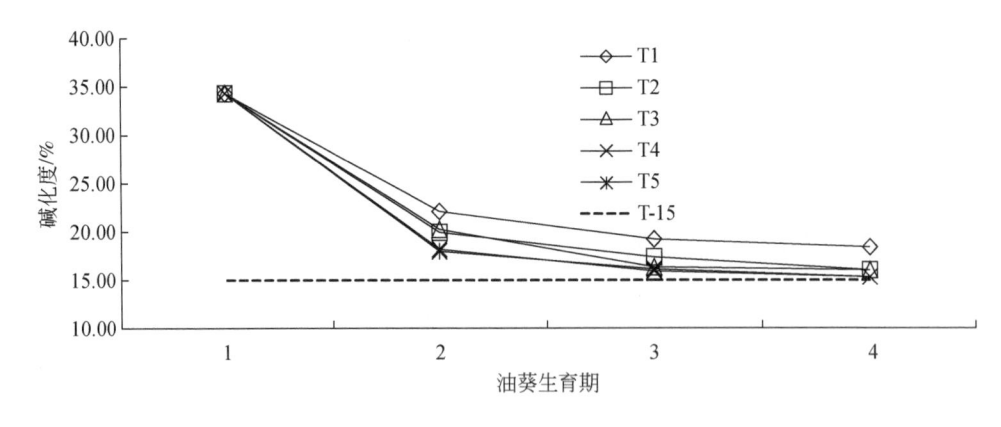

图 5-16　油葵生育期土壤碱化度的变化曲线

注：1 代表油葵播前（4 月 3 日）；2 代表油葵苗期（5 月 15 日）；3 代表油葵开花期（6 月 20 日）；4 代表油葵成熟期（8 月 15 日）；横杠数值为临界值；下同

根据油葵出苗率和产量与脱硫石膏施用量的模拟曲线关系（图 5-19 和图 5-20），脱硫石膏施用量为 $1.62t/667m^2$，出苗率达到最大，为 83.4%；脱硫石膏施用量为 $1.75t/667m^2$ 时，产量达到最大，为 $107.2kg/667m^2$。

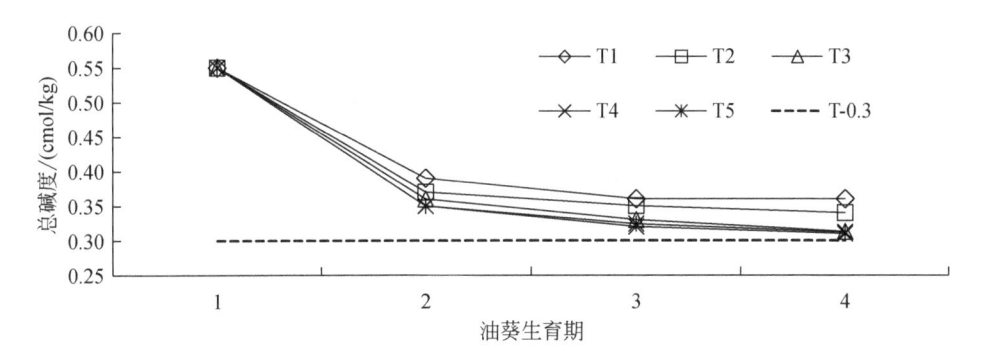

图 5-17 油葵生育期土壤总碱度的变化曲线

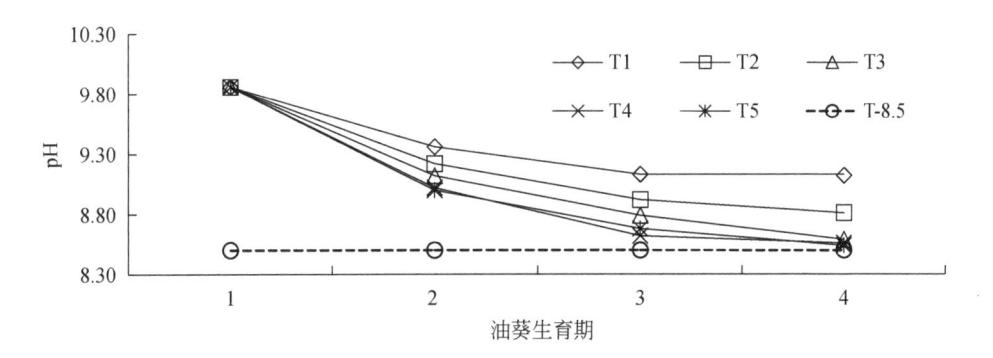

图 5-18 油葵生育期土壤 pH 的变化曲线

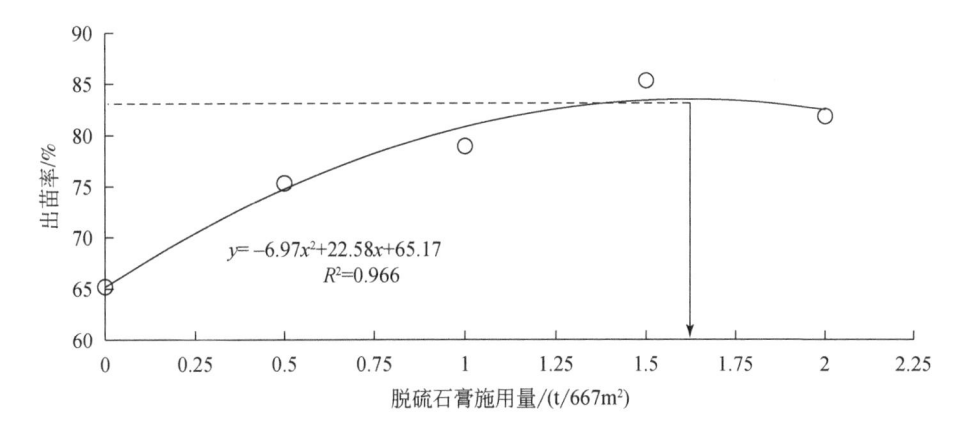

$y = -6.97x^2 + 22.58x + 65.17$
$R^2 = 0.966$

图 5-19 油葵出苗率与脱硫石膏施用量的模拟曲线关系

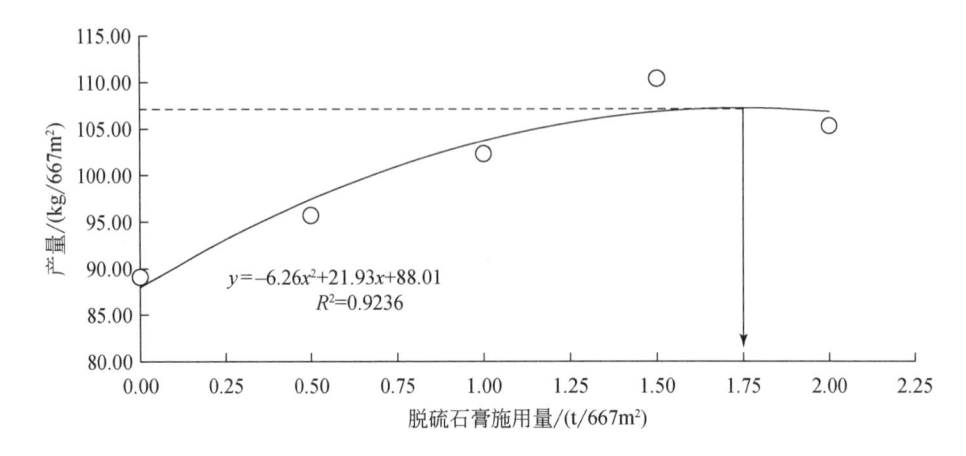

图 5-20　油葵产量与脱硫石膏施用量的模拟曲线关系

曲线方程：$y = -6.26x^2 + 21.93x + 88.01$，$R^2 = 0.9236$

5.3.2 脱硫石膏改良碱化土壤种植油葵施用时期和施用深度的试验

试验采用两因素随机区组设计。两因素为施用时期，分秋施和春施两个水平；施用深度，分浅施（0~10cm）和深施（20~25cm）两个水平。共4个处理：秋施深施、秋施浅施、春施深施、春施浅施。每个处理随机重复4次。脱硫石膏的施用量均为$2t/667m^2$。脱硫石膏采用一次施用。

研究表明，秋季施用脱硫石膏较春季施用对降低土壤碱化度、总碱度和pH的效果更显著（表5-24）。深施脱硫石膏较浅施较有利于降低土壤碱化度、总碱度和pH。秋施较春施、深施较浅施改良效果更好。

表5-24　脱硫石膏不同施用时期和施用深度对土壤碱化性的影响

土壤碱化指标	取样层次	施用时期 春施	施用时期 秋施	施用深度 浅施	施用深度 深施
碱化度降低/%	0~20cm	19.0a	23.2b	18.2a	18.4b
	20~40cm	10.3a	12.3b	11.3a	11.6a
	40~60cm	5.6a	5.9a	5.6a	5.6a
	平均	11.6a	13.8b	11.7a	11.9a
总碱度降低/(cmol/kg)	0~20cm	0.26a	0.44b	0.22a	0.24a
	20~40cm	0.21a	0.28b	0.19a	0.18a

续表

土壤碱化指标	取样层次	施用时期		施用深度	
		春施	秋施	浅施	深施
总碱度降低/(cmol/kg)	40~60cm	0.10a	0.11a	0.10a	0.11a
	平均	0.19a	0.28b	0.17a	0.18a
pH降低	0~20cm	0.85a	1.00b	0.75a	0.90b
	20~40cm	0.74a	0.76a	0.56a	0.58a
	40~60cm	0.20a	0.23a	0.12a	0.12a
	平均	0.60a	0.66b	0.48a	0.53b

注：碱化度降低表示土壤碱化度改良前与改良后之间的差值，碱化度降低值越高，改良效果越好；总碱度降低与pH降低表达意义相同；每行不同小写字母代表在5%显著性水平下差异显著，"a"相对于"b"有显著性差异

研究表明，秋季施用脱硫石膏较春季施用改良效果明显，深施脱硫石膏较浅施改良效果明显。秋施较春施提高油葵出苗率21.2%~45.5%，深施脱硫石膏较浅施提高出苗率1.2%~5.4%（图5-21）。秋施较春施提高油葵产量16.2%~52.6%，深施脱硫石膏较浅施提高产量1.2%~11.7%（图5-22）。

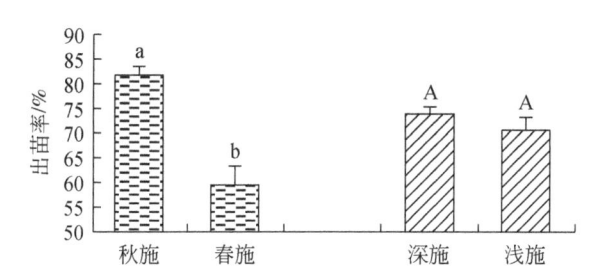

图5-21 脱硫石膏不同施用时期和施用深度对油葵出苗率的影响

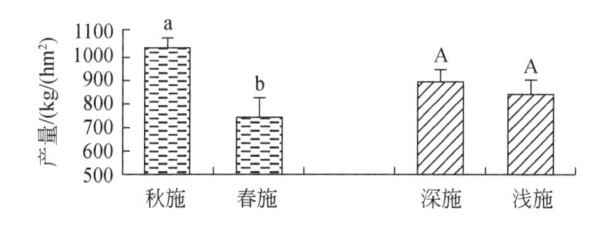

图5-22 不用施用时期和施用深度对油葵产量的影响

研究表明，秋季深施较秋季浅施、春季深施、春季浅施对油葵出苗率和产量的影响效果明显。秋季深施与秋季浅施、春季深施、春季浅施比较，油葵出苗率

分别提高了 12.0%、25.6%、21.5%；油葵产量分别提高了 14.4%、32.7%、29.9%（图 5-23）。

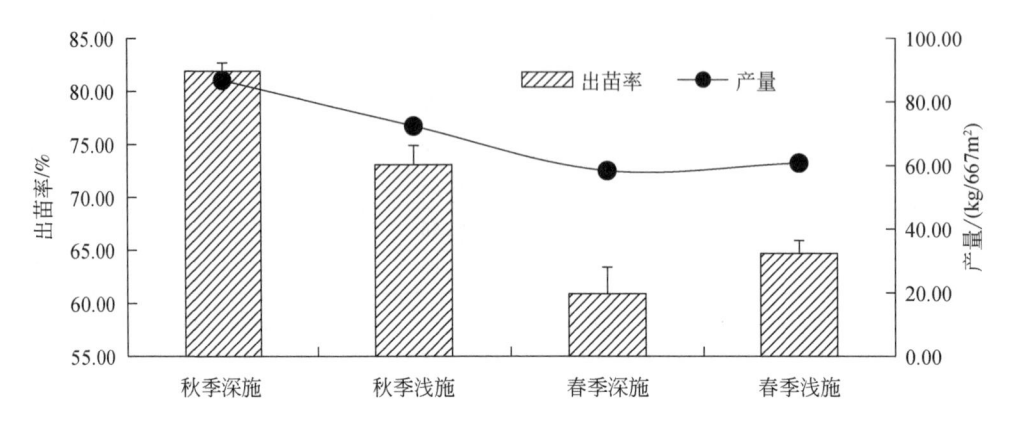

图 5-23 脱硫石膏施用时期和施用深度的不同组合对油葵出苗率和产量的影响

5.3.3 脱硫石膏对土壤全盐的影响

田间试验为单因素拉丁方试验设计，设 5 个处理：脱硫石膏施用量 0（CK）；脱硫石膏施用量 0.75t/667m^2；脱硫石膏施用量 1.5t/667m^2；脱硫石膏施用量 2.25t/667m^2；脱硫石膏施用量 3.0t/667m^2。脱硫石膏采用一次施用。

由图 5-24～图 5-26 可见，西大滩碱化土壤施入脱硫石膏种植油葵，0~20cm 土壤全盐含量随脱硫石膏施用量增加呈现先降后升的趋势；惠农轻碱性盐化土壤

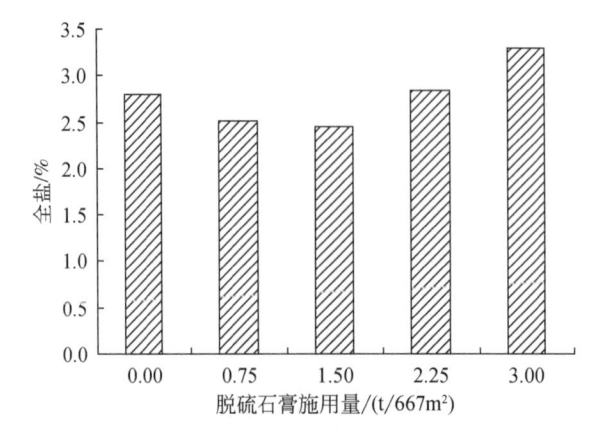

图 5-24 不同脱硫石膏施用量下土壤全盐变化（西大滩种植油葵）

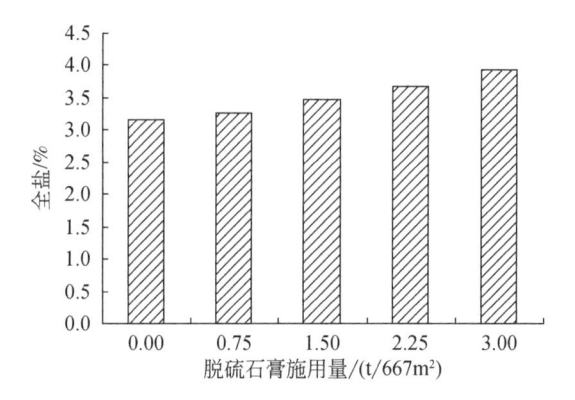

图 5-25　不同脱硫石膏施用量下土壤全盐变化（惠农种植油葵）

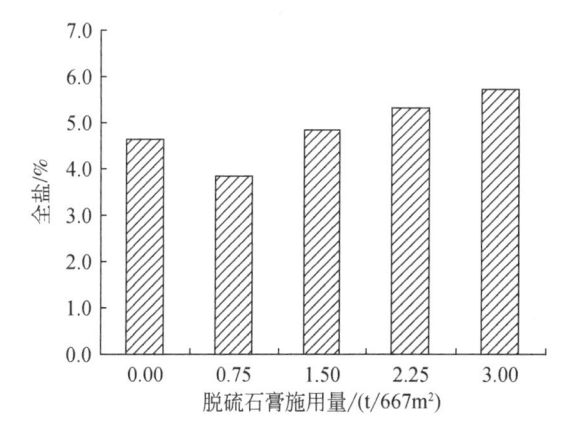

图 5-26　不同脱硫石膏施用量下土壤全盐变化（红寺堡种植油葵）

施入脱硫石膏，全盐含量变化不大；红寺堡轻碱性次生盐渍化土壤施入脱硫石膏，全盐含量有降低的情况出现。

5.3.4　脱硫石膏对土壤容重和孔隙度的影响

田间试验为单因素拉丁方试验设计，设脱硫石膏 5 个处理：脱硫石膏施用量 0（CK）；脱硫石膏施用量 0.75t/667m^2；脱硫石膏施用量 1.5t/667m^2；脱硫石膏施用量 2.25t/667m^2；脱硫石膏施用量 3.0t/667m^2。脱硫石膏采用一次施用。

土壤孔隙度和容重与脱硫石膏施用量关系曲线表明（图 5-27 和图 5-28），随着脱硫石膏施用量的增加，土壤容重降低，孔隙度增加。

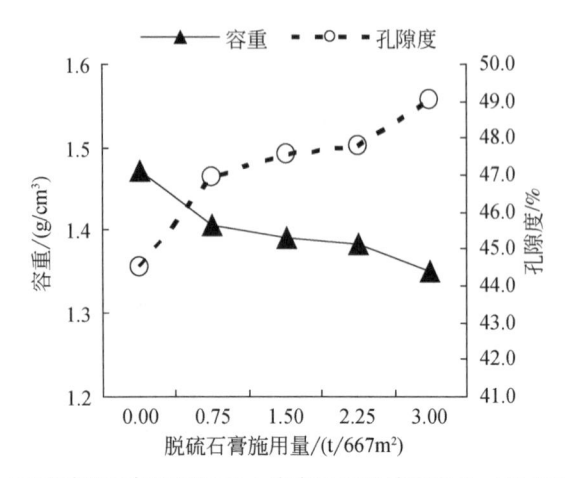

图 5-27　不同脱硫石膏施用量下土壤容重和孔隙度变化（惠农种植油葵）

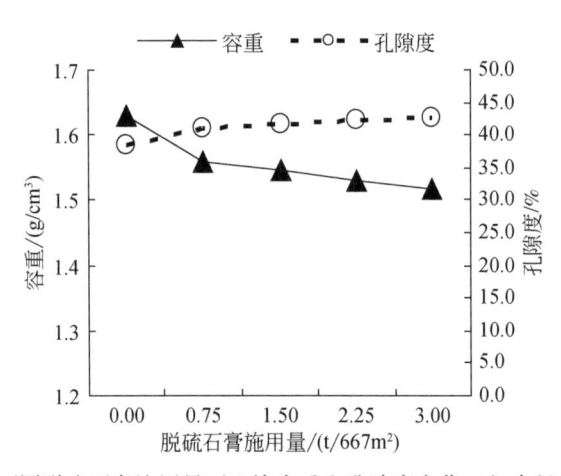

图 5-28　不同脱硫石膏施用量下土壤容重和孔隙度变化（红寺堡种植油葵）

5.3.5　脱硫石膏施用碱化土壤对根际微生物数量的影响

试验采用拉丁方设计，设 5 个处理：A 处理为 CK（对照），不施脱硫石膏；B 处理为施脱硫石膏 $0.75t/667m^2$；C 处理为施脱硫石膏 $1.5t/667m^2$；D 处理为施脱硫石膏 $2.25t/667m^2$；E 处理为施脱硫石膏 $3.0t/667m^2$。

由图 5-29～图 5-31 可见，油葵土壤根际细菌数量随着脱硫石膏施用量的增加基本呈先上升后下降的趋势。另外，放线菌的数量随着脱硫石膏施用量的增加和生长时期的推进均基本呈先上升后下降的趋势，其中花期数量变化较大，苗期

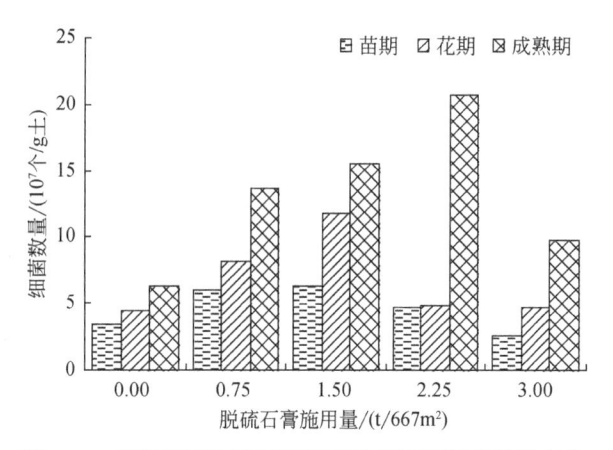

图 5-29　不同脱硫石膏施用量下油葵根际细菌数量变化

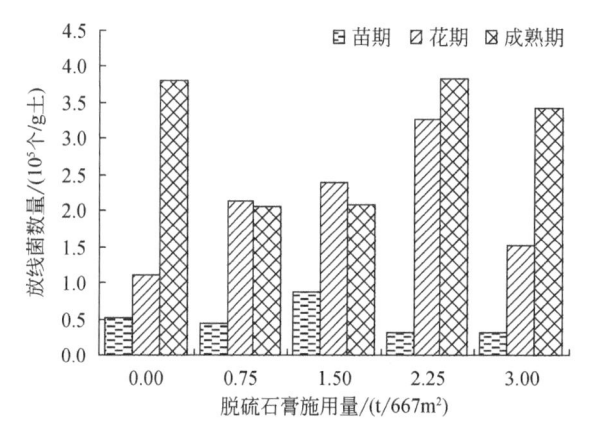

图 5-30　不同脱硫石膏施用量下油葵根际放线菌数量变化

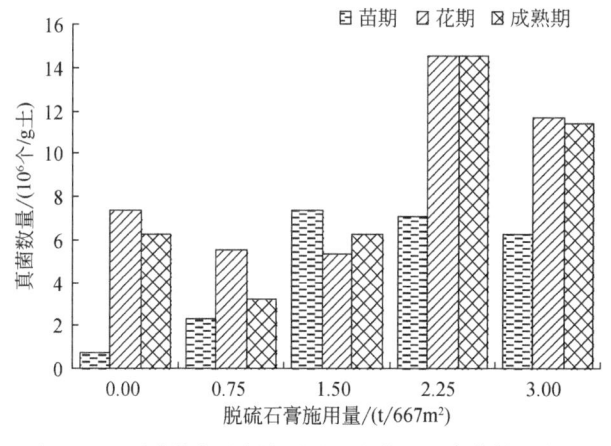

图 5-31　不同脱硫石膏施用量下油葵根际真菌数量变化

各处理变化较小。真菌随着脱硫石膏施用量的增加基本呈现先下降后上升的趋势,随着发育时期的推进,各处理数量表现为花期>成熟期>苗期,而且从苗期到花期变化较大。表明施用脱硫石膏改良盐碱地,有利于提高土壤微生物数量,有效改善土壤环境。

5.3.6 脱硫石膏对土壤重金属元素影响的研究

由表 5-25 可见,不同类型盐碱土壤施用脱硫石膏处理土壤汞元素含量较对照无明显变化,且不同类型盐碱土壤各个处理及土层土壤中汞元素含量明显低于农用地土壤污染风险筛选值(GB 15618—2018)。

表 5-25　不同类型盐碱土壤汞元素含量　　　　（单位:mg/kg）

试验	脱硫石膏施用量 /(t/667m²)	土壤深度/cm 0~20	20~40	40~60	60~80	80~100	平均值
西大滩油葵试验	0(CK)	0.032	0.031	0.03	0.067	0.056	0.043a
	0.5	0.028	0.026	0.027	0.070	0.044	0.039a
	1.0	0.052	0.029	0.03	0.067	0.061	0.048a
	1.5	0.035	0.024	0.024	0.059	0.073	0.043a
	2.0	0.031	0.039	0.029	0.091	0.068	0.052a
惠农油葵试验	0(CK)	0.081	0.059	0.056	0.070	0.074	0.068a
	0.2	0.109	0.077	0.051	0.061	0.070	0.074a
	0.4	0.091	0.111	0.061	0.098	0.087	0.090a
	0.6	0.128	0.061	0.058	0.070	0.080	0.079a
	0.8	0.079	0.068	0.062	0.060	0.069	0.068a
红寺堡油葵试验	0(CK)	0.046	0.021	0.071	0.039	0.047	0.045a
	0.2	0.088	0.045	0.031	0.026	0.037	0.045a
	0.4	0.050	0.039	0.036	0.060	0.027	0.042a
	0.6	0.044	0.041	0.043	0.045	0.048	0.044a
	0.8	0.056	0.028	0.024	0.027	0.027	0.032a
农用地土壤污染风险筛选值			pH>7.5,1.0(水田),3.4(其他)				

注:表中同列数据后面的字母表示多重比较的结果,标有相同字母表示无显著差异($\alpha=0.05$)

由表 5-26 可见,西大滩、惠农、红寺堡种植油葵试验田施用脱硫石膏处理土壤砷元素含量较对照无明显变化,不同类型盐碱土壤各个处理及土层土壤中砷元素含量也明显低于农用地土壤污染风险筛选值(GB 15618—2018)。

由表 5-27 可见，西大滩种植油葵试验田、惠农种植油葵试验田施用脱硫石膏处理土壤铅元素含量较对照无显著性差异。脱硫石膏施入并未引起土壤铅元素含量明显变化，且各个处理及土层土壤铅元素含量明显低于农用地土壤污染风险筛选值（GB 15618—2018）。

表 5-26　不同类型盐碱土壤砷元素含量　　（单位：mg/kg）

试验	脱硫石膏施用量/(t/667m²)	土壤深度/cm					平均值
^	^	0~20	20~40	40~60	60~80	80~100	^
西大滩油葵试验	0（CK）	10.89	12.44	10.64	11.24	12.42	11.53ab
^	0.5	11.49	12.34	11.77	13.24	12.63	12.29a
^	1.0	10.86	12.21	11.93	11.49	11.09	11.52ab
^	1.5	11.41	10.81	11.16	10.69	10.76	10.97b
^	2.0	11.45	11.49	10.9	10.74	11.6	11.24ab
惠农油葵试验	0（CK）	10.84	9.2	8.43	11.65	12.85	10.59a
^	0.2	10.57	10.42	8.63	11.66	10.76	10.41a
^	0.4	11.39	9.67	6.75	12.07	12.71	10.52a
^	0.6	10.17	8.85	7.87	11.31	12.87	10.21a
^	0.8	11.05	13.03	8.15	14.15	11.11	11.50a
红寺堡油葵试验	0（CK）	6.31	7.09	6.41	9.37	11.22	8.08a
^	0.2	7.92	7.64	7.15	6.72	8.15	7.52a
^	0.4	6.76	8.15	9.25	11.50	10.27	9.19a
^	0.6	7.68	7.11	9.51	7.37	7.09	7.75a
^	0.8	7.56	7.41	6.51	9.26	9.01	7.95a
农用地土壤污染风险筛选值	pH>7.5，20.0（水田），25.0（其他）						

注：表中同列数据后面的字母表示多重比较的结果，标有相同字母表示无显著差异（α=0.05）

表 5-27　不同类型盐碱土壤铅元素含量　　（单位：mg/kg）

试验	脱硫石膏施用量/(t/667m²)	土壤深度/cm					平均值
^	^	0~20	20~40	40~60	60~80	80~100	^
西大滩油葵试验	0（CK）	50.9	57.8	42.0	47.0	48.4	49.2a
^	0.5	50.4	49.0	48.6	65.0	35.5	49.7a
^	1.0	41.2	52.9	61	45.5	39.9	48.1a
^	1.5	53.3	48.0	54.3	48.3	48.1	50.4a
^	2.0	49.9	48.4	51	64.5	42.7	51.3a

续表

试验	脱硫石膏施用量/(t/667m²)	土壤深度/cm 0~20	20~40	40~60	60~80	80~100	平均值
惠农油葵试验	0（CK）	53.1	46.8	31.5	70.2	53.0	50.9a
	0.2	39.0	61.1	29.1	55.5	53.7	47.7a
	0.4	57.1	32.9	17.9	43.1	61.9	42.6a
	0.6	62.3	30.4	37.0	41.9	65.4	47.4a
	0.8	44.0	38.3	30.6	48.6	55.7	43.4a
红寺堡油葵试验	0（CK）	24.9	26.9	24.0	33.2	33.4	28.5b
	0.2	37.2	28.7	17.2	28.6	30.4	28.4b
	0.4	43.0	47.7	55.2	36.8	51.7	46.9a
	0.6	25.5	41.6	36.4	49.2	30.6	36.7ab
	0.8	38.2	23.9	22.4	32.0	48.2	32.9ab
农用地土壤污染风险筛选值		pH>7.5，240（水田），170（其他）					

注：表中同列数据后面的字母表示多重比较的结果，标有相同字母表示无显著差异（α=0.05）

如表 5-28 所示，西大滩、惠农、红寺堡种植油葵试验田施用脱硫石膏处理土壤铬元素含量较对照无显著性差异，各种盐碱土壤类型不同脱硫石膏处理及不同土层土壤铬元素含量明显低于农用地土壤污染风险筛选值（GB 15618—2018）。

表 5-28　不同类型盐碱土壤铬元素含量　　（单位：mg/kg）

试验	脱硫石膏施用量/(t/667m²)	土壤深度/cm 0~20	20~40	40~60	60~80	80~100	平均值
西大滩油葵试验	0（CK）	72.18	65.43	62.82	74.86	54.73	66.0a
	0.5	65.25	66.60	65.43	70.08	53.73	64.2a
	1.0	53.91	69.48	67.77	65.08	59.74	63.2a
	1.5	69.93	70.29	73.80	70.75	67.08	70.4a
	2.0	75.78	69.21	64.62	68.97	54.17	66.6a
惠农油葵试验	0（CK）	31.83	60.98	49.23	60.26	66.44	53.7a
	0.2	65.20	64.07	48.93	56.14	54.28	57.7a
	0.4	61.80	58.71	41.10	50.78	55.93	53.7a
	0.6	60.56	55.52	51.29	53.15	54.38	55.0a
	0.8	60.67	59.53	46.76	56.14	54.38	55.5a

续表

试验	脱硫石膏施用量/(t/667m²)	土壤深度/cm					平均值
		0~20	20~40	40~60	60~80	80~100	
红寺堡油葵试验	0 (CK)	51.91	52.63	57.78	49.96	52.02	52.9a
	0.2	52.12	54.08	46.45	51.40	54.08	51.6a
	0.4	46.97	48.72	58.30	58.92	59.23	54.4a
	0.6	56.24	56.75	53.56	51.50	62.42	56.1a
	0.8	56.24	48.10	50.26	50.26	62.21	53.4a
农用地土壤污染风险筛选值		pH>7.5，350（水田），250（其他）					

注：表中同列数据后面的字母表示多重比较的结果，标有相同字母表示无显著差异（$\alpha=0.05$）

表5-29显示，西大滩种植油葵试验田、惠农种植油葵试验田施用脱硫石膏各处理土壤镉元素含量较对照无显著性差异，各个处理及土层土壤镉元素含量明显低于农用地土壤污染风险筛选值（GB 15618—2018）。

表5-29 不同类型盐碱土壤镉元素含量 （单位：mg/kg）

试验	脱硫石膏施用量/(t/667m²)	土壤深度/cm					平均值
		0~20	20~40	40~60	60~80	80~100	
西大滩油葵试验	0 (CK)	0.103	0.107	0.100	0.078	0.080	0.094a
	0.5	0.101	0.102	0.116	0.073	0.083	0.095a
	1.0	0.102	0.120	0.111	0.095	0.083	0.102a
	1.5	0.104	0.111	0.104	0.110	0.115	0.109a
	2.0	0.111	0.118	0.111	0.087	0.078	0.101a
惠农油葵试验	0 (CK)	0.117	0.097	0.075	0.116	0.087	0.098a
	0.2	0.090	0.123	0.080	0.109	0.108	0.102a
	0.4	0.107	0.083	0.063	0.080	0.121	0.091a
	0.6	0.133	0.083	0.075	0.065	0.112	0.096a
	0.8	0.080	0.085	0.073	0.095	0.113	0.089a
红寺堡油葵试验	0 (CK)	0.063	0.058	0.060	0.087	0.078	0.069b
	0.2	0.093	0.070	0.058	0.067	0.075	0.073b
	0.4	0.095	0.107	0.120	0.085	0.103	0.102a
	0.6	0.073	0.073	0.080	0.102	0.077	0.081ab
	0.8	0.075	0.060	0.060	0.065	0.070	0.066b
农用地土壤污染风险筛选值		pH>7.5，0.8（水田），0.6（其他）					

注：表中同列数据后面的字母表示多重比较的结果，标有相同字母表示无显著差异（$\alpha=0.05$）

5.3.7 脱硫石膏对土壤渗滤液重金属含量影响的土柱试验

土柱模拟试验设备由无铅盐 PVC 管（内径 10cm，横截面积 78.5cm²）和支架组成。PVC 管高 120cm，底部用预留出水口的 PVC 堵头密封，出水口接滤液接收容器，顶部用带孔的 PVC 堵头加盖。根据土壤碱化度设 5 个处理：对照（CK）；纯石膏 2.0t/667m²；脱硫石膏 1.0t/667m²、2.0t/667m²、3.0t/667m²。每个处理重复 3 次。脱硫石膏采用一次施用。脱硫石膏或纯石膏与土柱上部 0～20cm 土壤完全混匀，自上部灌入蒸馏水，灌水量 7064mL（600m³/667m²）。接取下部滤液样品进行化验，样品由中国科学院南京土壤研究所分析化验。

施用脱硫石膏后土柱下部渗滤液中汞、砷、铅、铬、镉 5 种重金属元素浓度没有明显差异，且不随脱硫石膏施用量的增加而变化（表5-30）。土柱渗滤液中 5 种重金属元素浓度基本符合农田灌溉水质标准（GB 5084—2021），说明土壤耕作层施用脱硫石膏后不会对地下水中的重金属产生影响。

表 5-30 土柱模拟试验下渗滤液中 5 种重金属含量　　　　（单位：mg/kg）

项目	As	Hg	Pb	Cr	Cd
对照（CK）	0.048 5	0.000 05	0.024 0	0.013 8	0.001 8
纯石膏（2t/667m²）	0.040 2	0.000 04	0.017 6	0.012 5	0.001 0
脱硫石膏（1t/667m²）	0.036 9	0.000 07	0.025 0	0.020 3	0.001 2
脱硫石膏（2t/667m²）	0.041 9	0.000 06	0.016 9	0.009 7	0.001 1
脱硫石膏（3t/667m²）	0.037 7	0.000 02	0.016 1	0.038 0	0.001 0
农田灌溉水质标准（GB 5084—2021）	0.05	0.001	0.2	0.1	0.01

注：表中数据为 3 次重复平均值

5.3.8 施用脱硫石膏改良不同类型盐碱地种植油葵经济效益分析

以施用脱硫石膏和改良剂为主的盐碱地改良关键技术及技术集成模式，使土壤理化性质得到改善，促进了作物的生长，提高了作物的产量。从表 5-31～表 5-35 中可看出，改良后的碱化土壤上种植油葵能取得较好的经济效益。

表 5-31　施用脱硫石膏改良不同类型盐碱地种植油葵第一年单位面积经济效益分析

试验		投入/(元/667m²)					施用脱硫石膏				合计	产出		产投比
		种子	种苗	化肥	水费(含人工费)	耕作(含人工费)	运费	犁翻	旋耕	穴植		产量/(kg/667m²)	产值/(元/667m²)	
西大滩碱化土壤	对照	50.0	—	57.0	65.0	70.0	—	—	—	—	242.0	46.0	151.8	0.63
	示范	50.0	—	57.0	65.0	70.0	80.8	—	12.0	—	334.8	105.0	346.5	1.03
惠农盐化土壤	对照	50.0	—	57.0	65.0	70.0	—	—	—	—	242.0	45.3	149.5	0.62
	示范	50.0	—	57.0	65.0	70.0	60.8	—	12.0	—	314.8	110.9	366.0	1.16
红寺堡次生盐渍化土壤	对照	50.0	—	57.0	65.0	70.0	—	—	—	—	242.0	55.3	182.5	0.75
	示范	50.0	—	57.0	65.0	70.0	90.8	—	12.0	—	344.8	106.8	352.4	1.02

注：1. 耕作费用包括播种、犁地、耙、耱、耧等租用农机具的费用；2. 脱硫石膏费用是指燃煤电厂到试验基地脱硫石膏的运输费和施用费；3. 油葵市场销售价为 3.3 元/kg

表 5-32　施用脱硫石膏改良不同类型盐碱地种植油葵第二年单位面积经济效益分析

试验		投入/(元/667m²)					施用脱硫石膏				合计	产出		产投比
		种子	种苗	化肥	水费(含人工费)	耕作(含人工费)	运费	犁翻	旋耕	穴植		产量/(kg/667m²)	产值/(元/667m²)	
西大滩碱化土壤	对照	50.0	—	57.0	65.0	70.0	—	—	—	—	242.0	56.0	196.0	0.81
	示范	50.0	—	57.0	65.0	70.0	—	—	—	—	242.0	105.0	367.5	1.52
惠农盐化土壤	对照	50.0	—	57.0	65.0	70.0	—	—	—	—	242.0	45.3	158.6	0.66
	示范	50.0	—	57.0	65.0	70.0	—	—	—	—	242.0	110.9	388.2	1.60
红寺堡次生盐渍化土壤	对照	50.0	—	57.0	65.0	70.0	—	—	—	—	242.0	55.3	193.6	0.80
	示范	50.0	—	57.0	65.0	70.0	—	—	—	—	242.0	106.8	373.8	1.54

注：1. 耕作费用包括播种、犁地、耙、耱、耧等租用农机具的费用；2. 不施用脱硫石膏；3. 油葵市场销售价为 3.5 元/kg

表 5-33　施用脱硫石膏改良不同类型盐碱地种植油葵第三年单位面积经济效益分析

试验		投入/(元/667m²)					施用脱硫石膏				合计	产出		产投比
		种子	种苗	化肥	水费(含人工费)	耕作(含人工费)	运费	犁翻	旋耕	穴植		产量/(kg/667m²)	产值/(元/667m²)	
西大滩碱化土壤	对照	50.0	—	57.0	65.0	70.0	—	—	—	—	242.0	88.0	316.8	1.31
	示范	50.0	—	57.0	65.0	70.0	—	—	—	—	242.0	125.0	450.0	1.86
惠农盐化土壤	对照	50.0	—	57.0	65.0	70.0	—	—	—	—	242.0	55.3	199.1	0.82
	示范	50.0	—	57.0	65.0	70.0	—	—	—	—	242.0	125.9	453.2	1.87

续表

试验		投入/(元/667m²)								产出		产投比
		种子	种苗	化肥	水费(含人工费)	耕作(含人工费)	施用脱硫石膏			合计	产量/(kg/667m²)	产值/(元/667m²)	
							运费	犁翻	旋耕	穴植				
红寺堡次生盐渍化土壤	对照	50.0	—	57.0	65.0	70.0	—	—	—	—	242.0	68.3	245.9	1.02
	示范	50.0	—	57.0	65.0	70.0	—	—	—	—	242.0	116.1	418.0	1.73

注：1. 耕作费用包括播种、犁地、耙、耱、耥等租用农机具的费用；2. 不施用脱硫石膏；3. 油葵市场销售价为3.6元/kg

表5-34 脱硫石膏改良碱化土壤种植油葵技术集成单位面积经济效益分析

年份	改良方法	投入（元/667m²）								产出（元/667m²）			纯利/(元/667m²)
		整地	硫+剂	草+沙	肥料	灌水	种子	管理	收获	合计	产量	单价/(元/kg)	合计/(kg/667m²)	
2008	对照	43	—	—	289	85	30	80	40	567.0	15.5	3.5	54.3	−512.8
	传统改良	43	—	(100+80)/8	289	85	30	80	40	589.5	132.3	3.5	463.1	−126.5
	技术集成	43	(120+120)/8	(100+80)/8	289	85	30	80	40	619.5	194.4	3.5	680.4	60.9
2009	对照	43	—	—	289	85	30	80	40	567.0	79.3	3.5	277.6	−289.5
	传统改良	43	—	(100+80)/8	289	85	30	80	40	589.5	177.2	3.5	620.2	30.7
	技术集成	43	(120+120)/8	(100+80)/8	289	85	30	80	40	619.5	231.8	3.5	811.3	191.8
2010	对照	43	—	—	289	85	30	80	40	567.0	94.4	3.5	330.4	−236.6
	传统改良	43	—	(100+80)/8	289	85	30	80	40	589.5	198.7	3.5	695.5	106.0
	技术集成	43	(120+120)/8	(100+80)/8	289	85	30	80	40	619.5	296.8	3.5	1038.8	419.3

注：激光平地50元/(667m²·8a)，犁地耙地37元/667m²，脱硫石膏2t/667m²、120元/(667m²·8a)，改良剂0.5t/667m²、120元/(667m²·8a)，秸秆还田500kg/667m²、100元/(667m²·8a)，黄沙10t/667m²、80元/(667m²·8a)，二胺20kg/667m²、72元/667m²，尿素10kg/667m²、17元/667m²，有机肥1.5t/667m²、200元/667m²，灌水定额300m³/667m²、85元/667m²，收获40元/667m²。旱地管理费50元/667m²，旱地收获30元/667m²

表 5-35　施用脱硫石膏改良惠农盐化土壤种植油葵经济效益分析

年份	种子	肥料	水电费	激光平地	施用脱硫石膏和改良剂 运费	施用脱硫石膏和改良剂 耕作费	合计	产量/($kg/667m^2$)	产值/($元/667m^2$)	产投比
对照	50.0	57.9	—	—	—	—	107.9	0	0	0
2008	50.0	57.9	112.2	80.0	64.7	53.3	418.1	46.6	153.78	0.37
2009	50.0	57.9	92.4	—	64.7	53.3	318.3	102.9	339.57	1.07
2010	50.0	57.9	75.0	—	64.7	53.3	300.9	110.9	365.97	1.22

注：1. 肥料费用包括购买有机肥、化肥费用和施用费；2. 脱硫石膏运费是指燃煤电厂到试验基地脱硫石膏的运输费和施用费总和；3. 耕作费包括冬耕费和春耕费，2008 年度含深松耕费；4. 因改良初期示范区油葵品质不高，油葵市场收购价格按 3.3 元/kg 计

脱硫石膏改良盐碱地单位面积经济效益分析表明：利用脱硫石膏改良盐碱地种植油葵，当年改良当年可以收获成本，改良后第二年、第三年效益显著。

5.4　盐碱地微生物治理特色植物产业效益评价

以施用脱硫石膏和改良剂为主的盐碱地改良关键技术及技术集成模式，使土壤理化性质得到改善，促进了作物的生长，提高了作物的产量。从表 5-36 中可看出，改良后的碱化土壤上种植特色植物能取得较好的经济效益。

表 5-36　脱硫石膏改良碱化土壤种植生物质能源植物技术集成单位面积试验经济效益分析

作物		投入/($元/667m^2$) 整地	硫+剂	肥	水	种	管理	收获	合计	产出/($元/667m^2$) 产量	单价	合计	纯利润/($元/667m^2$) 合计
处理	甜菜	43	(120+120)/8	265	85	49	70	50	592	7.32	180	1317.6	725.6
处理	高粱	43	(120+120)/8	265	85	46	70	50	589	3541.86	0.16	566.7	−22.3
对照	甜菜	37		265	85	49	70	50	556	5.45	180	981	425.0
对照	高粱	37		265	85	46	70	50	553	2613.14	0.16	418.1	−134.9

注：激光平地 50 元/($667m^2 \cdot 8a$)，犁地耙地 37 元/$667m^2$，脱硫石膏 2t/$667m^2$、120 元/($667m^2 \cdot 8a$)，改良剂 0.5t/$667m^2$、120 元/($667m^2 \cdot 8a$)；甜高粱因试验面积小，总产量不多，只能作为青贮销售，故收益不高

脱硫石膏改良盐碱地单位面积经济效益分析表明：利用脱硫石膏改良盐碱地种植特色植物，当年改良当年可以收获成本，改良后第二年、第三年效益显著。

参 考 文 献

王静, 许兴, 肖国举, 等. 2016. 脱硫石膏改良宁夏典型龟裂碱土效果及其安全性评价. 农业工程学报, 32 (2): 141-147

肖国举, 罗成科, 白海波. 2009. 脱硫石膏改良碱化土壤种植水稻施用量研究. 生态环境学报, 18 (6): 2376-2380.

肖国举, 罗成科, 张峰举. 2010. 燃煤电厂脱硫石膏改良碱化土壤的施用量. 环境科学研究, 23 (6): 762-767.

杨锐明, 李彦. 2011. 微波消解及ICP-AES同时测定土壤中多种元素含量. 实验技术与管理, 28 (8): 26-28.

赵瑞. 2006. 燃煤脱硫副产物改良碱化土壤研究. 北京: 北京林业大学博士学位论文.

Ahmaruzzaman M. 2010. A review on the utilization of fly ash. Progress in Energy and Combustion Science, 36: 327-363.

Franchetti M. 2011. ISO 14001 and solid waste generation rates in US manufacturing organizations: an analysis of relationship. Journal of Cleaner Production, 19: 1104-1109.

Leiva C, García A C, Vilches L F, et al. 2010. Use of FGD gypsum in fire resistant panels. Waste Management, 30: 1123-1129.

Sloan J J, Cawthon D. 2003. Mine soil remediation using coal ash and compost mixtures. Chemistry of Trace Elements in Fly Ash: 309-318.

Sloan J J, Dowdy R H, Dolan M S, et al. 1999. Plant and soil responses to field-applied flue gas desulfurization residue. Flue, 78: 169-174.

Wright R J, Codling E E, Stuczynski T, et al. 1998. Influence of soil-applied coal combustion by-products on growth and elemental composition of annual ryegrass. Environmental Geochemistry and Health, 20 (1): 10-18.